"大国三农"系列规划教材

普通高等教育"十四五"规划教材
普通高等农林院校人工智能与智慧农业专业系列教材

园艺设施环境智能调控与节能

ENVIRONMENT INTELLIGENT REGULATION AND ENERGY CONSERVATION FOR HORTICULTURE FACILITY

王　洋◎主编

中国农业大学出版社
China Agricultural University Press
·北京·

内 容 简 介

《园艺设施环境智能调控与节能》涵盖生物、环境和工程三个主要交叉学科的内容，系统阐述园艺设施环境需求、园艺设施环境智能调控及新技术，如物联网、人工智能在农业生产中的应用技术以及设施节能技术等。全书共八章，包括绪论、园艺设施光环境及其调控、园艺设施热环境及其调控、园艺设施水环境及其调控、园艺设施土壤环境及其调控、园艺设施视觉技术概论、基于设施农业能源数据融合在线安全智能综合分析、设施农业智能节能技术。本书展示出智慧设施环境调控与节能的最新发展水平，属于智慧农业关键技术的重要组成部分。

本书可作为高等院校农业科学与工程、园艺专业及其相关专业的教学用书，也可作为相应专业农业技术人员、研究人员的参考用书。

图书在版编目(CIP)数据

园艺设施环境智能调控与节能/王洋主编.--北京：中国农业大学出版社，2023.5
ISBN 978-7-5655-2946-7

Ⅰ.①园…　Ⅱ.①王…　Ⅲ.①设施农业-环境工程学-高等学校-教材　Ⅳ.①S62

中国国家版本馆 CIP 数据核字(2023)第 018857 号

书　名　园艺设施环境智能调控与节能
Yuanyi Sheshi Huanjing Zhineng Tiaokong yu Jieneng

作　者　王　洋　主编

策划编辑　杜　琴　　**责任编辑**　杜　琴
封面设计　李尘工作室　　**出 版 人**　董夫才
出版发行　中国农业大学出版社
社　址　北京市海淀区圆明园西路 2 号　　**邮政编码**　100193
电　话　发行部 010-62733489,1190　　读者服务部 010-62732336
编辑部 010-62732617,2618　　出　版　部 010-62733440
网　址　http://www.caupress.cn　　**E-mail** cbsszs@cau.edu.cn
经　销　新华书店
印　刷　运河(唐山)印务有限公司
版　次　2023 年 10 月第 1 版　　2023 年 10 月第 1 次印刷
规　格　185 mm×260 mm　　16 开本　　11.5 印张　　287 千字
定　价　48.00 元

编委会

主　编　王　洋(中国农业大学)

副主编　付学谦(中国农业大学)
王敏娟(中国农业大学)
龚中良(中南林业科技大学)
丁力行(仲恺农业工程学院)
刘双印(仲恺农业工程学院)
叶章颖(浙江大学)

参　编　董大明　周　超(国家农业智能装备工程技术研究中心)
王朝元　刘志丹　程　强　陈肖萌　张善宏(中国农业大学)
庞真真(海南大学)
孙瑞娟(山西农业大学)
何恩节(安徽科技学院)
刘兴安(沈阳农业大学)
鲍恩财　卢　威(江苏农业科学院)
曹晏飞(西北农林科技大学)
吴照学(安徽农业大学)
周小婷(四川农业大学)
任效忠(大连海洋大学)
赵　建(浙江大学)
宋金修　潘铜华(江苏大学)
燕　飞(陕西理工大学)
胡立盼(重庆三峡学院)
叶　林(宁夏大学)
孙亚琛(同济大学)
王丽娜(中国计量大学)

顾　问　李道亮(中国农业大学)
宋卫堂(中国农业大学)
别之龙(华中农业大学)
邹志荣(西北农林科技大学)
赵淑梅(中国农业大学)

主　审　邹志荣(西北农林科技大学)

前言

Preface

强国必先强农，农强方能国强。党的二十大报告明确提出，要加快建设农业强国，强化农业科技和装备支撑。发展现代设施农业是粮食和重要农产品稳产保供的关键措施，而提高设施农业科技和装备支撑是实现设施农业飞速发展的总抓手，对推动农业农村现代化、加快开创农业强国建设新局面意义重大。本书以园艺设施环境智能调控和节能为切入点，旨在为加速农业现代化发展提供一定的科技支持。

设施农业也称可控环境农业，目前中国拥有世界上最大的设施农业体量，约占世界设施农业面积的 80%。设施农业包括设施种植和设施养殖两部分，我国设施种植尤其是设施园艺占较大比重。本教材主要侧重于园艺设施环境的需求及智能调控相关技术。新的技术如云计算、大数据、人工智能、物联网等技术正广泛应用在农业生产中，为设施生产和管理提供了更多的支撑，给设施农业环境智能调控与节能带来新的可能性。但同时，新的技术也为设施农业生产和管理带来了挑战，如何实现传统设施农业生产和管理模式的优化转型，是实现新技术与设施农业深度结合的首要问题。因此《园艺设施环境智能调控与节能》应运而生，本教材除介绍设施作物对农业环境的要求及传统调控技术外，更加侧重于新技术与智能设备在设施农业环境调控中的应用。

本教材共八章，主要包括绪论、园艺设施光环境及其调控、园艺设施热环境及其调控、园艺设施水环境及其调控、园艺设施土壤环境及其调控、园艺设施视觉技术概论、基于设施农业能源数据融合在线安全智能综合分析、设施农业智能节能技术。

本教材由中国农业大学、浙江大学、国家农业智能装备工程技术研究中心、江苏大学、宁夏大学、同济大学、仲恺农业工程学院、中南林业科技大学、沈阳农业大学、海南大学、山西农业大学、中国计量大学、安徽科技学院、江苏农业科学院、西北农林科技大学、安徽农业大学、四川农业大学、大连海洋大学、陕西理工大学、重庆三峡学院共同编写，由中国农业大学王洋统稿，由西北农林科技大学邹志荣教授审稿。

由于本书涉及领域较多，要实现每个领域深入的分析，工作量大，难度高。在此非常感谢本书顾问委员会的中国农业大学李道亮教授、宋卫堂教授和赵淑梅教授，华中农业大学别之龙教授和西北农林科技大学邹志荣教授的悉心指导和宝贵建议及意见。此外，同时感谢中国农业大学张鑫豪、杨晋琪、于光辉、郭宇、葛全武、柯志鑫、武世豪、柴富、董招、董珂君、王浩宇、王梦琦、孙晓艺、杨晟等硕士生和博士生在写作过程中给予的资料收集与文献支持。

《园艺设施环境智能调控与节能》是一本多学科交叉且与新技术结合的教材，涉及多个领域，具有广泛的适用性，可作为高等院校农业科学与工程、园艺专业及其相关专业的教学用书，也可作为相应专业农业技术人员、研究人员的参考用书。

本教材编者进行了长期的调研和准备，但鉴于时间、资料等方面的原因，以及编者的水平有限，仍有不尽如人意的地方。谨请专家和读者批评指正。

编　者

2023 年元月

目录

Contents

第一章 绪 论

学习目标

- 了解园艺设施环境智能调控、节能的概念与意义；
- 理解园艺设施环境调控与节能前沿及发展趋势；
- 掌握园艺设施环境智能调控关键技术。

设施农业是在相对可控的环境条件下，利用必要的设施和设备，调控温室或者塑料大棚等保护设施内植物生长的光、热、水、土等环境因素，对植物的生长发育环境进行整体或局部范围的改善，使植物生长不受或很少受自然条件制约，在有限的土地上投入较少的劳动力，建立植物周年连续生产系统，实现植物高效优质生产的一种现代农业生产方式。设施农业包括设施种植和设施养殖两部分。设施种植是指在一定环境可控的条件下，为作物提供适宜其生长的环境，采取技术手段对其进行科学种植，而园艺设施正是为设施种植提供适宜环境的重要保障。我国设施种植占有较大比重，2020 年园艺设施面积已突破 210 万 hm^2。

园艺设施环境调控本质上是对园艺作物的生长环境进行人为的干预，创造比自然生长条件更加适宜的生长环境，从而有效提高园艺作物产量的一门学科。在园艺作物的整个生长发育过程中，基因决定了园艺作物产量和品质的下限，而生长环境决定了园艺作物产量和品质的上限。无论园艺作物基因多优秀，都需要良好的生长环境来发挥园艺作物的生长潜力。因此，研究园艺作物生长环境的调控对发挥园艺作物的生长潜力、提高园艺作物的产量和品质至关重要。

园艺设施在为园艺作物创造良好的生长环境的过程中无论是加热、通风、加湿都将消耗大量的能源。能源消耗已成为园艺设施生产的第二大经济成本，仅次于日益增长的劳动力成本。以美国为例，能源消耗占其大型园艺设施成本的 25%左右，因此在提高园艺作物产量的同时，减少园艺设施的能源消耗已经成为行业可持续发展的关键环节。

第一节 园艺设施环境调控作用

园艺设施环境对作物的品质和产量起着至关重要的作用。高精度、低能耗的控制系统是控制园艺设施内气候稳定的有效途径。对于园艺设施内部环境管理，合理的控制策略有以下作用：

①保护内部环境免受恶劣天气条件的影响，使环境参数（如温度、湿度等）在适宜生长的范

围内，以提高作物产量。

②管理园艺设施环境调控设备，以实现园艺设施高效率生产。

③减少园艺设施能源消耗、运营成本、碳排放，实现清洁生产。

第二节　园艺设施环境调控意义

园艺设施是在环境相对可控条件下，采用工程技术手段，进行植物高效生产的一种现代农业方式。园艺设施对我国农业生产中的作用有以下几个方面：

1. 加快我国农业结构改革

园艺设施在一定程度上克服了传统农业的缺陷，使园艺作物的生产可以在一定程度上打破季节限制，为农业结构的调整创造了条件。园艺设施在我国的大面积应用，其反季节生产、周年生产，扩大了蔬菜、果树等作物的生产面积，增加了产量，解决了我国居民在淡季对蔬菜和水果的需求问题。地膜的广泛运用，通过增加有效积温、保墒等，提前或延后园艺作物生育期，增加熟制，使热量稍显不足的地区由一年一熟变为一年两熟，使水分受限的干旱农区增加了复种。园艺设施在促进农业结构调整的同时，可以增加资源的集中高效利用，大幅度增加系统的生产力，提高经济效益，增加农民收入。

2. 开创我国农业生产新局面

在传统的农业生产方式中，农业生产呈徘徊局面，短时间内产量很难有较大幅度的提高。园艺设施的兴起与发展，使低产地区低产变高产、高产地区再高产成为现实。同时，园艺设施巨大的产量及经济效益，使一亩地可以当几亩地甚至几十亩地利用，有助于退耕还林、退耕还草、恢复植被、固沙保土、调节气候等生态措施的实施，有助于实现较大范围内的生态良性循环，改善农业生态环境，支持农业可持续发展。

3. 吸纳转化更多科技成果

目前，我国的农业技术水平还比较低，与发达国家相比还有一定差距。21 世纪是生物科学和农业工程技术发达的世纪。农业工程是研究农业生物体在生长、繁育、贮存和加工过程中与环境及各种技术手段之间关系的科学，也是人类运用各种科学知识改善自然条件和生态环境、增加农业产出量的综合技术体系。园艺设施是农业工程学科最具典型的分支学科领域，以农业设施为主体形成的园艺设施实质上是一种“工程农业”，它涉及工程、材料、建筑、设计、控制、生物、物理、化学、土壤、植保等众多领域，科技含量较高，要求实现多学科配合与协作攻关，广泛应用于多学科的研究成果。因此，园艺设施可以容纳多学科的研究成果，使这些研究成果尽快转化为现实生产力，从而提高农业科学技术对经济增长的贡献率，促进我国农业的可持续发展。

第三节　园艺设施环境与传统调控手段

园艺设施环境主要由光、热、水、土四大因素组成，它们的基本特点和变化规律影响设施作物的生长发育。

(1)光环境　是设施内部环境的重要组成。光照不仅是影响作物生长与蒸腾的重要因素，也是植物生长发育不可缺少的重要物理环境因素。光照通过影响光合作用、光形态建成和光周期来调节植物的生长发育。传统的光环境调控技术主要采用定时、定量及负反馈方式进行光环境调控,未考虑不同作物在不同生理条件下对光环境需求的动态变化,缺乏科学的调控依据,导致补光不足或补光抑制。

(2)热环境 影响作物的整个生长过程。作物本身是一个变温的有机体,其温度的变化趋向于它们所处的温度环境。作物的生长发育要求在一定的温度条件下进行,而且只有当热量累积到一定的程度后,才能完成其生育过程并获得产量。园艺设施热环境是极其复杂的非线性系统,很难用经典的控制方法来调节园艺设施的热环境,因此,需要更智能的调控方法。

(3)水环境 由空气湿度和土壤湿度两个部分组成,它们作用于设施作物的生长发育。园艺设施水环境的调控主要是通过灌溉作业来实现的。传统人工灌溉的方式劳动成本高、难度大,而自动化、机械化及智能化的灌溉技术可以有效改善园艺设施水环境,达到节水、省工、省肥和增产增效的目的,实现园艺设施水环境的智能调控。

(4)土壤环境 是园艺作物赖以生存的基础,在作物生长发育过程中,土壤能够不断地供应作物生长发育所必需的水分和养分等元素。不同园艺作物对土壤环境的需求不同,园艺设施内土壤环境进行调控的传统方式有合理施肥、水旱轮作、土壤消毒和水分调控。随着科技的进步,越来越多的先进技术和设备应用于园艺设施土壤环境中,现代园艺设施土壤环境调控越来越智能化。

第四节 园艺设施环境智能调控关键技术

园艺设施环境智能调控是一项复杂的系统工程,是新一代信息技术、装备技术和园艺作物种植技术的深度融合产物。园艺设施环境智能调控通过对园艺作物生产资源、环境、装备等各要素的在线化、数据化,实现对园艺作物的精准化管理、生产过程的智能化决策和无人化作业,其中物联网技术、大数据技术、人工智能技术、智能装备与机器人技术等四大技术起关键性作用。图 1-1 所示为园艺设施环境智能调控关键技术的组成。

一、物联网技术

物联网技术是园艺设施智能调控的基本组成部分。园艺设施环境智能调控首要面临的问题就是装备、园艺作物和云管控平台要形成一个实时通信的实体网络,装备根据环境、园艺作物生长实时状态开展相应作业,因此,物联网技术使各种装备网联化成为可能。物联网为园艺设施提供全面感知环境的传感器技术,通过环境的感知,确保园艺作物生长的最佳环境;物联网技术提供以机器视觉为核心的园艺作物表型技术和视觉导航技术,确保动态感知园艺作物生长状态,为生长调节提供关键参数;物联网技术提供各种智能装备的位置和状态感知技术,为装备的导航、作业的技术参数获取提供可靠保证;此外,物联网技术提供 5G 或更高通信协议的实时通信技术,确保装备间的实时通信。园艺设施环境、装备、园艺作物信息的全面感知技术和信息可靠传输技术是物联网应用于园艺设施环境智能调控的两大关键支撑技术,是实现园艺设施智能调控的基础。

二、大数据和云计算技术

园艺设施中环境智能调控技术都是通过智能装备完成,智能装备依靠各种实时数据的分析开展精准作业。智能装备在工作期间时时刻刻产生海量高维、异构、多源数据,因此如何获取、处理、存储、应用这些数据是必须解决的问题。大数据技术为园艺设施环境智能调控数据

- 园艺设施环境智能调控与节能关键技术
  - 物联网技术
    - 传感器
      - 环境信息传感器：溶解氧、温湿度、电导率、光照、二氧化碳、风向风速等
      - 植物信息传感器：植物茎流、叶片厚度、呼吸、疾病等
      - 农机状态检测传感器：拉压力、加速度、扭矩、摆角、振动测量等
    - 机器视觉
      - 视觉信息增强与分割：图像均衡化、平滑、锐化等
      - 视觉信息特征提取与目标识别：主成分分析、遗传算法、支持向量机等
    - 空间感知
      - 种植对象长势遥感预测
      - 种植对象病虫害防治
      - 种植对象水分和养分监测
    - 信息传输
      - 农业信息有线传输技术：以太网和现场总线等
      - 农业信息无线传输技术：RFID、NFC、IDdA、ZigBee、Wi-Fi、LoRa、Bluetooth、NB-lot，3G、4G、5G
  - 大数据技术
    - 大数据采集
      - 遥感数据
      - 生产环境数据
      - 植物生命信息
      - 农场网络数据
    - 大数据处理
      - 数据清洗
      - 数据集成
      - 数据转换
      - 数据规约
    - 大数据存储
      - 基于MPP架构的新型数据库集群
      - 基于Hadoop的技术扩展和封装
    - 大数据分析
      - 统计方法：推断统计和描述统计
      - 神经网络
      - 深度学习
  - 人工智能技术
    - 智能识别
      - 直观图像处理
      - 图像预处理
      - 专业知识和经验筛选
    - 智能学习
      - 机器学习：决策树、随机森林、人工神经网络、贝叶斯学习
      - 知识图谱
    - 智能推理
      - 规则与知识推理
      - 模型推理
      - 案例推理
    - 智能决策
      - 决策树
      - 决策矩阵
      - 多目标决策：多目标规划、层次分析、优劣系数、模糊决策
  - 智能装备与机器人
    - 状态数字化监测
      - 状态智能识别
      - 故障智能诊断
      - 智能健康管理
    - 智能信息感知
      - 环境信息感知
      - 植物信息感知
      - 数据智能处理
    - 自动导航控制
      - 环境感知与建模
      - 避障与定位
      - 路径规划：全局路径规划和局部路径规划
      - 智能控制：PID、模糊控制、模型预测控制、神经网络控制
    - 智能动力驱动
      - 发动机智能控制
      - 智能液压动力换挡
      - 智能动力匹配
      - 自动切换动力
    - 装备智能作业
      - 生产过程：播种、水肥一体、植保、环境调控、增氧、水处理
      - 产后环节：收割、采摘、脱粒、分类分拣、称量、包装、运输、存储

图 1-1　园艺设施环境智能调控关键技术

的获取、处理、存储、应用提供技术支撑：①大数据技术提供园艺设施环境智能调控多源异构数据的处理技术，进行去粗取精、去伪存真、分类等处理方法；②大数据能在众多数据中进行挖掘分析和知识发现，形成有规律性的园艺设施环境智能调控的管理知识库；③大数据能对各类数据进行有效的存储，形成历史数据，为园艺设施环境的智能调控进行学习与调用；④大数据能与云计算技术和边缘计算技术结合，形成高效的计算能力，确保智能装备的作业迅速反应。数据的实时获取技术、数据智能处理技术、数据智能存储技术和数据分析技术是园艺设施环境智能调控技术采用的四大关键大数据技术，为园艺设施智能装备的作业提供数据支撑，从而实现园艺设施环境智能化调控。

三、人工智能技术

园艺设施环境智能调控的本质就是实现机器对人的替换，因此机器必须具有生产者的判断力、决策力和操作技能。人工智能技术提供园艺设施环境的调控装上了“智能大脑”，让园艺设施环境的调控具备了“思考能力”。一方面人工智能技术为装备端提供识别、学习、推理和作业的能力。首先体现在装备端的智能感知技术，主要包括园艺作物生长环境、生长状态、装备本身工作状态的智能识别技术；其次体现在装备端的智能学习与推理技术，实现对园艺设施环境智能调控各种作业的历史数据、经验与知识的学习，基于案例、规则与知识的推理，以及机器智能决策与精准作业控制。另一方面人工智能技术为园艺设施环境智能调控的云管控平台提供基于大数据的搜索、学习、挖掘、推理与决策技术，复杂的计算与推理都交由云平台解决，为装备提供“智能大脑”。园艺设施环境智能调控技术主要包括智能识别、智能学习、智能推理和智能决策四大关键技术，可实现云管控平台的智能化，是园艺设施环境智能调控的关键所在。

四、智能装备技术

园艺设施环境智能调控要实现对人工劳动的完全替换，关键是靠智能装备与机器人完成传统人工要完成的工作。智能装备与机器人是人工智能技术与装备技术的深度融合，除了上面提到的人工智能技术外，装备与机器人还需要机器视觉、导航、定位以及针对园艺作物生产场景的各种作业的运动空间、时间、能耗、作业强度的精准控制技术的支撑。园艺设施的智能装备主要以移动机器人为主，以及分类分级机、智能水肥一体机等固定装备。园艺设施智能装备技术主要包括状态数字化监测技术、信息智能感知技术、边缘计算技术、智能作业技术、智能导航控制技术等关键技术。智能装备能够在园艺设施环境智能调控中完成自主精准作业，实现园艺设施环境智能化调控。

第五节 园艺设施节能的必要性

园艺设施是一种典型的受控农业模式，在园艺设施的农业生产中离不开能源的使用，但能源的使用增加了生产的成本。荷兰园艺设施技术高度发达，农业的能源消耗占据终端能源消耗的 7.4%；此外，能源成本也是仅次于劳动力的第二大间接成本，在美国的大型垂直农场中能源成本能占运营成本的 25%以上。我国农业设施能源消耗的趋势是能源投入总量逐年上升，但能源利用效率偏低。在中国 2030 年“碳达峰”与 2060 年“碳中和”的“双碳”目标下，农业节能减排潜力巨大。传统的园艺设施环境调控中多使用不可再生能源，如设施冬季供热系统采用的锅炉系统依然使用化石燃料，提高园艺设施中的可再生能源利用率，是降低园艺设施中碳排放的重要方式。此外，在当前物联网技术、大数据云计算技术、人工智能技术、智能装备技术快速发展和应用的时代背景下，农业生产正朝着数智化转型，也为园艺设施环境节能调控提供了技术和装备支持。因此，采用可再生能源和节能调控技术是有效降低园艺设施能源消耗和保持园艺设施可持续发展的重要保障。

第六节　学习内容

园艺设施环境智能调控与节能是设施农业环境工程学的一门重要专业课程，是设施园艺学与智慧农业的交叉学科。因此学习内容非常广、综合性强。涵盖农业气象、设施园艺学、流体力学、工程热学、传热学、建筑物理学、暖通与空调、机电工程与自动控制等，在学习本课程时需要重点掌握以下内容：

①具备农业环境工程基础理论与专业知识；

②掌握生物与工程及人工智能知识的基础上，深入生产实践，理论联系实践，真正掌握环境智能调控和节能技术。

本章小结

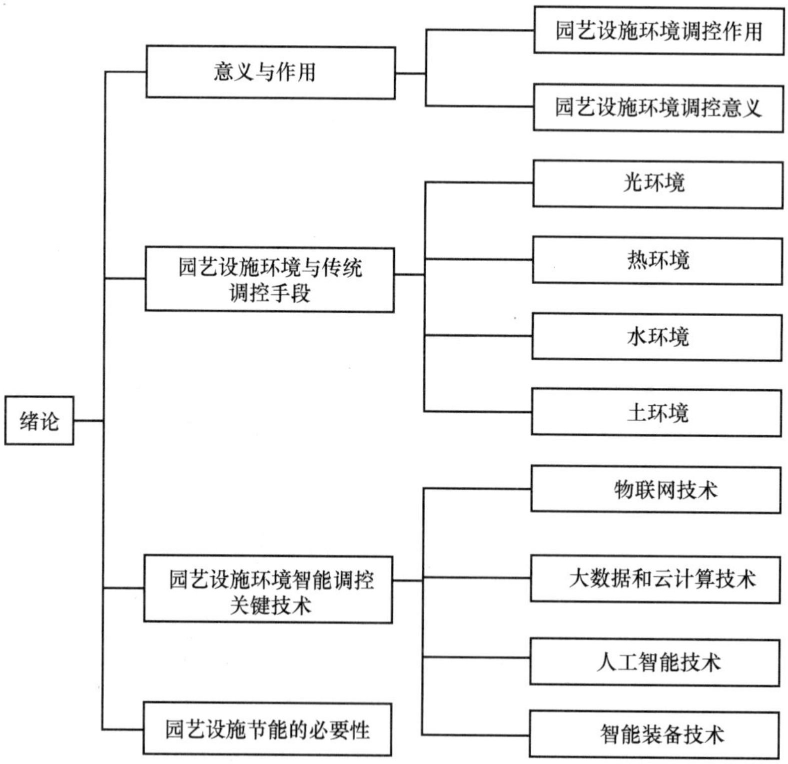

复习思考题

1. 简述园艺设施环境调控的意义及其对农业生产的作用。
2. 园艺设施环境主要包括哪几个因素？各个因素的特点是什么？有哪些调控手段？
3. 简述园艺设施环境调控与节能的发展趋势。

参考文献

李道亮．无人农场[M]．北京：机械工业出版社，2020.

吕纯养．农业生物环境原理[M]．北京：农业出版社，1994.

马承伟，苗香雯．农业生物环境工程[M]．北京：中国农业出版社，2005.

许昶昕．农业生物环境控制[M]．北京：农业出版社，1990.

邹志荣，邵孝侯．设施农业环境工程学[M]．北京：中国农业出版社，2008.

Acosta-Silva Y，Torres-Pacheco I ，Matsumoto Y ，et al. Applications of solar and wind renewable energy in agriculture：A review[J]. Science Progress，2019，102(2)：127-140.

Allouhi A，Fouih Y E，Kousksou T，et al. Energy consumption and efficiency in buildings：current status and future trends[J]. Journal of Cleaner Production，2015，109(16)：118-130.

Bot G. Developments in indoor sustainable plant production with emphasis on energysaving[J]. Computers and Electronics in Agriculture，2001，30(1-3)：151-165.

Ding Y，Wang L，Li Y，et al. Model predictive control and its application in agriculture：Areview[J]. Computers and Electronics in Agriculture，2018，151：104-117.

Esen M，Yuksel T. Experimental evaluation of using various renewable energy sources for heating agreenhouse[J]. Energy and Buildings，2013，65：340-351.

Iddio E，Wang L，Thomas Y，et al. Energy efficient operation and modeling for greenhouses：A literaturereview[J]. Renewable and Sustainable Energy Reviews，2020，117：109480.

Kavga A，Vaiciunas J，Fokaides P A. Recent advancements in the energy performance of intelligent green houses：A caseStudy[J]. IOP Conference Series：Earth and Environmental Science，2020，410(1)：012030.

Qian G，Gao X，Chen X. Analysis of current situation and existing problems in greenhouse environment control[C]//Proceeding of the 11th World Congress on Intelligent Control and Automation，2014：4516-4520.

Zhang S，Guo Y，Zhao H，et al. Methodologies of control strategies for improving energy efficiency in agricultural greenhouses [J] . Journal of Cleaner Production，2020，274 (3-4)：122695.

附录

Bluetooth	蓝牙
Hadoop	Hadoop Distributed File System,分布式系统基础架构
LoRa	Long Range Radio,远距离、低功耗无线通信技术
MPP	Massively Parallel Processing,大规模并行处理技术
NB-lot	基于蜂窝的窄带物联网技术
NFC	Near Field Communication,近距离无线通信技术
PID	Proportion Integration Differentiation,比例积分微分
RFID	Radio Frequency Identification,无线射频识别技术
Wi-Fi	Wireless Fidelity,无线保真技术
ZigBee	近距离、低复杂度、低功耗、低数据速率、低成本的双向无线通信

第二章 园艺设施光环境及其调控

学习目标

- 理解园艺设施光环境特点；
- 掌握园艺设施光环境特性和主要智能调控技术；
- 能够根据具体情况规划不同的光调控方法；
- 熟练运用不同的光调控技术服务于设施农业的生产。

第一节 园艺设施光环境特点

光照是影响作物生长与蒸腾的重要因素之一，也是植物生长发育不可缺少的重要物理环境因素之一。光通过影响光合作用、光形态建成和光周期来调节植物的生长发育。光照时间及光照强度对大多数植物生长周期有着重要影响。所以，监测温室中光照强度对作物生长具有重要意义。光通常从光照强度、光周期、光质三个方面影响作物发育。作物光照不足通常会出现弱光逆境、抑制茎的增粗生长、减少干物质积累、导致生长发育减缓等问题，严重影响作物产量和品质。

①光照度。设施内光照度只有自然条件的70%～80%。若采光设计不科学，透入的光量会更少，而薄膜使用一段时间后透光率降低，室内的光照强度将进一步减弱。设施内光照度的日变化和季节变化都与自然光照度的变化具有同步性。晴天的上午，设施内光照度随太阳高度角的增加而增加，中午光照度最高，下午随太阳高度角的减小而降低，其曲线是对称的。但设施内的光照变化较室外平缓，且设施内光照度在空间上分布不均匀。②设施方位。在垂直方向上越靠近薄膜光照强度越强，向下递减，靠薄膜处相对光强为80%，距地面0.5～1.0 m处为60%，距地面0.2 m处只有55%。在水平方向上，南北延长的塑料大棚，上午东侧光照强度高，西侧低，下午则相反，从全天来看，两侧差异不大。东西延长的大棚，平均光照度比南北延长的大棚高，升温快。但南部光照度明显高于北部，南北最大可相差20%。在东西方向上，由于山墙的遮阳作用，东西山墙内侧大约各有2 m左右的弱光区。③光照时数。设施内的光照时数主要受纬度、季节、天气情况及防寒保温的管理技术影响。塑料拱棚为全透明设施，无草毡等外部保温设备，见光时间与露地相同，没有调节光照时间长短的功能，而日光温室由于冬春覆盖草毡保温防寒，可以人为缩短日照时数。④光质即光谱组成。露地栽培的条件下，阳

光直接照射到作物上，光的成分一致，不存在光质差异。而设施农业中由于透明覆盖材料的光学特性，使进入设施内的光质发生变化。例如，玻璃能阻隔紫外线，对 5 000 nm 和 9 000 nm 的长波辐射透过率也较低。

第二节 园艺设施光环境影响因素与要求

常规光环境调控技术主要采用定时、定量及负反馈方式进行光环境调控，未考虑不同作物在不同生理环境条件下对光环境需求的动态变化，缺乏科学的调控依据，导致补光不足或补光抑制。光合速率是衡量作物生长状态的指标，光环境对作物生长状态的影响也可通过光合速率变化表现，即光合速率优化是光环境按需调控的本质。光合速率模型可反映不同光环境下光合速率变化趋势，是获取光环境调控生理依据的关键。现有研究基于环境因子和光合作用间互作关系，建立光合速率模型并进行光合速率预测，不同程度上反映光合速率变化趋势，但作物的光合速率不仅受环境因素影响，其叶片结构、叶绿素含量等生理条件随作物生长发育具有连续变化的特征，表现在不同生长时期的光合速率具有巨大差异，而现有光合速率模型未考虑生长时期变化，其光合速率预测存在偏差，因此，研究生长时期和环境因子与光合速率间耦合关系，建立全生长期光合速率模型，实现光合速率精准预测，对于光环境调控具有重要意义。

光环境调控通常采用固定的光子通量密度，以开关量方式控制补光时间，一般有手动、定时两种模式，该方式全凭人为经验对外界环境因素进行判断，缺乏基本的调控依据；例如阈值控制方式，通过设计光环境监测模块，以外界光环境条件为依据自动开关补光设备，一定程度上可实现闭环自动补光。目前大部分光控方式均从控制方式角度出发，未考虑作物的光合需求，易造成能源的浪费，甚至减产。因此，研究不同作物的光合特性，分析生理生境因子对调控目标的交互影响，建立精准的光环境调控目标值模型，是实现设施光环境按需、定量调控的关键。

一、不同光质对作物品质的影响

作物的品质性状不仅受到自身遗传特性的影响，同时还受到外界诸多环境因子的影响。例如，光质、温度、水分等。其中光质对作物品质的影响是近年来研究领域的热点。作物的光形态建成、组织分化和形成都与光质息息相关。光合作用是高等自养植物维持生命的基础，其合成的碳水化合物是植物进行生长分化的起点物质。大量的试验结果证明，光质能够有效调控植物碳氮代谢过程，对植物叶绿素的合成及光合作用具有重要影响。

具体来说，光质参与并调节植物叶绿体组织和叶绿素的形成，叶绿素的含量直接影响叶片光合产物的积累。光合色素包括叶绿素 a、叶绿素 b 和类胡萝卜素，能够吸收并转换光能，是植物进行光合作用的必要前提，其含量的多少直接影响到植物光合速率的快慢、光合作用的强弱。有关光质对叶绿素含量影响的报道很多，但试验结果各有不同。对于不同的植物，同一种光质可能促进叶绿素的合成，也可能抑制叶绿素的合成。因此，不同光质调节叶绿素含量可能因植物种类、组织器官不同而不同。总体而言，红光能够促进叶绿素 b 的合成，蓝光促进叶绿素 a 的合成，但单色光处理会降低总叶绿素的含量。

叶绿素含量的多少和光合作用的强弱并不呈现正相关的线性关系。光谱中的蓝色光能够保证叶绿体的正常结构和叶片的正常形成，同时可以阻止明显无效的光合作用。例如，使用蓝光补充后，马铃薯、黄瓜植株和甜椒的光合能力与生物量均显著增加。

光质通过影响植物气孔发育、叶片生长、叶绿素合成等方面进行调控植物的光合作用。植物对光的吸收是具有选择性的，不同光质对植物光合作用的影响存在显著的差异。研究表明，进行光合作用所吸收的光主要是红橙光和蓝紫光，也被称为有效光。红光和蓝光均能不同程度地提高莴苣、烟苗等作物的净光合速率。但与单色光处理相比，红蓝混合光对植物光合作用的促进效果更为明显。另外，光质可以通过影响气孔间接地影响植物光合作用。气孔是影响植物光合作用的重要结构，气孔的开关受到保卫细胞的调控。而光质可以通过改变碳水化合物、有机酸等物质浓度，来调控保卫细胞，从而实现对气孔开闭的调节。

二、设施作物对光环境的要求

设施作物对光环境的要求主要包括以下几个方面：

1. 光照强度

根据设施作物不同需光量可将其划分为阳性作物、阴性作物和中性作物(表 2-1)。阳性作物多产生在热带、温带平原、高原南坡上及高山阳面岩石处。阳性作物必须完全生长在光照条件下，长时间荫蔽会致使生长停滞或死亡；相比强光照条件，阴性作物在弱光照条件下会生长得更好，不能被强光直射，生长期通常需要 50%～80%荫蔽度，多生于阴坡、林下或热带雨林。中性植物需光量介于上述两者之间。

表 2-1 不同作物需光量和属性

类型	属性	典型作物		
		蔬菜	花卉	果品
阳性作物	需光量大，光饱和点在 6 万～7 万 lx，生长发育需要完全光照，通常原产于热带或高原阳面	西瓜、甜瓜、茄果类	两年生花卉、宿根花卉、球根花卉、木本花卉、仙人掌类	葡萄、樱桃、桃
阴性作物	不能强光直射，光饱和点在 2.5 万～4 万 lx，光补偿点低，多产于热带雨林、阴坡或阴湿地带	多数绿叶菜葱蒜类	兰科、姜科、观叶植物、凤梨科、天南星科、秋海棠科	
中性作物	无严格光要求，光饱和点 4 万～5 万 lx	黄瓜、甜椒、甘蓝类、白菜类、萝卜	萱草、玉竹、麦冬草	李子、草莓

2. 光照时间

光照时间即光周期，指一天中光照时数与黑暗时数的交替。根据植物对光周期的反应分为长日照植物、短日照植物和日中性植物(表 2-2)。长日照植物在开花期前的一段特定时期需要每日光照时数大于 14 h 的临界时数；短日照植物在开花期前的一段特定时期需要每日的光照时数小于 12 h 的临界时数，在保证日光照时数足够维持正常生长发育所需光合作用时间下，日照时数越短开花越早；日中性植物对光照与荫蔽的时数长短没有严格要求。

3. 光质

不同园艺设施作物对光质的要求不同，在本章第三节展开讨论。

表 2-2 不同作物光周期分类及解释

作物类型	解释	代表作物
长日照作物	开花结果要求光照长于 12～14 h	多数绿叶菜、甘蓝类、豌豆、葱、蒜等
短日照作物	开花结果要求光照短于 12～14 h	一品红、菊花、丝瓜、豇豆、扁豆、茼蒿、蕹菜、苋菜等
日中性作物	对光照无严格要求	茄果类、菜豆、黄瓜等

第三节 园艺设施光环境智能调控技术

光环境智能调控目标是实现植物全生长期温度、CO_2 浓度、生长时间的光环境高效调控。

一、光调节

光调节即从光的角度出发，对光照强度、光质和光周期进行调节以达到作物最佳生长环境。

(一)光量调节

光量是影响设施作物光合作用的重要生态因子，其对温室环境中的作物产量及品质有重要的影响。光是温室作物进行光合作用、形成温室内温湿度环境条件的能源，要改变温室内的温湿度条件，首先要调节进入其中的光量，虽然光合作用也和光谱有关，但在以自然光为主要光源的温室，光量仍然是影响光合作用的第一因素。常见蔬菜、花卉人工补光参数见表 2-3、表 2-4。

单位面积的光通量为光照度。不同品类作物对光照要求不同，如番茄等喜阳蔬菜光饱和点为 1 500 $\mu mol/(m^2 \cdot s)$，而芹菜等耐阴蔬菜则要求较低的光照度。

表 2-3 常见蔬菜的不同生长期人工补光参数统计(邹志荣，2008)

种类	幼苗		植株	
	光照度/lx	光照时间/h	光照度/lx	光照时间/h
番茄	3 000～6 000	16	3 000～7 000	16
生菜	3 000～6 000	12～24	3 000～7 000	12～24
黄瓜	3 000～6 000	12～24	3 000～7 000	12～24
芹菜	3 000～6 000	12～24	3 000～6 000	12～24
茄子	3 000～6 000	12～24	3 000～6 000	12～24
甜椒	3 000～6 000	12～24	3 000～7 000	12～24
花椰菜	3 000～6 000	12～24	3 000～6 000	16

(二)光质调节

光质是指不同波长的光谱，不同波长的光谱组合在一起就形成了光。太阳光大部分是由 320～2 500 nm 波长的光谱组成的，其中波长在 320～780 nm 的光是人眼可以感知的可见光(图 2-1，彩图见二维码 2-1)。对于光自养植物而言，能被光合作用所利用的是波长在 400～700 nm 的光，也称为光合有效辐射。光合有效辐射不仅为光合作用提供能量，也是植物叶绿

表 2-4　常见花卉的人工补光参数统计

种类	植株	
	光照度/lx	光照时间/h
菊花	2 000～7 500	12～16
海棠	3 000～6 000	24
紫罗兰	3 000～6 000	24
翠菊	3 000～6 000	24
万寿菊	3 000～6 000	24
金鱼草	3 000～6 000	24

素合成和叶绿体发育的必要条件。光质对植物生长发育的调控是非常复杂的，光作为启动信号能够级联到植物体内的光接收器，通过植物体内信号物质的转导改变大量基因表达，从而引发植物内的各种生理反应。

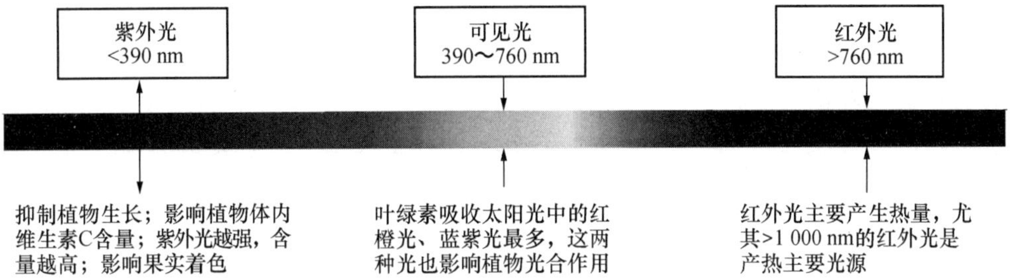

图 2-1　不同光源波段范围及描述

1. 红光对植物生长发育和生理代谢的影响

红光通常是植物照明光谱中的基本组件，是最早被用于植物生长发育试验的光质。因为红光波长接近光敏色素和叶绿素的最大吸收波长，所以单独的红光照射能够满足植物正常生长和光合作用的需求。研究表明，红光能够促进植株茎的伸长，增大叶面积，提高生物量的积累等。然而不同波长的红光对植物的影响可能有很大的不同。例如，生菜的生物量随着红光波长的增加而显著增加。研究表明，波长 640 nm 或者 660 nm 的红光可以作为生菜以及其他绿色植物生长光源。但是与其他光源（荧光灯、混合光质的灯）相比，单独的红光照射会对植物造成一些不利的影响，如叶边缘向下卷曲、缺乏生长活力以及形态畸形等。

二维码 2-1　不同光源波段范围及描述

2. 蓝光对植物生长发育和生理代谢的影响

蓝光是植物生长所需的重要光质之一，波长范围在 400～500 nm，其作用仅次于红光。在草莓、葡萄等作物上的研究表明，蓝光能够抑制株高的增加；在马铃薯和黄瓜幼苗上的试验表明，蓝光显著降低植株的伸长和叶面积的增加。蓝光还能够显著提高黄瓜、番茄、辣椒的壮苗指数和干物质量的积累，但需要注意，不同的植物对同一种光的响应存在明显的差异。

蓝光能够激活植物体内的隐花色素系统，并且满足叶绿素和类胡萝卜素的吸收光谱，从而增强植物的光合作用，提高植物生物量的积累。研究表明，单独使用蓝光能够增加白菜中叶绿素的含量，刺激白菜生物量的积累。另外，使用蓝光灯照射能够增加植物中多酚、维生素C、类胡萝卜素和花青素的含量，从而增加植物内抗氧化物质的含量，在增强自身的抗氧化系统的同时也影响叶色。

3. 黄光对植物生长发育的影响

黄光的波长范围与红光波长接近，但二者对植物生长发育的影响却有显著的差异。黄光能够显著促进植物株高的增加，这与红光效应类似，但黄光显著抑制黄瓜叶面积的扩大、根系的伸长、生物量的积累和叶绿素的合成，同时还抑制抗氧化酶的活性。例如，黄光对观赏作物（一品红等）处理可以显著增加光合速率，同时对侧枝的生长表现出先促进后抑制的效果，严重降低花头的可观赏性。在食用作物上，黄光处理不利于各项品质指标的提高。总体而言，黄光不利于多数植物的生长发育。

4. 其他光质对植物生长发育的影响

除以上三种波长的光质之外，其他波长的光质对植物的生长发育也有不同程度的影响。紫外光最有利于芽期苦荞黄酮的合成；补充远红光导致番茄的下胚轴伸长；温室中使用小通量的绿光能够促进黄瓜、番茄和甜椒定植苗的叶面积、鲜物质量和干物质量的增加。

5. 混合光质对植物生长发育影响

有关单色光对植物生长发育的影响的研究较多。目前的研究结果表明，不同的植物对单色光的反应不尽相同，而混合光对植物的影响更为复杂。植物对光谱的某些特殊响应可以预测，但是植物整体的变化是很难控制的，这是由于许多不同的响应之间有着复杂的相互作用。在黄瓜、水稻、不结球白菜上的研究均表明，红蓝混合光处理优于单色光处理，但不同比例的红蓝混合光对植物生长发育的影响有所不同，即不同的作物所适用的最优光质配比不同。

（三）光周期调节

光周期是指一天中光照时数与黑暗时数的交替。而植物对光周期的反应称之为光周期现象。根据植物对光周期的反应，一般将植物分为长日照植物、短日照植物和日中性植物。

1. 光周期对作物生长发育的影响

光周期可以调控许多植物的生长发育进程。植物开花是一个由营养生长向生殖生长转化的过程，主要是由光周期、温度和水分控制的，其中光周期被认为是最主要的环境因子。高等植物的开花是一个重要的生理过程，对植物后代的延续具有重要意义。光周期对植物开花的影响主要表现为经短日照处理后，花芽分化和花的发育整齐均一，长日照处理后则不能开花。短日照处理的花径显著大于长日照处理。

延长光周期可以增加株高，扩大叶面积。对于设施黄瓜等主要经济作物，光周期延长可以促进黄瓜叶片中可溶性糖和蛋白质的含量，同时可以提高抗氧化酶活性，来减轻低温对黄瓜幼苗的伤害程度。对于叶菜作物，随着红光光周期的延长，叶绿素含量、类胡萝卜素含量以及植株总的鲜重均显著增加，部分品质得到改善。光周期的长短直接影响植物接收的总光照量，光周期的延长能够增加植物光合作用的时间，从而合成更多的光合产物。此外，植物的营养生长与生殖生长的转变显著地受到光周期的诱导。

人为地延长或者缩短光周期，对植物根系的生长发育有显著的调节作用。例如，对长日照植物仙人掌缩短光周期后，出现植株整体发育进程减缓，根系发育迟缓的现象。因为不同的作物存在不同的需光特性，所以使用相同光周期处理不同的作物后，根系发育的响应会存在差异，但光周期对根系的再生有显著的影响。

2. 光周期对植物激素含量的影响

脱落酸和赤霉素是影响植物休眠和打破休眠的关键激素。不同光周期处理对植物脱落酸和赤霉素的含量影响有很大差异。长日照处理有利于脱落酸和细胞分裂素的优先合成，可以延后赤霉素的合成，短日照处理则与此结果相反。长光周期促进赤霉素的合成，抑制脱落酸的合成。研究表明，光周期可以通过影响植物脱落酸的合成而影响植物的休眠。由此可见，光周期是许多植物生长发育相关激素合成的重要环境因子之一。目前有关光周期对植物生长发育影响的机理尚没有定论性的科学解释，还有待进一步深入研究。

3. 光周期对作物品质的影响

作物的品质是决定作物最终价值的重要指标之一。光周期的长短直接影响到作物进行光合作用的时间，理论上光周期越长，作物合成的碳水化合物也就越多，作物积累的有机物就会越丰富。研究表明，不同作物的不同品质也会随着光周期的变化产生不同的改变。例如，随着红光周期的延长，油葵芽苗菜中维生素 C 的含量随之升高，而游离氨基酸的含量却随之下降，同时随着红光周期的延长，抗氧化酶 SOD、CAT 活性也随之降低；随着光周期的延长，生菜中可溶性糖的含量显著增加，硝酸盐的含量则显著降低，但对蛋白质含量没有显著的影响；对于大豆，适当减少结荚期大豆的光照时长，能够提高大豆中脂肪和蛋白质的含量。虽然光周期能够改变作物的某些品质，但对其影响机理的研究并不深入，并且不同作物对同一光周期的反应也不尽相同，因此，深入地研究光周期的作用机理对作物品质的改善和能源的节约都具有深远意义。

(四)补光系统在设施温室中的应用

光照是作物生长发育的必备条件，近年来，受设施条件和自然环境约束，设施光照不足越来越得到关注，一方面是由温室方位、结构、覆盖材料特性所导致的温室透光率下降，另一方面是由气候变化所导致的温室作物光照不足，比如冬季及早春季节的连续阴雨天气、频发的雾霾天气等。光照不足将直接对温室作物产生不利的影响，给生产造成严重损失。人工补光可以有效缓解或解决这些问题。

为促进作物光合作用和生长发育的人工照明称作人工补光。人工补光技术可有效改善设施作物生长光环境，提高作物光合作用效率，已成为光环境调控的重要手段。在人工补光过程中，光环境调控目标值决定调控效率，其模型研究具有重要意义。人工补光优先应用于北欧地区，当地冬季太阳辐射严重不足，通过人工补光可有效维持作物正常生长发育。在我国，农产品售价普遍较低，人工补光会大幅度提高生产成本，导致其应用较为局限。大多数果蔬作物在冬季都不能达到其光饱和点，补光能提高温室植物的光合效率。实验证明，用多种补光系统对番茄、黄瓜、茄子、莴苣等进行补光，均能取得明显效果，经人工补光的蔬菜产量一般可提高10%～30%，其中，对前期产量增产效果显著。对于花卉作物，在冬季也常采用人工补光，可有效保证开花期和始花期一致，从而获得更好的经济效益。从白炽灯、荧光灯、金卤灯到高压钠灯以及新兴的 LED 灯都在温室补光系统中得到应用。

农业生产中大量的生产实践和科学研究证明，人工补光不仅能增加作物产量，缩短种植周期，还能有效提高作物品质，是现代农业高效生产的重要保障手段。在育苗和温室作物管理过程中，利用不同补光光源进行补光，可促进作物的生长发育，影响作物的产量、形态、生理指标。同时，在选择补光光源时，需要综合考虑性能匹配和生长需求。人工光源的应用大致经历以下发展阶段：

1. 人工光源性能要求

(1)光谱性能　温室作物的光合作用和露地作物一样，有效波长为 400～500 nm 的蓝紫光区和 600～700 nm 的红光区，所以要求补光光源包含足够的红光和蓝紫光。此外，若温室内紫外线透过率较低，应要求补光光源包含 300～400 nm 波段的光谱。

(2)发光效率　光源的发光效率越高，单位电功率发出的光量越大，相同光照水平所消耗的电能就越少。同时，具备人工补光的人工气候室发光效率高并且可同步减少热量的产生，因而可减少在夏季的冷负荷。

(3)经济效益　在进行人工补光时，通常要考虑经济效益。图 2-2 显示光照度和光合强度、光能利用率之间的关系。光照度高时光合作用强，但光能利用率低；随着光照度降低，光合作用随之降低，但光能利用率升高。因此，人工补光的光照度必须综合考虑试验水平和经济影响。不同温室作物补光所需照度见表 2-5。

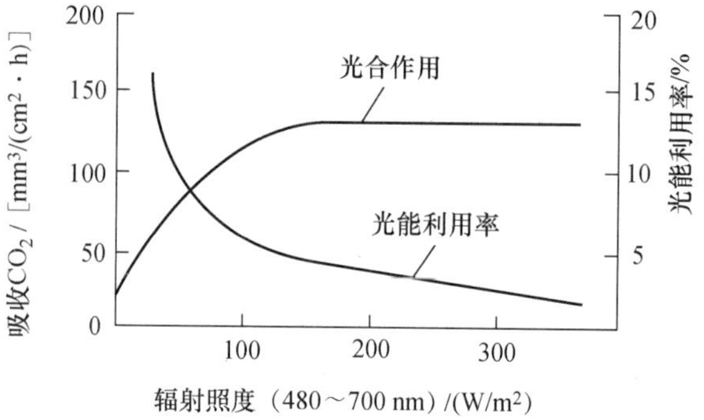

图 2-2　光照与光合作用及光能利用率之间的关系(邹志荣，2008)

植物光合作用的光谱灵敏度和人眼白天光谱灵敏度并不完全一致。一般照明的发光效率单位为流明/瓦(lm/W)，而植物的发光效率单位为生理辐射 lm/W 或 mol/(m^2 · s)。表 2-5 列出了常见几种园艺作物补光所需照度。

表 2-5　不同温室作物补光所需照度

作物(生长期)	辐射照度/(W/m^2)(400～850 nm)	时间/h	时刻
番茄(快速生长和开花早期)	12～24	16	08:00—24:00
黄瓜(快速生长和开花早期)	12～24	24	00:00—24:00
茄子(结果早期)	12～48	24	00:00—24:00
莴苣(快速生长期)	12～48	24	00:00—24:00
辣椒(结果早期和果实生长期)	12～24	24	00:00—24:00
菊花(生长期)	12～24	1	08:00—24:00
菊花(长枝和开花期)	12～24	8	08:00—16:00
石竹(长枝和开花前期)	12～24	16	08:00—24:00
天竺葵(长枝和开花期)	12～48	24	00:00—24:00
月季(开花早期和快速生长期)	12～48	24	00:00—24:00

2. 白炽灯补光系统

白炽灯(图 2-3,彩图另见二维码 2-2)的发展已有一百多年,目前仍广泛应用于普通照明和低强度光照中。白炽灯的光是由电流通过灯丝的热效应产生。一般白炽灯灯丝由钨丝制成,钨熔点高(3 655 ℃),高温蒸发率低,当灯丝温度不足 500 ℃时,只发出部分红外辐射,接近 500 ℃才能发出部分可见光。目前灯丝温度最高达 2 400～3 000 ℃。白炽灯是低色温光源,一般为 2 300～2 900 K,显色性很好,显色指数 99～100。白炽灯泡分为充气和真空两种,真空灯泡热损失小,但灯丝易在白炽温度下蒸发,使钨沉淀在灯壳内变黑,影响灯壳的透光率。充气灯泡在抑制钨丝蒸发的效益大于充气造成的热损失时才使用。随着人们发现白炽灯的发热量特别高,容易对植物造成灼伤,而且缺少植物光合作用主要利用的红蓝光,所以白炽灯渐渐地被淘汰。

图 2-3　白炽灯

二维码 2-2　白炽灯

3. 高压钠灯补光系统

高压钠灯(图 2-4,彩图另见二维码 2-3),又称 HPS 灯从内到外由汞、钠、氙电弧管灯芯、玻壳、消气剂灯头等构成。因其核心配件镇流器的不同又分为电感高压钠灯和电子高压钠灯,不同功率的高压钠灯需使用相应规格镇流器。高压钠灯灯管的发光角度为 360°,大部分必须通过反射器反射后才能照射到指定区域,光谱能量分布大致为红橙光、黄绿光、蓝紫光(只占小部分),高压钠灯是第三代照明光源,常规交变电流下使用范围较广,发光效率高,有很强的穿透能力,最高寿命为 24 000 h,最低也能维持在 12 000 h。钠灯进行照明的同时,会伴随着热量的产生,所以钠灯是一种热光源。但在使用过程中,存在自熄问题。

总之,高压钠灯拥有较高的光效、较长的使用寿命、较高的综合能效,占据着一定的市场地位,但是高压钠灯照明持续性差、安全性(含汞)较低、不可近距离照射等问题也很突出。

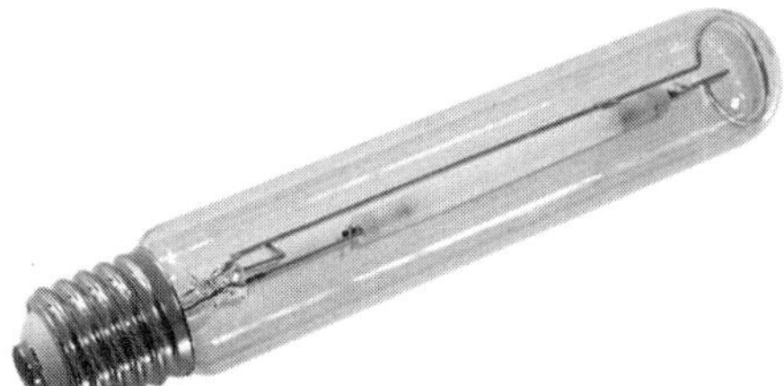

图 2-4　高压钠灯

二维码 2-3　高压钠灯

4. LED 补光系统

补光灯的使用历程经过了数代的发展,从白炽灯到金卤灯、荧光灯、高压钠灯再到发光二极管(LED)植物补光灯。随着农业科学技术的进步,设施作物的生产由原来高产的目标已经转变为优质高效。LED 光源具有低能耗、无污染的特点,是设施作物工厂化生产的理想光源,其对作物生长发育的影响已成为科研工作者研究的热点。研究表明,光质能够有效影响多种植物次生代谢物质的含量。不同 LED 光源对作物生长发育、次生物质代谢、非生物胁迫抗性均产生影响。

LED 又称发光二极管，核心部分是由 P 型半导体和 N 型半导体组成的晶片，在 P 型半导体和 N 型半导体之间有个过渡层，称作 P-N 结。电流从 LED 阳极流向阴极时，半导体晶体就会发出从紫色到红色不同颜色的光线，光的强弱与电流有关。按发光强度和工作电流可分为普通亮度（发光强度＜ 10 mcd）、高亮度（发光强度为 10～100 mcd）和超高亮度（发光强度＞100 mcd）等类型。其结构主要分为四大块：配光系统的结构、散热系统的结构、驱动电路和机械/防护结构。

根据 LED 不同的配光设计，其有效发光角度可大致分为≤180°、180°～300°和≥300°三类。LED 光源具有波长可调性，可发出光波较窄的单色光，如红外、红色、橙色、黄色、绿色、蓝色等，也可以根据不同需要任意组合。LED 作为第四代新型的半导体光源，采用直流驱动，寿命可达到 50 000 h 以上，而且衰减小，作为冷光源，可以贴近植物照射。对比 LED 与高压钠灯，结果显示 LED 安全性较高，不含有害元素，更加环保。

因此，LED 灯（图 2-5）作为新型的光源，具有可精准调制光质比例、体积小、散热少、使用寿命长等优点。LED 灯可以调节固定波长与植物光受体相匹配，更加有利于生产，影响植物形态和代谢成分。使用传统的高压钠灯进行补光时，因其具有很高的发热量，与植物需要保持一定的距离。而距离越远光能浪费相对也就较多，同时植物底部的叶片也因为不能得到充足照明而提前衰老，进而降低设施蔬菜生产的总产量。LED 灯可以很好地解决高压钠灯的不足。LED 灯因其体积小、发热量低的特点，在作物的不同冠层之间进行补光，既能够改善光强的分布，提高光的利用效率，从而增加作物的产量，又不会对作物造成灼伤。这种冠层间补光的方式已经成为一种新颖的温室补光系统。但是，在使用 LED 补光系统时，应根据不同作物的生长发育特性，进行合理的配置，尽可能地使得产出利益最大化。

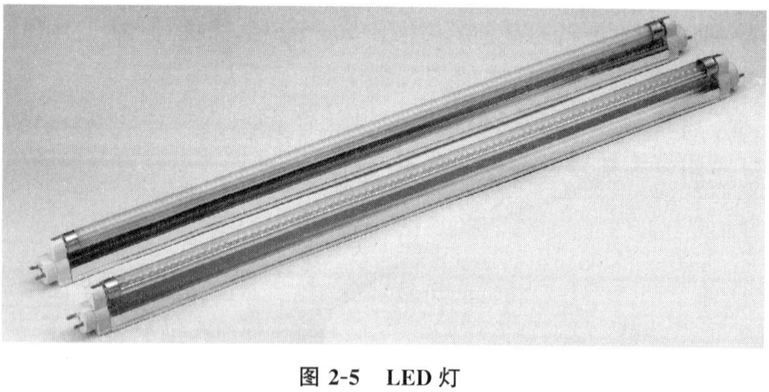

图 2-5　LED 灯

5. 光谱传感器驱动控制的 LED 照明系统

LED 已成为园艺照明设备的首选光源，但是 LED 也存在一定局限性，需控制电路才能实现稳定的照明和最佳的植物生长环境的光谱。使用光谱传感器驱动的闭环控制可以解决这些问题。新型 LED 在园艺领域的应用优于传统 HPS 灯，具有功耗低、散热小、使用寿命长的特点，这些特点为园艺市场开辟了新的契机。新型 LED 可以靠近植物，控制光强度和光谱特性，并优化植物的生长条件。这样做有两个好处：一是种植者通过垂直层叠植物来增加温室内的植物密度（适用于垂直农业）；二是种植者可以优化温室光照时间和光谱，加快植物生长。图 2-6(彩图另见二维码 2-4)所示为红色、绿色和蓝色 LED 混合光源的光谱特性随温度的变化。

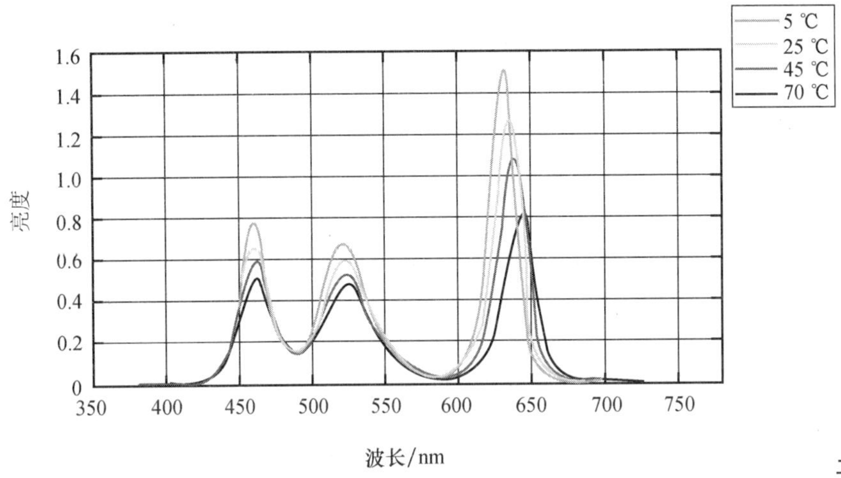

图 2-6　波长和温度对与 RGB-LED 光谱特性的影响

二维码 2-4　波长和温度对 RGB-LED 光谱特性的影响

图 2-6 表明,红色 LED 光谱特性受温度变化的影响远远大于蓝色 LED。在 5°C(41°F)至 70°C(158°F)范围内,亮度降低约 40%。

使用光谱传感器,温室照明系统可维持长久的高效性和稳定性。传感器的创新功能,如自动光谱特性平衡和生长监测,可以帮助减少种植作物工作量,节省能源成本,并有助于优化作物产量和质量。

二、设施构造调节

园艺设施内的太阳辐射量受到温室结构参数、温室覆盖物等的影响,科学的设施方位和结构设计有利于提高设施的光资源利用率,可以利用覆盖材料,如遮阳板或遮光布、覆盖膜等对设施光环境进行调节。

(一)材料

1. *覆盖材料*

在园艺设施内,覆盖材料对温度和光照有显著的影响。覆盖材料的透射率直接决定设施内的光照强度和光质,以及对地表热辐射的阻挡能力;覆盖材料的传热特性也影响温室的保温效果,除去人工干预(通风、结构设计和朝向),室外气候和覆盖材料的热特性是决定温室微气候的主要因素。

玻璃是最早使用的,而且至今仍然大量使用的透光覆盖材料。随着高分子材料技术的发展,各种高分子有机材料大量涌现,为温室透光覆盖材料的选择提供了更多的机会。目前,各国使用的塑料覆盖材料有上百个品种,而且还在不断发展扩充。但就总体而言,可分为两大类:一类是柔性卷材,主要指塑料薄膜;另一类为硬质板材,如聚碳酸酯板、玻璃纤维增强聚酯板等。常见覆盖膜温室见图 2-7(彩图另见二维码 2-5)。

表 2-6　常见透明覆盖物及其属性

名称	属性
PE	透光率 75%，保温性和伸缩性差，易老化
PVC	透光率 85%，保温性和伸缩性较好，耐老化，易吸尘
EVA	性能中等，由三层复合膜构成
PET	高光泽度，透明，刚性好，强度高，耐磨，可折叠可穿孔，抗撕裂，抗老化
FRP	0.7～0.8 mm，透光率差，平均寿命 10 年
PRA	不耐火，平均寿命 15 年
MMA	1.3～1.7 mm，高透光率且耐衰减，保温性好，耐污染
PC 板材	0.8～1.0 mm，中空 6～10 mm，高透光率且耐衰减，保温性好，重量轻，耐火阻燃，防露水，耐磨损

覆盖材料透射率计算公式如下：

斜面倾角 β 和太阳光入射角 θ 的关系式如下：

$$\cos\theta = \cos\beta\sin\delta + \cos\beta\cos\varphi\cos\delta\cos\omega + \sin\beta\sin\gamma_n\cos\delta\sin\omega + \sin\beta\sin\varphi\cos\delta\cos\omega\cos\gamma_n - \sin\beta\cos\gamma_n\sin\delta\cos\varphi \tag{2-1}$$

式中：β 为倾斜面与水平面的夹角；φ 为当地纬度；β 为太阳赤纬角；ω 为时角；γ_n 为斜面方位角。当正午 12 时（太阳时）使太阳光入射角 $\theta=0$ 的斜面倾角可由当地纬度和当天太阳赤纬角求得。在算出实验当天斜面倾角后，即可由上式算出当天不同时刻太阳光在斜面上的入射角 θ。

在温室中覆盖材料对太阳辐射的透射率是全辐射（直射＋散射）、全光谱的太阳光透过率，即

$$\tau = \frac{\Phi_T}{\Phi_I} = \frac{\int_0^{\infty}\tau(\lambda)I_{\lambda,l}(\lambda)\mathrm{d}\lambda}{\int_0^{\infty}I_{\lambda,l}(\lambda)\mathrm{d}\lambda} \tag{2-2}$$

式中：Φ_T 为透过的辐射热流，W/m^2；Φ_I 为入射的辐射热流，W/m^2。

图 2-7（彩图另见二维码 2-5）所示为覆盖膜温室。覆盖膜主要性能及其测定方法如下：

二维码 2-5　覆盖膜温室

(a) 塑料大棚　　(b) 日光温室

图 2-7　覆盖膜温室

（1）防尘性　通过滤纸吸收方法测定，擦膜 7 d 后测量，测定单位面积，每处理重复 3 次。测定前称量滤纸和培养皿重量，浸湿滤纸后吸收表面灰尘，然后烘干称重，用差值求出单位时

间内单位面积上薄膜附着灰尘的重量，测定时间间隔为 30～45 d，测定灰尘引起的透光率降低值与测定薄膜透光率同时进行，分别测定薄膜擦拭前和擦拭后的透光率，计算出透光率的降低值。

(2)流滴性　通过调查温室中前部薄膜表面露滴滞留面积比例，以结露面积达到薄膜面积50%的时间为流滴持效期；水分吸附量通过滤纸吸收方法测定，在固定测定时间测定单位面积覆盖膜，使用已知重量的烘干恒重滤纸，吸收水分后立即放入培养皿中以防水分蒸发，测定记录滤纸吸水后重量。

(3)防雾性　雾气发生程度可分为以下几个等级：1 级，温室内无雾气产生；2 级，温室内雾气较轻，可以看清对面墙体；3 级，雾气中等，隐约可以看见对面墙体；4 级，温室内雾气较重，隐约可以看到温室中部；5 级，温室内雾气极重，不能看到温室中部。图 2-8(彩图另见二维码 2-6)所示为雾气温室。

图 2-8　雾气温室

二维码 2-6　雾气温室

(4)增温性和保温性　通过连续测定 5 d，测定仪器为气象用最低温度计、最高温度计、套管温度计，测定位置为温室中部，距地面高 1.5 m 处。薄膜升温测定选择在晴天进行，测定见光后 1 h 内温度上升的值，每 15 min 记录 1 次；保温性测定在下午合风口后，保温覆盖前 1 h 测定，每 15 min 记录 1 次。

2. 遮光材料

设施内利用遮光布等遮光材料减弱设施内的光照强度以及降低设施内温度。遮光包括光强调节和光周期调节两种。在蔬菜、花卉和观叶植物的栽培中，常进行遮光调节，以抑制气温、地温和叶温上升，保护作物品质；此外，为了形成短日照环境，也需要遮光。夏季强光和高温会严重影响作物生长，需要进行遮光减弱光强，特别在高纬度地区设施内种植短日照作物，会因夜间时长过短而不能完成其光周期，所以也需要遮光调节；为了适应冬季弱光下的作物栽培，在夏末秋初育苗时进行生理驯化，能够提高冬季弱光期的园艺作物光能利用率。

1)机械调节

(1)覆盖方式　图 2-9 所示为各种温室遮光材料的覆盖方式。遮光有外遮阳和内遮阳两种方式。外遮阳又分为直接覆盖遮光材料到玻璃或塑料膜上，或是离开温室表面 30～40 cm

覆盖遮光材料。同时,外遮阳有固定覆盖和可移动覆盖两种,与内覆盖相比,外遮阳的高温抑制效果更好,但也易受外物和极端自然天气的(如台风)损害。内遮阳是将遮光材料覆盖在温室内侧,不会受到外界影响,但阻断隔绝的热量仍会滞留在遮光材料上部空间中,降温效果比外遮阳差。

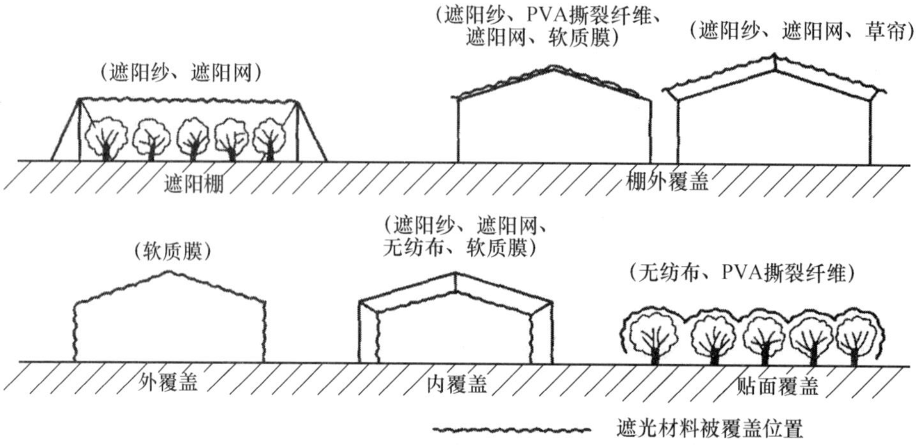

图 2-9 遮光调节覆盖方式和材料

(2)遮光材料　表 2-7 所示为不同遮光材料及特性。

遮阳网是聚氯乙烯、聚乙烯塑料编织物,有白、黑、灰、银等多种颜色,强度和寿命较长。但聚氯乙烯遮阳网干燥时会发生收缩,覆盖时要适当流出收缩余地,收缩率在 2%~6%。聚氯乙烯遮阳网有平纹网、经纬编织网、拉歇尔经编针织物等,透气性、强度和寿命普遍较好。PVA 纳米纤维膜是由聚乙烯醇材料制成的,有黑、银灰两种颜色,与聚氯乙烯遮阳网一样具有收缩性,收缩率在 3%~4%,但透气性高。无纺布是用聚乙烯纤维加工而成的,柔软性好,适合于内遮阳。软质塑料膜是由聚氯乙烯和聚乙烯材料辅之以碳素或铝粉制成的,黑色或银灰色,适用于内遮阳。

(3)遮阳效果　不同作物遮光率也不尽相同,标准值如图 2-10 所示。遮光率是对升温抑制效果影响最大的因子,遮光率越大,升温抑制效果越大。遮阳网[图 2-11(a)]的反光特性与升温抑制效果关系密切,内遮阳使用反光率高的银灰网和白色网比太阳辐射吸收率高的黑色网升温抑制效果更佳。其他覆盖遮光材料还包括无纺布[图 2-11(b)]和竹帘[图 2-11(c)]。

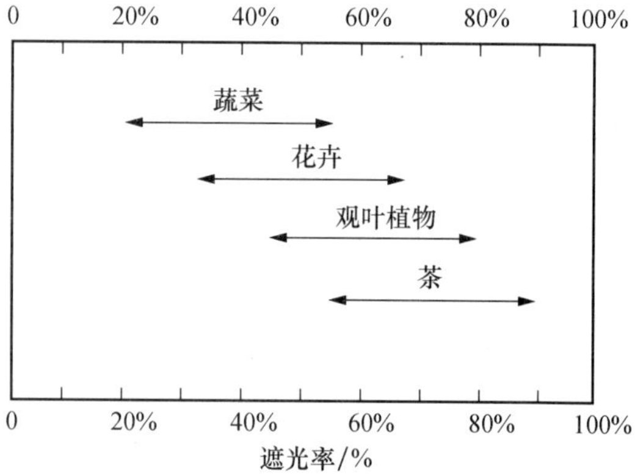

图 2-10 不同作物所需遮光率范围

2)智能遮光调控技术

有研究者通过设计智能大棚遮光系统来实现对大棚遮光,实现对光照强度进行调节。通过光敏传感器采集光照信息,将信息传给单片机进行处理,根据设置的阈值由单片机驱动电动机展开或收起遮光帘,改变大棚光照强度。也有学者通过构建温室环境模型,以自然光与人工补光进行温室光照建模,设计温室光照自动控

表 2-7 不同遮光材料及特性

种类	颜色	降温效果	适宜覆盖方式							性能						
			日长处理	搭遮阳棚	外部遮阳	外覆盖	内覆盖	隧道式覆盖	贴面覆盖	遮光率/%	通气性	被覆盖性	开闭性能	伸缩性能	强度	耐候性能
遮阳网	白	B	D	B	B	D	B	B	B	18～29	B	B	B	C	A	A
	黑	B	D	B	B	D	B	B	B	35～70	B	B	B	C	A	A
	灰	B	D	B	B	D	B	B	B	66	B	B	B	C	A	A
	银	B	D	B	B	D	B	B	B	40～50	B	B	C	C	A	A
聚乙烯网	黑	B	D	B	B	D	C	B	B	45～95	B	B	C	B	A	A
	银	B	D	B	B	D	C	B	B	40～80	B	B	C	B	A	A
PVA 纤维膜	黑	B	D	C	B	D	B	B	B	50～70	B	B	B	C	B	B
	银	B	D	C	B	D	B	B	B	30～50	B	B	B	C	B	B
无纺布	白	B	D	C	B	C	B	B	B	20～50	C	A	A	B	B	B
	黑	B	D	C	B	C	B	B	B	75～90	C	A	A	B	B	B
PVC 软质膜	黑	D	B	D	C	B	B	B	D	100	C	A	A	B	B	
	银	C	B	D	C	B	B	B	D	100	C	A	A	B	B	B
	透光银	B	D	D	C	B	B	B	D	30～50	C	A	A	B	B	B
PE 软质膜	银	C	B	D	C	C	B	B	D	100	D	A	A	B	C	D
	半透光银	B	D	D	C	C	B	B	D	30	D	A	A	B	C	D
PP 等铝箔膜		B	D	D	C	C	B	B	C	55～92	D	A	A	B	B	C
苇帘		B	D	D	B	D	D	C	D	70～90	B	C	C	B	A	C

注：A. 优秀；B. 良好；C. 较差；D. 差。

(a) 遮阳网

(b) 无纺布

(c) 竹帘

图 2-11 材料覆盖遮光示意图

制流程。在此基础上通过无线互联网和 ZigBee 设计并实现了温室光照度自动控制系统。也有学者提出将遮阳方法与通风和/或蒸发冷却相结合，对改善整体小气候以及小气候参数的分布具有显著效果。

对于智能遮光材料的研发也取得了进展。日本石川县立大学开发了用于温室降温的新型近红外(Near Infrared,NIR)切割网，该切割网结合了高可见光透射率和强 NIR 吸收，晴天使用 NIR 切割网覆盖时，空气温度下降 4～5 ℃。鸟取大学研究人员提出了一种基于微球太阳能电池技术的百叶帘式遮阳系统，该系统由半透明光伏组件作为百叶窗叶片组成，可同时实现温室遮阳和发电。马来西亚普特拉大学验证了 DSSC(Dye Sensitized Solar Cell)技术的应用潜力及其作为遮光材料的有效性。

(二)园艺设施结构调节

1. 设施方位与透光率

透光率是评价温室透光性能的一项最基本的指标，它是指透进温室内的光照量与室外光照量的百分比。透光率越高，温室的光热性能越好。温室透光率受温室方位和建筑斜角的影响，而且随着不同季节太阳辐射高度的不同，温室的透光率也在随时变化。

平行单色光通过均匀、无散射的介质时，光的一部分被吸收，一部分透过介质，还有一部分被介质表面反射。透光率(%)直接反映设施内太阳光辐射能或光照强度。透光率为透过介质的光通量与入射光通量的比率。

目前，我国大部分园艺设施温室属于单面温室[图 2-12(b)、(d)]，如北京改良温室和鞍山日光温室，这类温室仅向阳面受光，两山墙和北墙为砖墙或土墙，其方位是东西延长、坐北朝南，有利于充分采光、防寒保温。近年来，双面温室[图 2-12(a)、(c)]和连栋温室快速发展，尤其是塑料棚发展迅速。双面温室和塑料棚内的太阳光是由直射光和散射光两部分组成的，散射光透光率与温室和建筑方位无关，而直射光透光率与建筑方位有密切关系。

(1)单栋温室　单栋温室(图 2-13，彩图另见二维码 2-7)是园艺设施中常见的保护作物栽培的基础设施，可以充分利用太阳能，具有一定的保温作用，通过卷膜可在一定范围内调节棚内温度与湿度。常见的单栋温室有土墙日光单栋大棚、砌砖日光单栋大棚、新型日光单栋大棚等。图 2-14 为单栋温室不同时期的直射光透过率随建筑方位变化的曲线图。

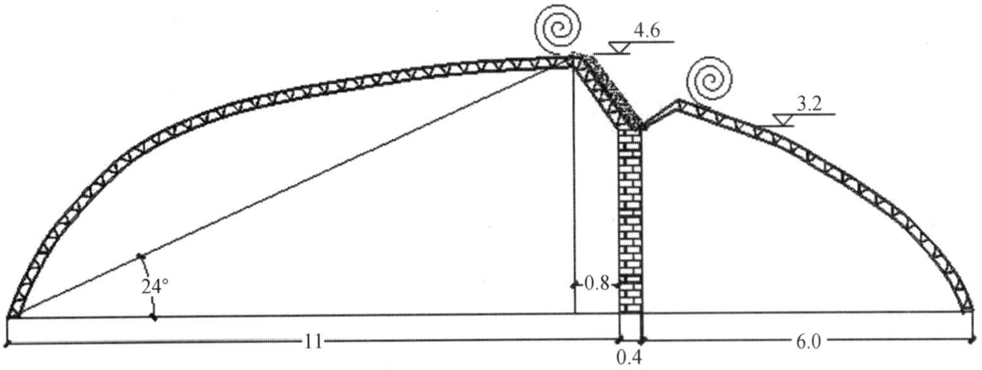

(a)地平式双面日光温室结构图

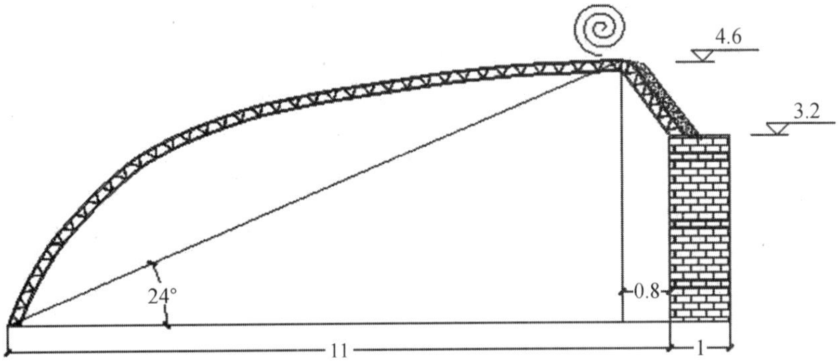

(b)地平式单面日光温室结构图

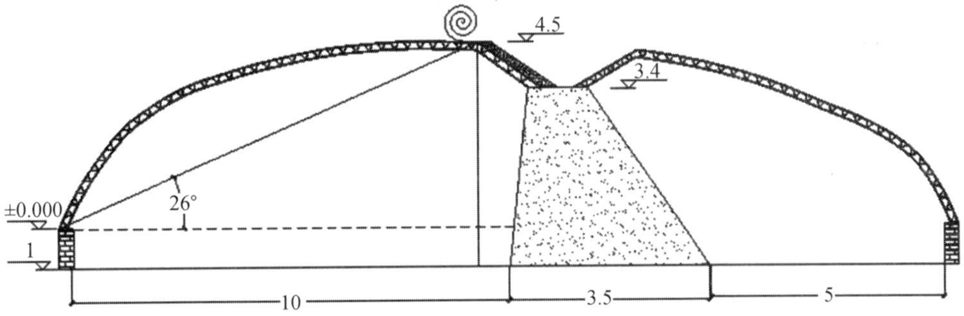

(c)下挖式双面日光温室结构图

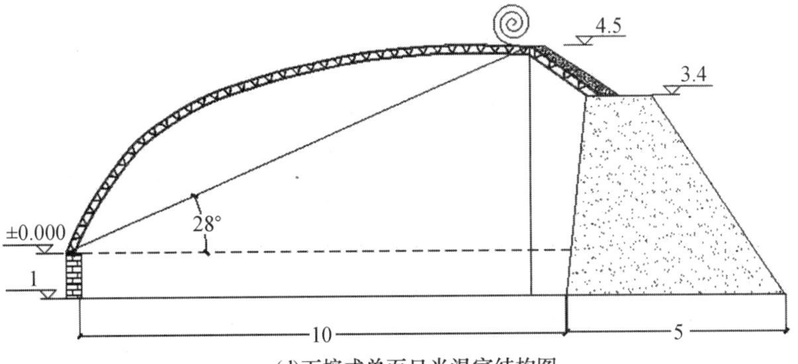

(d)下挖式单面日光温室结构图

图 2-12　不同类型的日光温室结构图(单位:m)

二维码 2-7　单栋温室

图 2-13　单栋温室

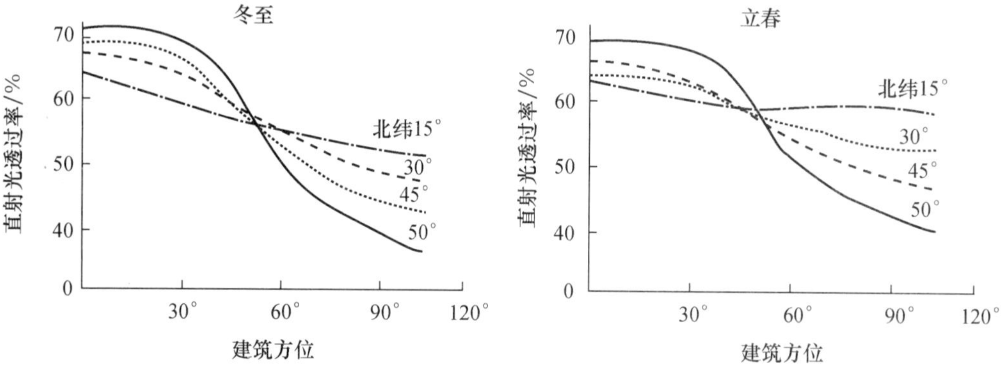

图 2-14　单栋温室不同时期的直射光透过率随建筑方位变化的曲线

(2)连栋温室　与连栋塑料棚与单栋温室相比，采光面积比(采光面积与窗面积之比)相应减少，结构遮挡增加，因此，前者的光照条件略低于后者，平均透过率为 50%左右。连栋温室见图 2-15(彩图另见二维码 2-8)。

二维码 2-8　连栋温室

图 2-15　连栋温室

2. 建筑斜角与透光率

温室和塑料棚覆盖材料对直射光的透光率，取决于阳光的入射角，而阳光的入射角则与太阳位置和屋面倾斜角有关。温室内直射光地面平均透过率，因屋面斜角变化而异。因此，在设计设施温室时，为了提高直射光透过率，覆盖材料的倾斜度应该与太阳光配合形成适当的入射角。入射角应根据不同纬度地区的太阳高度和主要使用季节太阳辐射最强时间来确定，一般以冬至正午作为计算时间。建筑斜角与太阳直射示意图见图 2-16。

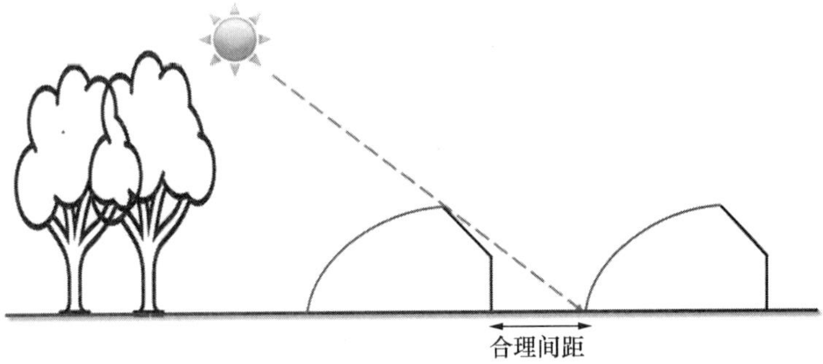

图 2-16 建筑斜角与太阳直射示意图

正午太阳高度角 H_0 可由下式求得：

$$H_0 = 90° - \varphi + \delta \qquad (2-3)$$

式中：φ 为纬度(北纬为正)；δ 为屋面斜角。

(三)栽培期管理

1. 薄膜清洁

园艺设施尤其是塑料大棚薄膜在使用期间，由于污染、附着水滴等，会大大降低其透光能力，影响蔬菜采光，使效益降低。可以采取多种农事管理措施提高棚膜的透光率。

(1)清洗棚膜 要提高棚室塑料薄膜的透光率，除设计好采光角度，推广使用无滴膜外，在管理上应每隔 5～7 d，用清水冲洗棚膜的表面，清洗尘埃、碎草，这样可以提高 5%～8%的透光率。

(2)擦干细土或石膏粉 将新农膜平铺，上面撒干细土或石膏粉，用毛巾或布片反复擦抹几遍后再擦干净。盖膜时将处理过的一面向内，可减少水滴附着。

(3)喷大豆粉 把大豆磨成细粉，每平方米棚膜用大豆粉 7.5～10 g，兑水 150 g，浸泡 2 h 后用细纱布过滤，除去渣滓后用喷雾器对着棚膜上的水滴喷洒，可使水滴很快落下，并能保持 15～20 d 不生新的水滴。

(4)翻晒棚膜 在霜降前 15～20 d 进行棚室扣膜，约 30 d 后，选择无风、晴天的中午，将膜拆下翻转，使原来朝上的一面转向朝下，再将其固定，这样即可大大减少水滴量，提高透光率。

2. 合理种植密度

设施温室栽种作物时，针对作物品种，凡生长旺盛、节间长、结果部位较高的作物，行距可略大一些，而株距适当加密，从而增加单位面积内的栽植株数。例如，在温室内栽植葡萄品种，因光照等条件影响，同一品种长势普遍强于露地，因此，不能盲目照搬露地栽植的密度，如果栽植密度过大，往往会造成架面郁闭，光照不良，影响花芽分化和产量及品质。在设施中无论定植哪个品种，株行距一定要略大于露地栽培的株行距。生产上为了提高前期单位面积产量，前期定植密度可适当大些，待达到盛果期后及时进行间伐，调整植株定植密度。

3. 场地选择

园艺设施建设地点的选择与地区气候条件紧密相关，在园艺设施建设以及生产过程中，应充分考虑到温室大棚与光、温、水、土等大环境要素的关系。园艺设施生产应结合以上几大环境要素选择地点，其中主要是光照、温度两大环境要素条件。对于光照、温度都不能达到作物生长要求的地区没有必要开展园艺设施生产，特别是在冬春季光照资源很差的地区不适宜发展园艺设施，虽然也可以采取补光措施，但由于能源消耗太大，在经济上不划算。另外，光照强度和光照时数对园艺设施内植物的光合作用和室内温度状况有很重要的影响，它主要受地理位置和空气质量等影响，因此，园艺设施建设地点的地势要平坦开阔，与高大建筑或防护林带之间的距离应以不妨碍温室大棚通风、采光为标准。

4. 植株管理

设施温室植株管理是一项细致的工作，进行植株管理的整体作用如下：

①平衡营养器官和作物生长；

②增加单果重量并提高品质；

③提高通风效果和透光率，提高光能利用率；

④减少病虫害发生和作物机械损伤；

⑤增加单位面积的株数，提高单位面积的产量；

⑥植株管理操作主要有搭架、整枝、打杈、吊蔓、摘叶、疏花、疏果等。

三、设施光环境智能调控研究现状

(一)概述

光环境智能调控对照明质量、数量和周期的控制有助于提高温室的生产率和能源效率。发光二极管(LED)的出现为温室补充照明控制提供了新的机会。由于LED光照强度可以快速、精确地实时控制，在能有效驱动光合作用的同时提供辅助光。这种补充照明控制的方法可以降低与温室照明相关的电力成本，同时保持对作物生长的有益影响，从而降低成本，确保温室作物生产的可持续性。因此，研究满足作物生长需求、降低调控成本的温室光环境优化控制对提高温室作物的生产效率和经济效益具有重要意义。然而，由于实际温室光环境优化控制问题的复杂性，如多目标、高维度、多约束等，温室光环境优化控制仍然是一个具有挑战性的研究课题。近年来，国内外研究人员对设施光环境展开全面探索，利用优化算法与机理建模等前沿技术对温室光环境调控策略、系统集成以及新型材料的投入使用进行研究。

(二)设施光环境智能调控策略

沈阳航空航天大学王燕辉等设计了一种温室控制系统，该系统使用单芯片作为控制系统的核心，数字光传感器(BH1750FVI)可以检测温室内外的光强度。该系统可以控制温室的光强度和光照时间。系统有两种工作模式：自动和手动。在自动模式下，根据室内外光强度和作物品种控制补光和遮光膜的条件，使温室的光照强度和光照时间自动保持在适当的范围内。

在手动模式下，照明系统控制需要人员操作。实验表明，该系统可以弥补一些缺陷，如手动控制错误和低效率，具有操作简单、实用性强等优点。

芬兰阿尔托大学 Pinho 等通过对照明强度进行动态控制，进而影响温室生菜用电量和鲜重的积累。与传统照明系统相比，使用动态照明 LED-DLC 模块(图 2-17)控制可使耗电量减少 20%。然而，就每消耗的电力单位累积的植物平均鲜重而言，这两种制度之间没有统计学上显著的差异。

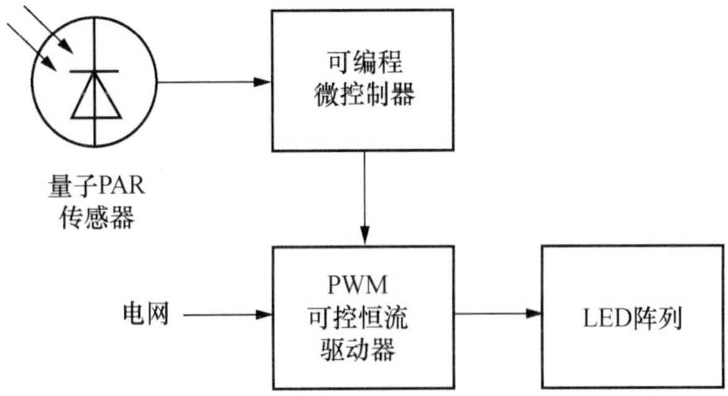

图 2-17　LED-DLC 模块图

美国佐治亚大学的 Weaver 等在保证每日特定光化学量足够的前提下，为减少补光 LED 灯所使用的电量，开发了一种基于优化算法，用于最大限度地减少温室补充照明所需的电量。

沈阳农业大学刘坦等提出了基于作物生长模型的分层优化控制方法，将光环境的优化控制问题分为优化级和控制级两个层次。该方法通过分层结构简化光环境原始优化控制问题的计算复杂性，从而实现光环境优化控制问题的解决。同时，通过对光环境控制目标的分层决策和光补充的运行，实现光环境的多目标优化控制。并且，通过对温室番茄光周期试验，验证了该方法的有效性。

(三)设施光环境智能调控系统

加拿大西蒙弗雷泽大学的江俊等通过优化模拟温室中植物生长的光条件，开发一种控制系统，以实现能源效率的提高。该系统利用日光采集，根据红蓝通道提供的光照射数据调节 LED 的变暗水平，这些光照射数据由位于测试台上的光传感器感知，并开发控制系统，以便在系统受到模拟阳光时，在传感器位置实现所需的红光和蓝光光强度。同时，提出了一系列模拟和实验来验证控制性能。

此外，他们还提出了一种集采光于一体的多输入多输出控制系统，作为节能温室照明的概念验证系统。控制目标是调节多光谱可调光发光二极管装置(简称多光谱可调光 LED 灯)的强度，以实现所需的光谱辐照度水平和颜色比，同时尽可能利用自然阳光。为了保证系统的稳定性和改善动态性能，采用 Smith 预估器来补偿通信硬件引入系统的延迟。考虑系统时滞和建模不确定性，对闭环系统进行了稳定性分析。所提出的控制系统在生长环境中进行了实验测试，如图 2-18 所示，该环境由模拟日光变化的可调光卤素灯、多光谱可调光 LED 灯和低成本光传感器组成。结果表明，使用所提出的自动照明控制系统可以节省约 30%的能源。

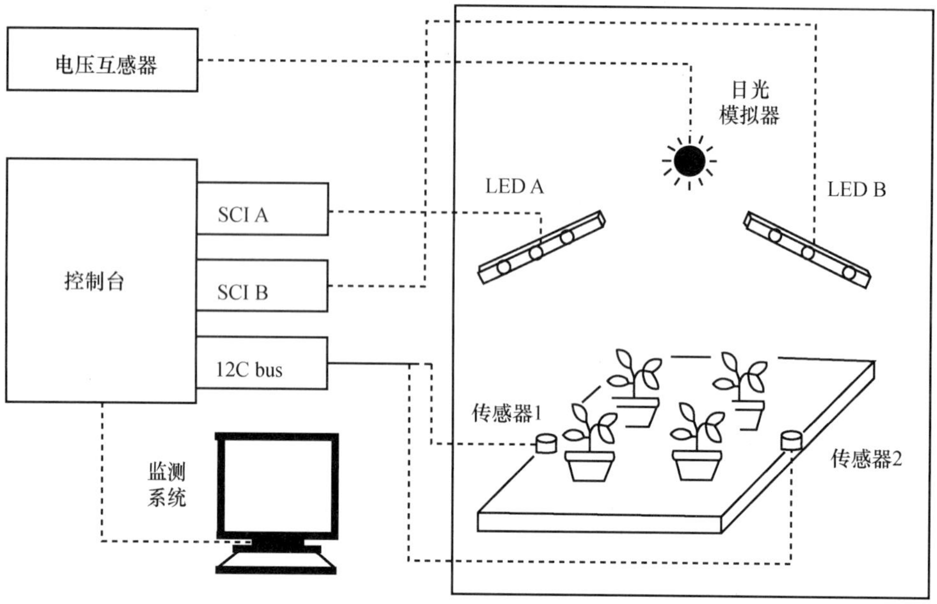

图 2-18　光环境智能控制系统

大连理工大学张舒斯等基于西门子控制系统对光强、温度、空气湿度、土壤湿度进行实时监测和控制，并进行分析和调节，构成蔬菜大棚控制系统。自动或人工控制温室百叶窗等设施，使蔬菜在相对适宜的光环境中生长。

荷兰埃因霍温尤尼夫技术公司和瓦格宁根大学为了将电能转换为光合有效辐射，提出了一种最优控制器，以生成温室可控输入参数的最优控制轨迹。最优控制器利用经济目标函数，即收入(产量×产品价格)和资源成本(资源使用×成本)之间的差额，将这种最佳控制温室系统的性能与实际情况进行比较。模拟实验表明，对于在荷兰气候条件下种植的番茄，最优控制可以将经济目标提高 10%。利用最优控制温室模型比较了不同照明系统的性能，即无照明、HPS 照明和 LED 照明。与 HPS 照明相比，LED 照明的运行回报率增加 9%。当使用 LED 照明的温室与使用 HPS 照明的温室相比时，LED 照明节省电能，使碳排放减少 30%。

另外，李明等利用 LED 技术设计了温室智能光补偿自适应控制系统。该系统由数据集中管理服务器和家用智能手机组成。控制节点的设计基于嵌入式处理器(LPC2129)，通过光传感器收集红光/蓝光强度信息。根据农业专家系统在数据集中管理服务器上的指导，将不同占空比的 PWM 信号输出到 LED，以调整光照强度以适应适当的状态。同时，农民可以通过智能手机登录数据集中管理服务器，查看温室内运行的灯光和设备信息，实现温室的远程管理。

日本立命馆大学研究生院研究了一种用于热控制的照明系统，即将阳光转换为热能。在该系统中，白天能量储存在保温材料中，然后在冬季的夜间用于加热。并且，通过实验研究证实了该系统的适用性。

西南科技大学吴丽等设计了一种基于二维模糊控制算法的温室光照无线测控系统。利用模糊推理的查找表，可以方便地实现温室照明的自动控制。实验结果表明，该系统运行稳定，满足设计要求。

意大利都灵理工大学的 Serale 等观察到发光二极管(LED)技术虽然提高了系统效率，然而，将人工照明系统扩展到功率密度超过 50 W/m² 时，会导致温室的能源和电力需求非常大。因此，提出了一种新型监测算法和控制器装备，以优化温室人工光源的能量性能。该控制器已在位于意大利北部的塑料温室中实现，设施面积 1 hm²，80 d 只需要 1 MW 总电源。结果表明，该方法可节约 19.4%的成本，提高电网的可靠性。

本章小结

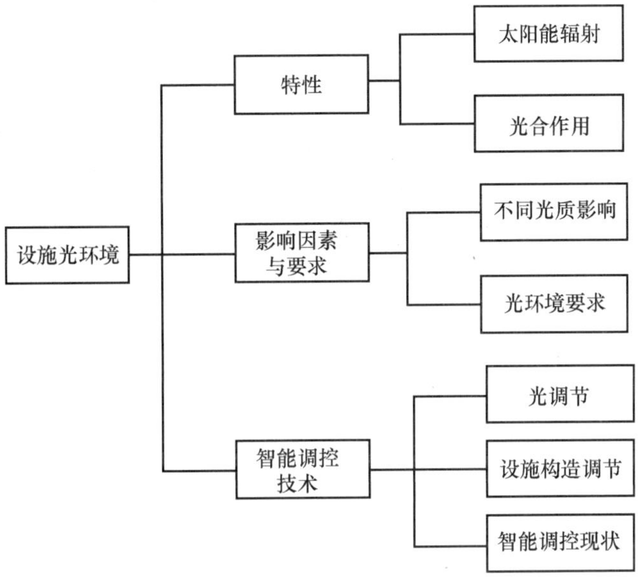

复习思考题

1. 园艺设施光环境主要特征及影响因素有哪些？
2. 简述透光率的含义和计算式，并列举该物理量在园艺设施温室和光通介质中的不同应用。
3. 作物对光环境的要求包括哪几个方面？请举例说明。
4. 为什么作物植株调整必须以生长结果习性为基础？

参考文献

藏田宪次．温室方位和地理纬度对太阳直射光透过率的影响[J]．农业工程学报，1993，9(2)：52-56.

靳志勇．光环境对设施大蒜和紫背天葵生长发育的影响[D]．泰安：山东农业大学，2015.

李纯青．不同结构类型日光温室光温环境性能研究[D]．泰安：山东农业大学，2016.

李式军，郭世荣．设施园艺学[M]．北京：中国农业出版社，2011.

李惟毅，韦雪松．温室覆盖材料的热学性质[J]．工程热物理学报，2005，26(z1)：171-174.

鲁纯养．农业生物环境原理[M]．北京：农业出版社，1994.

王智永．设施光环境调控模型研究及其建模软件开发[D]．咸阳：西北农林科技大学，2018.

张福墁．设施园艺学[M]．北京：中国农业大学出版社，2010.

张珍．融合光质和光强的设施黄瓜光环境调控方法研究[D]．咸阳：西北农林科技大学，2018.

邹志荣，邵孝侯．设施农业环境工程学[M]．北京：中国农业出版社，2008.

Ahemd H A，Al-Faraj A A，Abdel-Ghany A M. Shading greenhouses to improve the microclimate，energy and water saving in hot regions：A review[J]. Scientia Horticulturae，2016，201：36-45.

Ashida S，Shimizu T，Tateyama K. Study of efficient lighting systems for conditioned greenhouses[J]. Shokubutsu Kankyo Kogaku，2007，19(2)：59-65.

Jiang J，Moallem M. Development of an intelligent LED lighting control testbed for IoT-based smart greenhouses[C]//IECON 2020-46th Annual Conference of the IEEE Industrial Electronics Society. IEEE，2020：5226-5231.

Jiang J，Moallem M. Development of greenhouse LED system with red/blue mixing ratio and daylight control[C]//IEEE Conference on Control Technology and Applications (CCTA)，2018：1197-1202.

Kim Y B ，Bae J H ，Park M H . Effects of supplemental lighting on growth and yield of sweet pepper (*Capsicum annuum* L.) in hydroponic culture under low levels of natural light in winter[J]. Korean Journal of Horticultural Science and Technology，2011，29(4). ：317-325.

Kuijpers W，Katzin D，Mourik S V，et al. Lighting systems and strategies compared in an optimally controlledgreenhouse[J]. Biosystems Engineering，2021，202(1)：195-216.

Li M，Liu J，Ling G M. Intelligent light compensation adaptive control system for LED ingreenhouse[J]. Jiangsu Agricultural Sciences，2018，46(11)：193-196.

Li W，Liang Z，Zhang C. Research and application of the fuzzy control used in the wireless illumination measurement and control system of the greenhouse[C]// 23rd Chinese Control and Decision Conference，2011：1363-1367.

Liu T，Yuan Q，Wang Y. Hierarchical optimization control based on crop growth model for greenhouse lightenvironment[J]. Computers and Electronics in Agriculture，2020，180(6)：105854.

Pinho P，Hytonen T，Rantanen M，et al. Dynamic control of supplemental lighting intensity in a greenhouseenvironment[J]. Lighting Research and Technology，2013，45(3)：295-304.

Timmermans G H，Hemming S，Baeza E，et al. Advanced optical materials for sunlight control in greenhouses[J]. Advanced Optical Materials，2020，8(18)：1-14.

Wang Y，Ji X. The design of greenhouse lighting control system[C]// The 27th Chinese Control and Decision Conference(2015 CCDC). IEEE，2015：2613-2617.

Weaver G M, Iersel M V, Velni J M. A photochemistry-based method for optimising greenhouse supplemental lightintensity[J]. Biosystems Engineering, 2019, 182: 123-137.

附录

Carbon Metabolism	碳代谢
CAT	Catalase,过氧化氢酶
CAT	Catalase,过氧化氢酶
CRI	Color Render Index,显色指数
Dry Weight	干物质量
EVA	Ethylene Vinyl Acetate Copolymer,乙烯-醋酸乙烯共聚物(乙烯-乙酸乙烯共聚物)
Flower Bud Differentiation	花芽分化
Fresh Weight	鲜物质量
FRP	Fiber Reinforced Polymer,或 Fiber Reinforced Plastic,纤维增强复合材料
Guard Cell	保卫细胞
HPS	High Pressure Sodium,高压钠灯
K	Kelvins,开尔文,开氏温度标度
LED	Light-Emitting Diode,发光二极管
Light Saturation Point	过饱和点
Mcd	Micro cd,毫坎德拉
MMA	MethylMethacrylate,甲基丙烯酸甲酯
NIR	Near Infrared,近红外光
Nitrogen Metabolism	氮代谢
PAR	Photosynthetically Active Radiation,光合有效辐射
PC	Polycarbonate,聚碳酸酯
PE	Polyethene,聚乙烯
PET	Polyethylene Terephthalate,聚对苯二甲酸乙二酯
PLA	Polylactic Acid,聚乳酸
PN Junction	P-N 结
PPFD	PhotosyntheticPhoton Flux Density,光量子通量密度

续表

PVC	Polyvinyl chloride,聚氯乙烯
PWM	PulseWidth Modulation,脉冲宽度调制
SOD	Superoxide Dismutase,抗氧化酶
SOD	SuperoxideDismutase,超氧化物歧化酶
Spectral Irradiance	光谱辐照度
Tocopherol	生育酚
TP	Total Phenols,总酚

第三章　园艺设施热环境及其调控

学习目标

- 理解园艺设施热环境特点；
- 掌握园艺设施热环境特性和主要智能调控技术；
- 熟练运用不同的温度智能调控技术。

温室内的温度条件是热环境中非常重要的因素，它的高低往往是温室生产成败的主导因素。因此，人们十分重视温室热环境温度变化规律的研究及调控技术。

第一节　园艺设施热环境的特性

一、温度变化特征

1. 温室温度日变化

日光温室内的温度存在明显的日变化。一天中最高温度出现在 11:00—15:00，不同天气背景最高温度出现在时间上有所差异。最低温度出现在遮阳系统开启之前，出现的早晚与日出时间有关，在大棚生产季节里一般在 6:00—8:30。从平均状态来讲，7:00—13:00 是大棚的主要升温阶段，13:00—19:00 是大棚第一降温阶段，19:00 至第二天 7:00 是大棚第二降温阶段。晴天、阴天状况下温度变化有相对稳定的规律性，多云天气温室内温度白昼变化过程较为复杂，受日照和云量变化影响十分明显。

2. 日光温室温度季节变化

随着不同季节的变化，日光温室内的气温会产生相应不同的小气候效应。日光温室内温度随着室外温度变化而变化，室内温度最低值出现在当地最寒冷的时期(冬季)。室内外温差与室外温度存在明显的负相关，在寒冷的冬季内外温差最大。12 月至翌年 2 月内外温差呈抛物线变化。

3. 南北差别

南北方由于气候差异，在温室结构的设计上会有较大的差距。第一，北方多严寒天气，温室大棚在结构设计上必须能保持恒定温度满足作物的生产，故而温室大棚要具有良好的保温性能。一般情况下，北方常见的生产型温室是冬暖式大棚。冬暖式温室在保温性能方面优胜于其他结构温室大棚，能够保证作物抵挡严寒顺利过冬，避免天气问题造成的减产。南方地区生产型温室大棚多为薄膜连栋温室大棚，该结构类型温室大棚造价相对较低。第二，智能玻璃温室多应用于种植高经济效益的园艺作物，以及观赏型植物的经营。一般情况下，北方地区的智能玻璃温室主体结构材料规格较高，其覆盖材料是保温效果更好的双层玻璃或者多层 PC 阳光板，并且保温措施为顶部保温系统及内部保温系统，通常配备有供热系统。而智能玻璃温室在南方地区的覆盖材料通常为单层钢化玻璃或者两层 PC 阳光板。

4. 逆温

通常温室内温度都高于外界，但是在无多重覆盖的塑料拱棚或者玻璃温室中，日落后降温速度往往比露地快，常出现室内气温反而低于室外气温的逆温现象。此时室内气温的分布存在不均匀状况，一般室温上部高于下部，中部高于四周。

二、传热机理

1. 热传导

热传导是在物体（固体或流体）内部分子间的能量传递。传导是热在固体内部或在不同温度下物理接触的两个固体之间传播的唯一方式，能量从高温度流向低温度。沿切向的温度变化称为热梯度。温室内主要的热传导变化发生在土壤表层和深层之间，热能损失通过温室结构产生。

2. 热对流

热对流是流体在同一方向或在静态表面与流体之间的能量传输。通过对流进行的热交换涉及流体的流动。对流分为自然对流与强制对流，由外部机械作用（如风机风扇、泵）引起的对流为强制对流，由温室内空气温度变化引起的流体运动是自然对流。

3. 热辐射

辐射是所有温度高于绝对零度的物体所发出能量的一种形式。辐射是一种电磁现象，所有温度高于 0 K 的物体，都通过其表面以电磁辐射的形式发射能量。在温室中，辐射热交换是较为常见的现象。通过吸收太阳辐射来加热内部空气，占提高温室内部空气温度的重要组成部分。此外，温室内的加热管道除了通过对流直接加热作物外，还通过热辐射的方式给作物供热。

三、温室热平衡

温室热交换的物理过程与温室内空气、作物、土壤、覆盖材料和外部环境等相关。包括来自太阳辐射进入室内的热，透过覆盖材料的热损失，作物蒸腾和呼吸作用引起的与室内空气的热交换，自然通风引起的室内空气热交换和盘管加热和冷却引起的热交换。温室热平衡主要分为：温室覆盖外表面的热平衡、温室内表面的热平衡、温室内空气热平衡、温室作物热平衡以及温室内土壤热平衡。据此可构建温室传热模型，如图 3-1 所示（彩图另见二维码 3-1）。

在搭建模型之前需要假设进入温室的太阳能仅用于加热温室（在其他简化方法中忽略光合作用所使用的能量），则得到的温室瞬时热平衡方程为

$$S_s t R_s(1-t)+Q_c=K(T_i-T_e)S_c+mC_p(T_i-T_e) \tag{3-1}$$

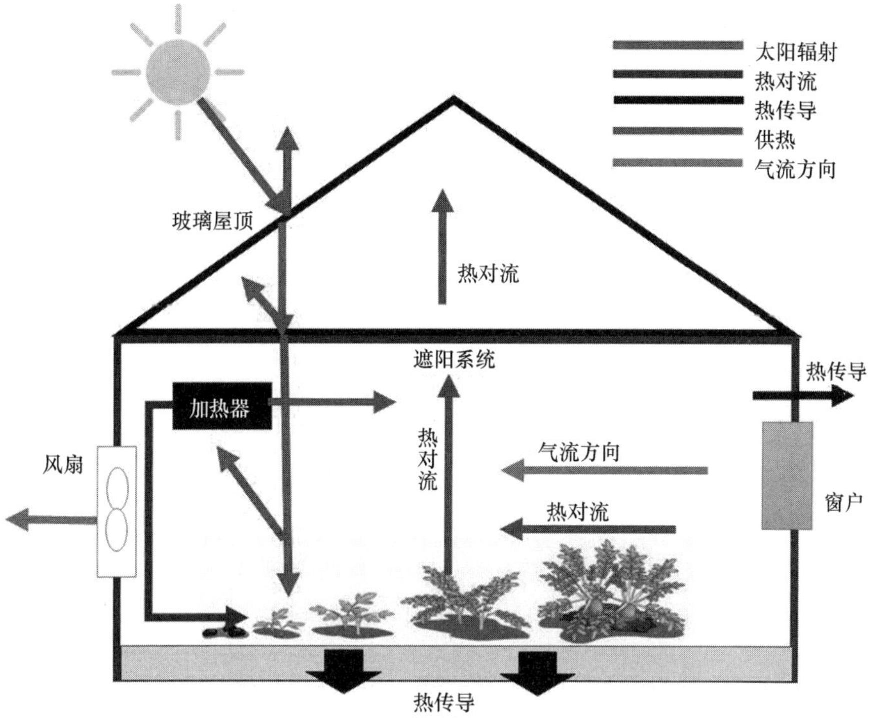

图 3-1　温室热环境模型

二维码 3-1　温室热环境模型

式中：S_s 为土壤表面积，m^2；t 为温室对太阳辐射的透过率（以每单位十进制表示）；R_s 为瞬时外部太阳辐射，W/m^2，或辐照度；t 为蒸腾的辐射比例（用每单位的小数表示）；Q_c 为加热系统单位时间提供的热量，W；K 为总传热系数，W/m^2；T_i 为温室（内部）空气温度，℃；T_e 为外部空气温度，℃；S_c 为温室覆盖面积（屋顶及侧墙），m^2；m 为单位时间换气量，kg/s；C_p 为空气比热容，J/kg℃。

该方程为热平衡的近似值，而对于没有光照辐射（$R_s=0$）的夜间，可以得到

$$Q_c = K(T_i - T_e)S_c + mC_p(T_i - T_e) \tag{3-2}$$

通常情况下，作物所吸收热量是来自土壤表面、加热管、墙壁、覆盖物和温室的其他元件的辐射以及对流现象。此外，蒸腾作用是作物热量损失的主要方式。

四、温室热损失

温室内热的损失主要包括热传导、热对流以及热辐射。

温室的热传导损失主要取决于温室内、外环境之间的温差，热传导占温室热损失的主要比重，大部分热量通过温室覆盖物的热传导、土壤热传导而散失。温室结构不同材料的导热属性决定着温室热损失量的大小。导热性较好的材料在较短时间内放出更多的热量，反之亦然。温室结构材料只有在不妨碍太阳光利用的前提下，增加覆盖材料绝缘度才能减少热量的散失。温室使用双层真空结构的覆盖物，可节省温室的热量需求。

温室热损失的第二种方式是热对流。温室门、窗的缝隙以及覆盖物的破损等会导致室内的热量通过热对流损失。同时，温室的通风系统会增加对流换热的强度，温室内的对流热损失受温室换气次数的影响。换气次数越多、换气时间越长，对流热损失量越高。玻璃温室与塑料

大棚的每小时换气次数如表 3-1 所示。

表 3-1　每小时换气次数(温室密封时)

保护地类型	覆盖形式	换气次数 R/(次/h)
玻璃温室	单层	1.5
玻璃温室	双层	1.0
塑料大棚	单层	2.0
塑料大棚	双层	1.1

温室热量损失的第三种模式是热辐射。温室的热辐射损失通常发生在冬季温室内的温度高于室外温度时,温室内较高温度的空气向外所发出的热辐射高于室外低温物体向内发出的热辐射,造成温室的热量损失。

五、园艺设施热环境的影响因素

温室是人工建造的作物生长的防护设施,室内采光条件受建筑朝向、设施结构、透明屋顶大小形状、覆盖材料特性、干燥度和洁净度等诸多因素的影响。影响温室热环境的因素可以分为升温因素、降温因素以及保温设施。

1. 温室升温因素

温室空气的升温因素主要包括:光照强度、光照时长以及供热系统。

(1)光照强度　温室内的光照强度一般比自然光弱,因为自然光只能通过透明的屋顶覆盖材料进入温室。在这个过程中,由于覆盖材料的吸收和反射,以及覆盖材料内表面的露珠的折射和吸收等,会降低光的透光率。特别是在寒冷的冬季、春季或阴天、雪天,透光率仅为自然光的 50%～70%。如果透明覆盖材料因使用时间长而不清洁、有灰尘和老化,其透光率甚至低于自然光强度的 50%,进而影响光照对设施热环境的影响。

(2)光照时长　温室内的光照时长指接受光照的时间,一般因设施类型而异。塑料大棚和大型连栋温室,因全面透光、无外覆盖、设施内的光照时数,与露地基本相同。但单屋面温室内的光照时数一般比露地要短,尤其是在寒冷季节为了防寒保温,所覆盖的保温材料揭、盖的时间直接影响室内的光照时长。在冬季 1 d 内作物所受光照的时间低于 7～8 h,远远不能满足园艺作物对光照时数的需求。

(3)温室供热系统　在寒冷的天气条件下,温室所吸收的热量不足以满足作物生长。当周围环境比温室环境相对较冷时,温室内的热量损失较高。为了保持作物所需的温度,供热系统的热量必须以与温室热量损失相同的速度供应到温室。供热系统通常分为化石燃料供热与太阳能供热,化石燃料供热通常以煤、天然气为燃料,为温室进行直接供能。而太阳能供热系统通常被部分或全部用于替代化石燃料加热系统。太阳能供暖系统的组件,如图 3-2(a)(彩图另见二维码 3-2)所示,包括集热器、蓄热设施、将太阳能产生的热量转移到温室空气的交换器,当太阳能供暖不足时结合加热器进行辅助加热。另外,按照供暖的方式可以分为热水式供热系统、热风式供热系统。按照其他形式的供热有火道式供暖、热风炉式供暖以及点热线式供暖。为提高温室供热系统的热量利用效率,通常使用水和岩石作为温室的储热材料。白天将来自收集器的热量存储到水箱中,当夜晚需要加热时,温水从储水箱进入单元加热器内的热水盘管进行热量利用。散热效率是影响供热效果的主要因素,翅片试管道换热装置是温室中应用最为常见的散热装置，如图 3-2(b)所示，通过螺旋式分布的翅片来增加与空气接触的换热面积，从而提高散热量。翅片换热装置通常安装在地面 20～50cm 的高度，但其占地面积较大，温室空间利用率较低。

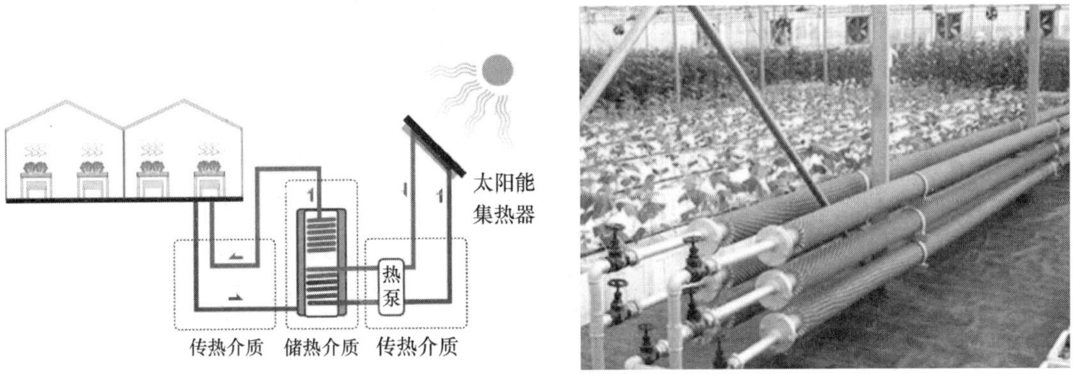

(a)　　(b)

图 3-2　太阳能加热系统(a)与翅片试换热器(b)

2. 温室降温方式

温室降温调节的方式主要包括：通风系统、喷雾系统以及湿帘风机降温系统。

二维码 3-2　太阳能加热系统

(1)通风系统　温室通风系统通常分为机械通风与自然通风，机械通风通常以风机驱动进行强制通风。而自然通风通常基于温室与外部环境之间的压差，由外部风压或温室内温度梯度造成的。由于温室内不同温度的气团密度差异，外部冷空气通过通风口进入温室，而内部热空气则通过屋顶排出；特别是在夏季室外温度高和太阳辐射较强的情况下，充足的通风可以有效调节室内的空气温度以及提高室内温度分布的均匀性。通风系统在调节温度的同时会调节室内二氧化碳浓度、空气湿度等。

(2)喷雾系统　为了保持作物生长所需的空气温度与湿度，通过喷雾系统将水经过高压以雾状形态喷射到空中。雾粒气化时吸收热量，降低室内空气温度。温室内的喷雾系统通常在夏季高温天气下 11:00—16:00 范围内开启。温室内的空气流速较弱，使液滴自由落体的速度缓慢，降低水分蒸发效率，同时提高叶面湿度。喷雾系统可以在提高空气湿度的同时降低室内温度。

(3)湿帘风机降温系统　是园艺中最常用的提高空气湿度降低温度的设施，空气从外面吹过湿帘，湿帘内的垫子上的水分蒸发并冷却空气，从而提高进入室内空气的湿度以及降低温度。湿帘风机降温系统有两种，分别为负压系统和正压系统。负压系统由温室一侧的垫层和另一侧的风扇组成，温室内压力低于温室外压力，风扇将空气吸进空气垫和温室，热空气由此可以进入温室。正压系统由温室一侧的风扇和衬垫以及另一侧的通风口组成，风扇把空气经由垫子吹进温室。

(4)遮阳降温系统　遮阳降温指利用不透光或透光率低的材料遮住阳光，阻止多余的太阳辐射能量进入温室，既能保证作物正常生长，又能降低温室内的空气温度。由于遮光材料和安装方式存在差异，一般可降低温室温度 3～10 ℃。遮阳方式有室内遮阳、室外遮阳和屋面喷雾降温。温室降温系统如图 3-3 所示,彩图另见二维码 3-3。

图 3-3　温室降温系统(数据来源:通州基地)

二维码 3-3　温室降温系统

保温节能设施主要采用保温性能较好的覆盖材料和采用多层覆盖方式。节省温室加温能耗可从加强保温、采暖系统的合理设计与管理以及新能源(可再生能源)的有效利用等三方面着手。温室的保温措施是提高温室热量利用率的重要方式,对于加温温室是经济有效的节能措施,对于不加温温室是保证室内温度条件的主要手段。通过围护结构覆盖层的热量散失是温室热损失的主要部分,一般占总热损失的 60%。因此,减少该部分的热量损失是温室保温技术的重点。

(5)多层覆盖保温　多层覆盖可有效减少温室通过覆盖层的对流与辐射传热损失,是最常用的保温措施,保温效果显著。有固定覆盖、内外活动保温幕帘和室内地面棚、膜覆盖等多种覆盖方式。固定覆盖构造简单,保温严密,保温效果较好,白昼透光率降低 10%～15%。超过二层的固定覆盖将会更多地降低透光率,故很少采用。活动式的保温覆盖是在温室的固定覆盖层内侧或外侧设置可以活动的保温幕帘,夜间活动保温幕帘展开覆盖保温,白昼收拢保证温室进光,因此基本不影响温室白昼的采光,但需设置幕帘开闭的机构,结构上相对复杂一些。活动保温幕帘白昼收拢不影响进光,因此,可采用保温性较好的反射型材料或厚型保温材料,以提高保温效果。

(6)双层充气膜覆盖保温　双层充气膜覆盖是近年在欧美和我国得到较多应用的温室保温技术,多用于温室屋面(也有用于侧墙的),是将双层薄膜四周用卡具固定,二层薄膜中充以一定压力的空气,以维持一定的中间静止空气层(一般平均厚 10～20 cm)。其实质相当于双层固定覆盖,优点是保温严密,热节省率达 30%～40%,且构造简单。缺点是温室透光率比单层覆盖降低 10%～15%,此外,在大风天气下,充气膜和空气层产生较大振荡,增加其内外表面的对流换热,影响保温性。为保持充气膜内的空气压力,需采用小充气风机连续或定时向双层膜中间补充压送空气,弥补漏气损失。室内空气湿度较高,补充空气来自室内时会在双层膜内侧产生水汽凝结,难以排除。因此,充气风机的空气吸入口应设置在室外,使用室外干燥空气充气,防止产生内部水汽凝结。

六、作物对热环境的需求

温度影响作物的整个生长发育过程。温度会影响作物的光合作用和呼吸作用所需要酶的活性,同时,过高或者过低的温度会影响根、叶和花的发育,叶的大小及形状。并且,温室里的相对湿度与室内温度具有较强的关联性,因此,温度是园艺设施生产过程中的一个极其重要的环境参数。

维持温度在适应作物生长区间内对作物整个发育过程是必要的。研究表明，在 10～30 ℃之间，每升高 1 ℃，叶片和花的形成量增加 10%。光照强度越高，最适温度越高，因此，在光照充足的情况下，平均气温会升高。光合作用随着温度的升高而增加，达到最大值后降低。此外，过高或过低的日平均温度的都不利于作物的生长，高温会导致叶和茎变薄，花朵变小，而低温会导致叶和茎变厚，花朵变大、受损或延迟收获。

昼夜温度差异也影响周期作物的发育，作物在生长的各个阶段具有不同的最适温度。在没有昼夜温差的情况下，作物容易长成多茎短叶的植被。当温度差异很大时，作物容易长出具有更长的茎和更薄更小的叶子。许多作物在夜间温度低于白天温度时生长得更好。在实际温室温度控制中，通常在作物发育的早期提供更为精准的昼夜温度控制，在作物开花和进入坐果阶段后使用温差控制。

温室设施内的气温、地温对作物的光合作用、呼吸作用、光合产物的输送、根系的生长，以及水分、养分的吸收均有着显著的影响。作物的生育适温随作物种类、品种、生育阶段及生理活动的昼夜变化而变化。一般作物光合作用的最低温度为 0～5 ℃，最适温度为 20～30 ℃，最高温度为 35～40 ℃。在合适的温度范围内，温度每提高 10 ℃，光合强度提高约一倍。适温范围以外的低温或高温，光合强度都要显著降低。呼吸作用的最低温度为－10 ℃，最适温度为 36～46 ℃，最高温度为 50 ℃。在呼吸适温范围内，温度提高 10 ℃，呼吸强度提高 1～1.5 倍。

作物的光合作用与其产物的输送是同时进行的，如果下午与夜间温度过低，叶片中的光合产物不能输送出去，叶片中碳水化合物积累，影响第二天光合作用。叶片变厚、变紫，衰老较快，光合强度下降。如光照较弱，气温过高，光合产物较少，呼吸消耗较多，则叶片变薄且植株生长瘦弱。

土壤温度（地温）的高低影响着根系的生长发育，影响着土壤微生物的繁衍，根系对水分、营养物质的吸收。一般适宜的土壤温度为 15～20 ℃（一般为 15～20 cm 深处）

表 3-2 番茄、黄瓜、辣椒各个生长阶段最适宜温度表 ℃

蔬菜种类		温度				
		发芽	移植	生长	坐果	成熟
番茄	白昼	25	24	19～21	19	20～22
	夜晚	25	24	19～21	19	17～19
黄瓜	白昼	28	25	24	23	23
	夜晚	28	25	21	21	17～21
辣椒	白昼	25	21	21	21	21
	夜晚	25	24	23	24	18

在园艺品种范围内，可以分出三种类型的热需求：①低等需求量，如生菜、草莓、康乃馨，白天/夜间的温度为 10～25 ℃/7～10 ℃；②中等需求量，例如番茄、豆类、胡椒、茄子、小胡瓜，白天/夜间的温度为 16～30 ℃/13～18 ℃；③高等需求量，白天/夜间的温度为 20～35 ℃/18～24 ℃，如瓜类作物（甜瓜、西瓜、黄瓜）和一些观赏作物。

最适温度通常随作物年龄的增加而降低，如在种子萌发期和发育初期，最适温度较高。当有效辐射或空气中 CO_2 含量增加时，从光合作用的角度看，最适温度也会增加。其他生理过程会有不同的最佳温度值，当温度低于最佳温度时，产品的质量通常会下降，这种现象通常会发生在冬季没有供热且温度较低的温室中。

第二节　园艺设施热环境智能调控技术

一、园艺设施热环境调控技术

植物在整个生命周期中所发生的一切生物化学反应，都必须在一定的温度条件下进行。温度降至某一低温或超过某一高温时，作物会停止生长甚至死亡。由地球的自转和公转造成地表热量在时间和空间上的不平衡，形成地表温度在昼夜、季节和地区上的变化，往往不能完全满足作物生育适温的需要。因此，应根据温室设施的温度条件，随时采取必要的保温、加温与降温措施，以充分满足作物的适温要求。温室采暖供热自动调控系统的设计应包括两个方面：一是利用热平衡原理分析和计算温室内热量平衡，并依次估测出温室内的温度升降、蒸发散热量、通风强度等物理状况；二是温室内温度（气温）的管理方案及实施管理调控的物理措施。

温室是极其复杂和非线性的系统，其环境随着大量干扰而变化。传统温室控制方法调控具有自动化、智能化水平较低，过于依赖人工经验且效率低下的缺点，难以实现对温室大棚这种非线性、大滞后、强耦合复杂对象高效而精确的控制。探究室内外环境因子的关联性，并在温室环境控制中做出智能化的调整，保障作物健康生长所需的环境，从而实现高效率的温室产出。如今，智能数字温室控制系统已经广泛应用于现代温室中，智能化控制以系统集成的方式在对每一个环境参数的变化进行分析的同时实现智能化决策调控；并将人工智能（AI）算法融入环境控制系统中，以实现更精确与更智能的环境调控。

在控制温室内环境之前，首先需要感知温室环境因子的变化规律，以便有针对性地做出合理的调整。通常把获取环境因子变化的传感设备称为传感器，传感器是任何温室监测和控制系统的必不可少的部分。常见的传感器包括温湿度传感器、光照强度传感器、CO_2浓度传感器以及风速、风向传感器。控制系统会受其传感器的准确性和响应快慢（时间常数）的限制，传感器需要准确地感知温室环境变化，且传感器信号采集周期要满足系统响应需求，以便控制系统能够及时采取适当的控制响应。温室供热控制系统如图 3-4 所示，彩图另见二维码 3-4。

控制系统有测量、比较、计算和校正的功能。这四个功能分别由传感器、控制器和执行元件实现。传感器主要利用（例如电阻温度计）电位差转变为电信号完成测量任务，由控制器来进行数据的比较和决策，控制器可以通过比例（P）控制、积分（I）控制、比例积分（PI）控制器、比例微分（PD）控制器、比例积分微分（PID）控制器或可编程逻辑控制器（PLC）来实现。控制通过调节执行器的输入信号，从而调节温室环境因子如温度、CO_2 浓度和光强度。图 3-5 为典型的 PID 控制流程，为了修正上述控制过程中的误差和超调问题，增加了积分和导数两项，这三项一起作用于误差信号 $e(t)$，产生控制信号 $u(t)$，该流程为比例-积分-微分（PID）控制，是最常用的反馈控制系统。比例项通常具有保证稳定性的作用，通过增加积分项和导数项，分别通过抗扰动和降阻尼来减少或消除稳态误差。

与经典控制不同，最优控制中使用与人工智能算法相结合的方法，如人工神经网络

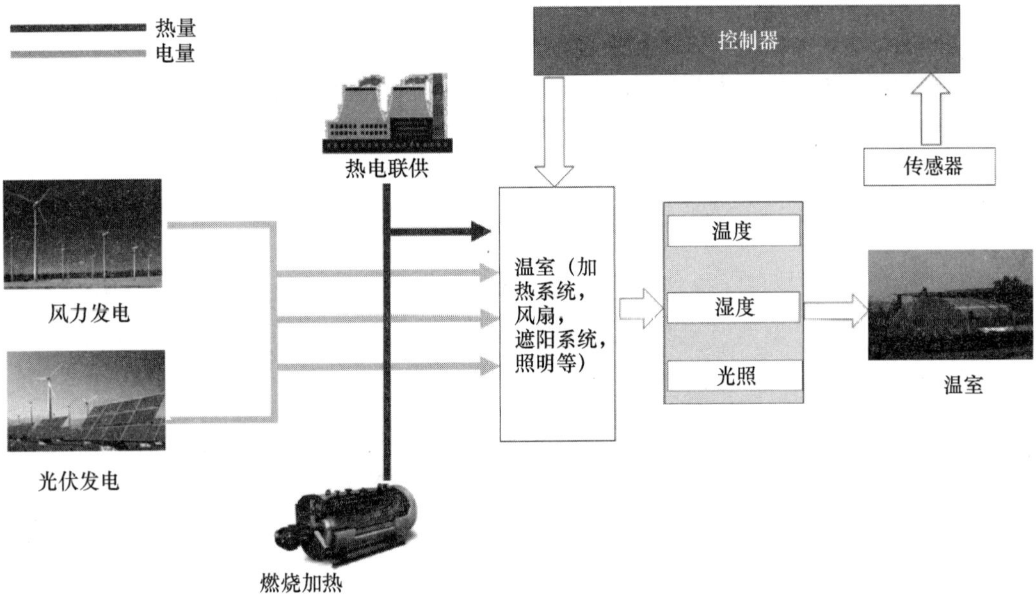

图 3-4　温室供热控制系统

（ANN）、贝叶斯概率、模糊逻辑系统、机器学习系统、专家系统、进化计算和遗传算法等，来构建一个智能的动态控制系统。在众多最优控制方法中，模型预测控制是温室过程控制中应用最广泛的技术，模型预测中通常以温室能耗、水分消耗、作物响应等方面作为控制系统的输入参数，根据上述环境参数的变化提前进行温室模型的预测与智能控制。

二维码 3-4　温室供热控制模型

结合物联网、大数据、人工智能、云平台等新兴信息技术，将温度控制与其他环境因子控制相融合，根据设施环境的温湿度、土壤温度以及作物不同生长阶段的温度需求，对环境因子进行及时的智能调控。智能温室环境控制系统的主要任务是先设定温室内的动植物所需的生长发育信息即标准值，并将其与温室中的传感器所监测到的信息进行比较，然后由智能控制系统的控制器给出调控决策，让各个执行部件按照决策要求做出相应的动作，控制温室内的环境保持在动植物生长发育的最佳状态，保证温室高效生产，同时具备低能耗、低成本的特点。智能控制系统利用传感器来收集温室中环境、作物生长状况

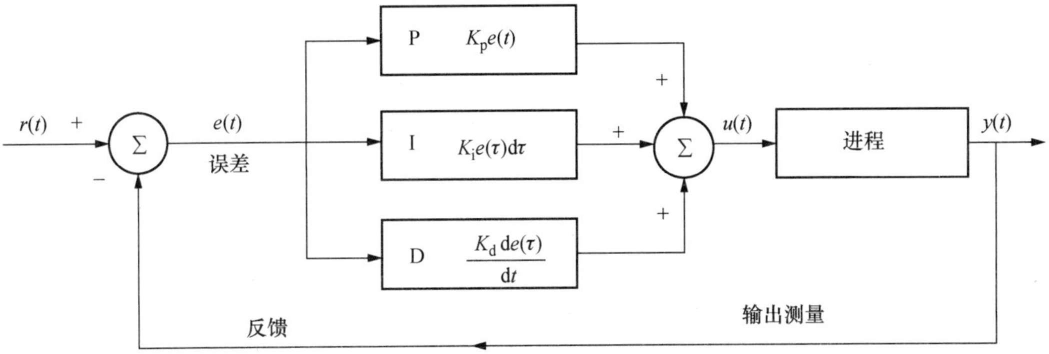

图 3-5　PID 控制流程图

等信息，然后利用智能控制器将收集到的信息与作物生长模型进行比较，产生调节决策。控制执行机构做出响应动作，从而完成温室内部环境的智能控制。图 3-6（彩图另见二维码 3-5）为典型的智能数字温室控制系统，该系统基于无线网络传感技术采集温室环境因子数据，通过网关将数据传输到云平台，并且经过云平台完成智能决策，在实时环境监测的同时，通过触发器控制加热器、LED 灯、阀门、泵等设备，实现设施环境智能调控。

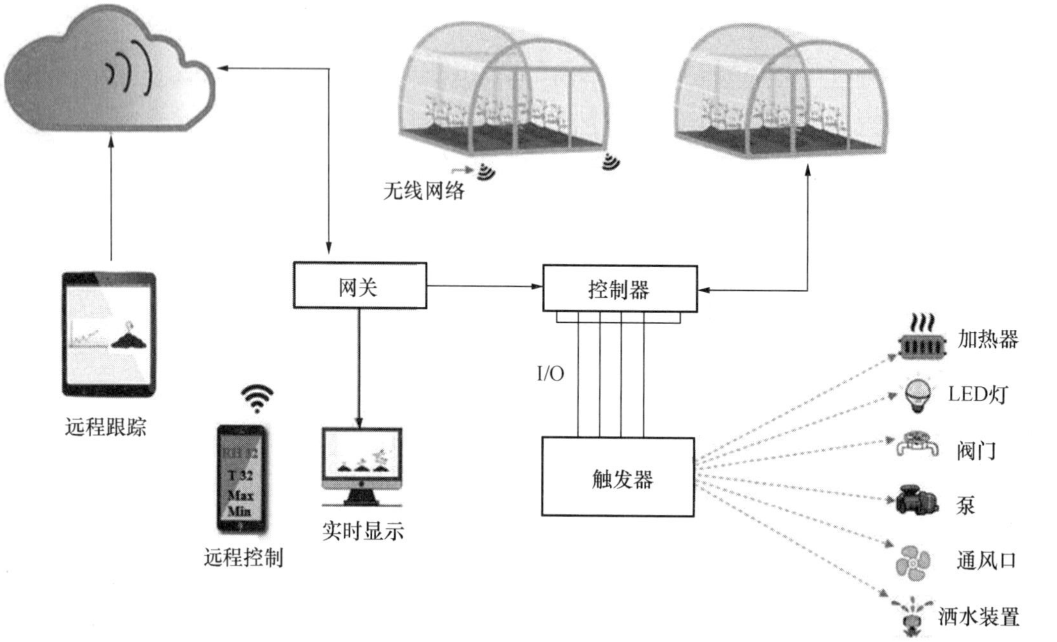

图 3-6　温室智能数字控制系统

二维码 3-5　温室智能数字控制系统

智能温室环境控制系统已经应用到现代商业温室中，以系统集成的方法系统性、全局性的原则控制各类温室环境因子。尤其是将人工智能（AI）算法融入环境控制系统中，在实现更精确环境的控制的前提下，达到降低能耗成本的目的。例如，在不损害作物生长和发育的情况下，可以通过减少通风或保持较高的室内相对湿度来减少能源损失，减少温室通风所造成的能耗；同时，通过热电联厂的优化调控替代传统的供电计划来降低供电能耗成本。

二、国内外园艺设施热环境控制案例

（一）国内园艺设施热环境控制案例

为准确了解温室内各个环境因子的变化规律，控制系统的硬件部分主要包括需要安装各种不同种类的传感器节点来获取环境因子（如土壤湿度、土壤成分、pH、温度、空气湿度、光照强度和 CO_2 浓度等），同时安装具有简单执行机构的节点（如风机、电机、阀门等执行机构）来调控各类设施环境因子，从而获得作物生长的最佳条件。目前，国内现有的温室大棚通常利用现代计算机技术、传感器技术、无线通信技术、先进控制技术、数据库技术设计智能温室的控制系统。

图 3-7(彩图另见二维码 3-6)为典型的园艺设施智能控制系统,该系统在热能管理、电力管理以及水肥一体化管理的智能调节条件下,对温室的通风、补光、灌溉、喷雾以及卷帘系统进行智能化控制。该智能监测系统中的数据采集模块将传感器采集到的参数,通过 A/D 转换器转化为电信号,然后通过节点将信号传送至嵌入式控制器,控制器对信号进行分析、储存,在显示器上显示并上传至客户端。所采集到的数据通过网关上传,网关作为该无线传感器网络系统中的协调器,可实现网络中的终端设备之间的通信。温室内的所有信息会通过网关上传至客户端,管理者也可以远程查看管理,并通过客户端进行远程智能控制。客户端发出的指令通过 4G 网络发送至嵌入式控制板,然后通过网关由串口将指令解析出来,最终将控制信号发送给控制设备进行自动控制。

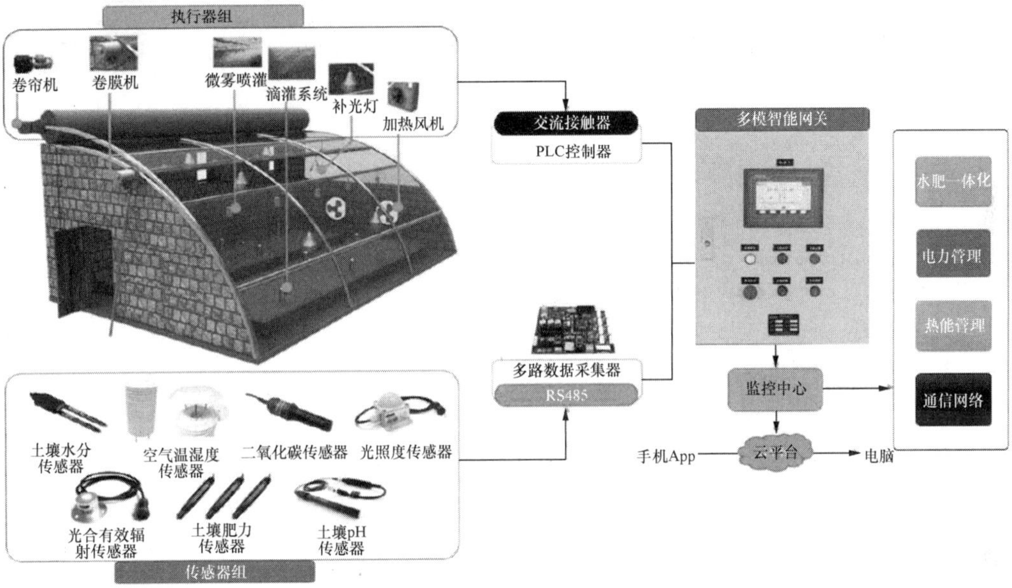

图 3-7 温室环境智能控制系统(南京芯传汇电子科技有限公司)

1. 温室温度控制系统

自动控制系统首先根据作物目标温度与实际室温的偏差以及室温的变化率进行初步计算。然后开启温室顶窗进行自然通风调整温室内的温度,经过设定的时间内的通风换热后,通过空气温湿度传感器实时监测到的温度值是否达到作物生长需求,判断是否继续开启侧窗系统。例如,自然通风(顶开窗和侧窗)不能降低温室内的温度,平台会自动关闭自然通风设备,采用强制通风(排气扇)的方式来控制室内温度。若温度未满足作为生长需求,则开启湿帘风机降温进行辅助降温;若温度依旧未满足要求则计算机会开启温度过高报警,提示用户需增加降温设备(如开始空调制冷)。自动升温功能:冬季采用暖气加温和暖风机提升温度的方式,调控系统根据作物目标温度与实际室温度的偏差以及室温的变化率进行计算分析,通过调节暖气恒温阀的开合度来控制室内温度,通过检测温室的空气温度是否达到作物生长需求控制供暖系统的启停。图 3-8(彩图另见二维码 3-7)显示为温室温度调节系统所设计的智能调节系统控制界面,可通过点击温室中的各种设施设备的图标来调节各个设备的

二维码 3-6 温室环境智能控制系统

运行状态。

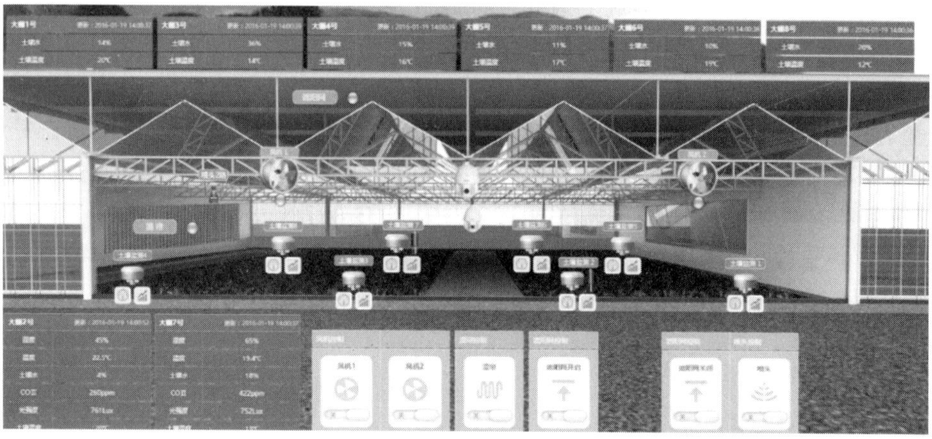

图 3-8 物联网温室智能控制系统

二维码 3-7 物联网温室智能控制系统

2. 环境因子监测

环境因子包括环境温度、环境相对湿度、露点温度、雨雪、大气压力、风速、风向、降水量、水面蒸发、叶面湿度、叶面温度、日照时数、光照度、太阳总辐射、CO_2 浓度、土壤温度、土壤湿度、土壤热通量、土壤水势、土壤导电率等。

系统选用的传感器需具备如下特点：①微型化：传感器的设计要微型化，通过研发新材料和改良传统工艺，在不影响功能的情况下要尽可能地减小传感器的体积和质量。②智能化：传感器需要保留更多的集成接口，这些集成接口都要遵循网络传输控制协议，使传感器更加网络智能化。③精准化：随着材料和技术的创新，传感器的测量精度会更高，采集数据的效率也会更高。④低功耗：目前大多数传感器都需要电源供电，未来的趋势应该是朝太阳能供电、自我供电的方向发展，同时研发功耗低、用电少的传感器。

3. 控制器

智能温室控制系统控制器功能强大，数据采集测量精度高，可采集多项环境因子的数据，具有 16 路继电器输出，可以控制 16 个点的设备。核心部件采用高性能 32 位微处理器为主控 CPU，内置大容量数据存储器，可连续存储 10 万条数据永不丢失。以模糊控制器的组成为例，主要包括以下四部分：①模糊化：对输入到控制器中的信号，只有对其进行了模糊化才能被模糊推理部分所应用。②知识库：其主要由数据库以及规则库这两部分组成。③模糊推理：在该系统内，依据模糊量输入的信号并根据控制原则中所定义的控制关系，经过合成计算得到控制输出的结果。④反模糊化：经过模糊推理所得到的模糊向量，不能立刻就将其输出给控制对象。必须通过反模糊化变化，转变成可以在论域范围之内表示的清晰值。

4. 信息传输

通信技术是信息传递的基础，常见的物联网通信方式包括以下三大类：

（1）有线传输　物联网设备之间可以通过同轴线、串口、USB 进行连接。其中串口主要包括 RS232 串口和 RS485 串口，RS232 串口是一种标准接口，通信距离在 20 m 以内。RS485 串口为半双工模式，通信距离可达千米，适用于多点互联，适合目前的温室环境监测系统。

USB 通信具有易于插拔、便携式强、传播速度快、方便易用性等特点，因此，在调试物联网设备时经常使用 RS485 转 USB 协议转换。

(2)短距离无线传输 物联网设备常用的短距离无线通信方式主要包括 Zigbee 通信和 LoRa 通信。Zigbee 通信是基于 IEEE802.15.4 标准的局域网协议，具有短距离、低功耗、自行配置的特点。LoRa 通信将通信频率进行调整，在低功耗的基础上扩大了通信距离，最大通信距离可达 20 km。

(3)移动空中网 主要包括 GPRS、NB-IoT、4G 和 5G 等通信方式。通用分组无线服务(GPRS)技术是在 GSM 系统的基础上进行改进，与因特网相连产生的分组无线数据业务。GPRS 传输的数据被分成若干个数据包，数据包头部表示要传递的地址，传输过程遵循 TCP/IP 协议。GPRS 技术采用分组交换模式，资源利用率高，传输速率高，接入速度短。分组交换连接的时间不到 1 s，可以完成瞬时连接，能提高事物处理的效率，使网络应用更加流畅。NB-IoT 是窄带通信技术，带宽消耗低，支持广域网的多物联网设备连接通信。4G 通信是第四代移动通信技术的简称，4G 通信覆盖范围广，具有下载速率高、传输效率高等特点，综合考虑，本系统的远程通信方式选择 4G 通信。5G 通信是第五代移动通信技术，具有高速率、低时延和大连接的特点，用户体验速率达 1 Gbps，时延低至 1 ms，用户连接能力达每平方千米 100 万个连接，目前 5G 通信技术正在快速发展，未来 5G 通信在农业物联网中具有广泛的应用前景。

(二)荷兰园艺设施热环境控制

在温室环境控制方面，荷兰温室的控制技术已经处于世界领先水平，尤其是针对某一特定作物的生长需求，可以通过控制温室内温度、湿度、CO_2 浓度等环境因子实现自动化监测和调控。荷兰属典型的温带海洋性气候，冬季温和，1 月平均气温 2.2 ℃；夏季凉爽，7 月平均气温 16.8 ℃，极端高温一般在 30 ℃以下。因此，荷兰温室温度调节的重点主要在冬季和春季的增温以及夏季的降温。

(1)荷兰温室升温系统 荷兰温室生产加热方式以热水管道供热为主，热水主要采用天然气锅炉加热，可以随时开启或关闭加温锅炉，满足温室内的温度条件。同时，温室锅炉加温系统中还装有热水贮藏罐和余热发电装置，主要用于温室在不需要加温的季节时，将多余的热量以热水的形式贮藏于贮热罐中或直接进行发电，热水可用于夜间的加温使用。荷兰温室热能的多次利用，可以减少温室能源消耗和运行成本。

(2)荷兰温室降温系统 荷兰夏季气候凉爽最高温度低于 30 ℃，因此，温室对降温的要求不像增温那样迫切。荷兰温室的降温一般采取两种方式：一种是在外覆盖层上喷洒白色涂层技术，通过在外覆盖表面上喷洒一层白色涂料，以减少夏季的太阳辐射，进而达到降温的目的。在冬季和春季，通过清洗去除覆盖层外的涂层，提高光照的通透率，保证冬季采光需求。另一种通过开启顶部的通风窗进行自然通风。荷兰温室通风降温系统主要包括温室天窗、循环风机等。荷兰的现代化的连栋温室可根据温室的通风时间、温室内温度、外界光照条件、室内湿度条件等因子来控制天窗是否开启及开启角度，并且温室内一般设有空气内循环系统，该系统根据温室内不同位置温度变化情况开启或关闭，使温室内的气候保持在稳定平衡的状态。为防止夏季温室内温度过高，一般荷兰温室还配有内遮阳系统，在遮阳降温的同时可作冬季的空气保温。目前，荷兰已经开发出一整套的温室环境模拟预测的计算方法，通过控制开窗的数量，实现通风降温的自动控制。

本章小结

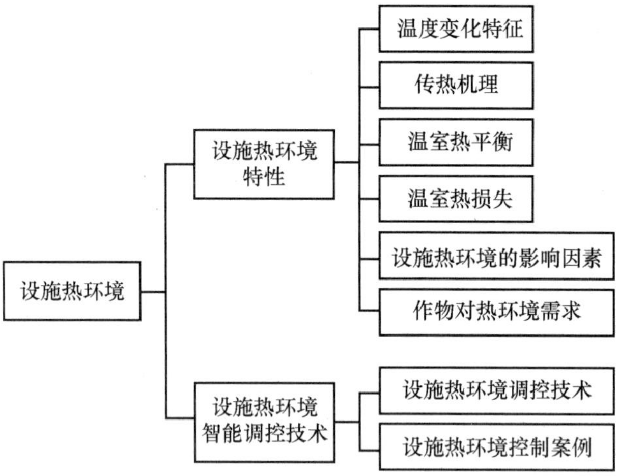

复习思考题

1. 园艺设施热环境主要特征及影响因素有哪些?
2. 如何理解温室热平衡公式?
3. 温室的供热方法有哪些?
4. 温室降温方法有哪些?
5. 温室智能调控的发展趋势是什么?

参考文献

安宁. 花卉温室大棚智能控制系统设计与实现[D]. 北京:北京工业大学,2016.

程仕发. 智能温室大棚监控系统的研究与设计[D]. 太原:太原理工大学,2020. DOI:10.27352/d.cnki.gylgu.2020.000011.

刘传龙. 设施番茄温室温湿度智能调控系统研究[D]. 泰安:山东农业大学,2022. DOI:10.27277/d.cnki.gsdnu.2022.001218.

邵孝侯,邹志荣. 设施农业环境工程学[M]. 北京:中国农业出版社,2008.

温室环境智能控制系统[EB/OL].[2020-04-06]. http://www.saizhinuo.com/lenglian.

无锡鑫顺源温室工程有限公司[EB/OL].[2008-01-01]. http://www.wenshixfy.com/.

物联网温室智能控制系统[EB/OL].[2016-06-27]. https://msohu.com/a/128695743 468672.

智慧农业(ATOS-IOT-AGR)[EB/OL].[2020-11-03]. http://www.atosenet.com/.

Iddio E, Wang L, Thomas Y, et al. Energy efficient operation and modeling for greenhouses: A literature review[J]. Renewable and Sustainable Energy Reviews, 2020, 117: 109480.

Nelson P V. Greenhouse operation and management [M]. Upper Saddle River: Prentice

Hall, 1991.

Rakiba R, George X, Zheng L. Internet of things empowered smart greenhouse farming [J]. IEEE Journal of Radio Frequency Identification, 2020(3): 195-211.

Zhang S, Guo Y, Li S, et al. Investigation on environment monitoring system for a combination of hydroponics and aquaculture in greenhouse[J]. Information Processing in Agriculture, 2022, 9(1): 123-134.

Zhang S, Guo Y, Zhao H, et al. Methodologies of control strategies for improving energy efficiency in agricultural greenhouses [J]. Journal of Cleaner Production, 2020, 274 (3-4): 122695.

附录

Artificial Intelligence	人工智能
Artificial Neural Networks	人工神经网络
Evolutionary Computation and Genetic Algorithms	进化计算和遗传算法
Fuzzy Logic Systems	模糊逻辑系统
Linear Quadratic Gaussian Control	线性二次高斯控制
Machine Learning System	机器学习系统
Model Predictive Control	模型预测控制
Polycarbonate	聚碳酸酯
Proportional Integral Derivative Control	比例积分微分控制
Relative Humidity	相对湿度
Single Chip Microcomputer	单片机

第四章　园艺设施水环境及其调控

学习目标

- 了解园艺设施水环境特点；
- 了解国内外先进的园艺设施水环境智能调控技术和装备；
- 掌握园艺设施水环境特性和主要智能调控技术。

水是作物体基本组成部分，一般温室作物的含水率可达 80%～95%。园艺设施作物的水环境由空气湿度和土壤湿度两个部分组成，它们直接影响园艺设施作物的生长发育。现代农业通过各种方式对设施水环境进行优化调控，来实现吸湿和加湿的效果，使水环境充分满足园艺设施作物的生长需要。

第一节　园艺设施水环境的特点

一、园艺设施水环境特征

（一）设施内部的湿度特点

1. 空气湿度

（1）特点　空气湿度是设施水分多少的主要指标之一，高空气湿度是设施环境的显著特点（图 4-1，彩图另见二维码 4-1）。其表现主要有：湿度维持在 90%左右；夜间湿度高，白天湿度低；与天气、温度、通风换气量、设施大小、土壤含水量、设施结构等有关。形成高空气湿度的原因通常有：①设施环境是一个封闭系统，室内外空气不流通，水汽不易逸散；②室内外温差大，围护结构内表面易结露和蒸发；③土壤水分蒸发；④作物叶面结露和蒸腾等；⑤室内易发生雾霭，空气中的水分含量高。

（2）一般规律　设施内空气湿度的日变化受天气、温度和通风换气量的影响，阴天或灌水后的湿度几乎都在 90%以上。设施内空气湿度的表示方法通常有绝对湿度和相对湿度两种。绝对湿度表示 1 m^3 空气中的含水量（g/m^3），相对湿度表示空气中的实际含水量与同温度下最大含水量的百分比（RH），通常使用干湿球温度表测量法来衡量空气湿度。设施内绝对湿度和相对湿度一般大于露地。相对湿度的日变化大，湿度的昼夜变化与气温的日变化呈相反的趋势。夜间，室内维持较高的湿度，有时湿空气遇冷后凝结成水滴附着在薄膜或玻璃的内表

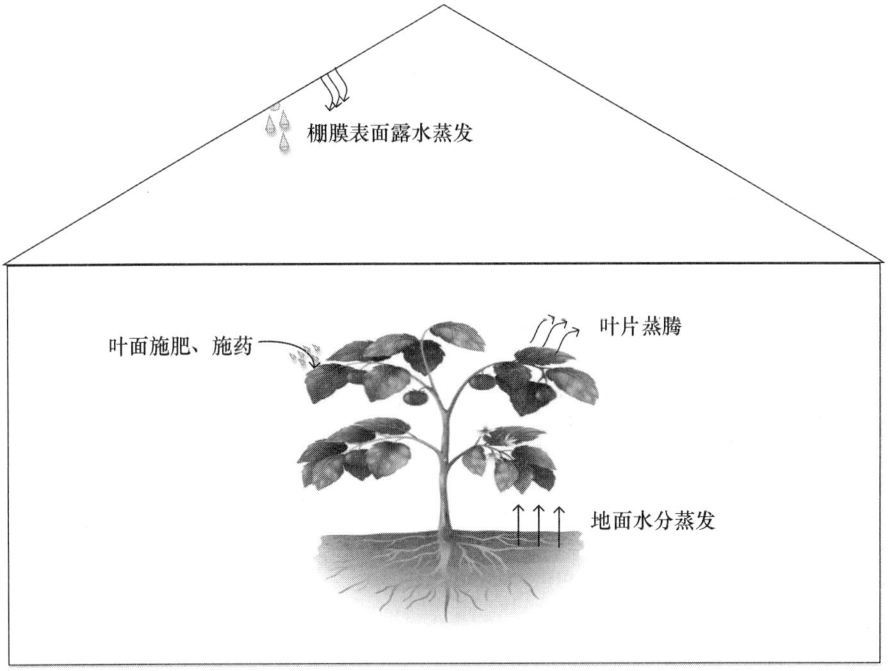

图 4-1　设施内空气湿度高的影响因素

面上或出现雾霭，日出后，室内温度升高，湿度逐渐下降(图 4-2)。空气湿度与设施的大小有关，大型设施空气湿度及其日变化较小，但局部湿差大。此外，还与设施结构、土壤干湿、作物长势、通风等多个因素有关，土壤湿度增大，作物发育较好。薄膜内表面结露和密闭性都会使空气湿度增大。

二维码 4-1　设施内空气温度高的影响因素

2. 土壤湿度

(1)特点　设施内空气湿度更加接近饱和，水分蒸发和蒸腾量较少(约为露地的 70%)，因而土壤湿度较大，且比露地更加稳定。设施土壤湿度与灌水、土壤毛细管上升水量、蒸发、作物蒸腾、空气湿度等有关。土壤湿度存在一定的湿差，通常设施的四周或者加温设备附近的土壤湿度小，中间部分土壤湿度大。设施内水分收支决定土壤湿度，土壤湿度直接影响作物的产量、品质。

(2)一般规律　直接或间接测量土壤含水量的测定方法和表示方法通常有烘干法、负压计法(张力计法)、电阻法、中子法、γ 射线法等。通常用 pF(1.5～2 之间为最适量的土壤含水量)来表示土壤水分，由土壤水分张力计所测得的土壤负压值换算成以毫米水柱表示的数值，减去张力计压力表头到陶瓷管中心高度相应的水柱数值，然后取对数即为 pF 值。pF 值越大，土壤水分越小。

3. 设施内水分收支

设施内由于被降水阻截，空气交换受到抑制，设施内的水分收支与露地不同。其收支关系如下：

$$I_r + G + C = ET \tag{4-1}$$

式中：I_r 表示灌水量，G 表示地下水补给量，C 表示凝结水量，ET 表示蒸散量，即土壤蒸发量与作物蒸腾量。

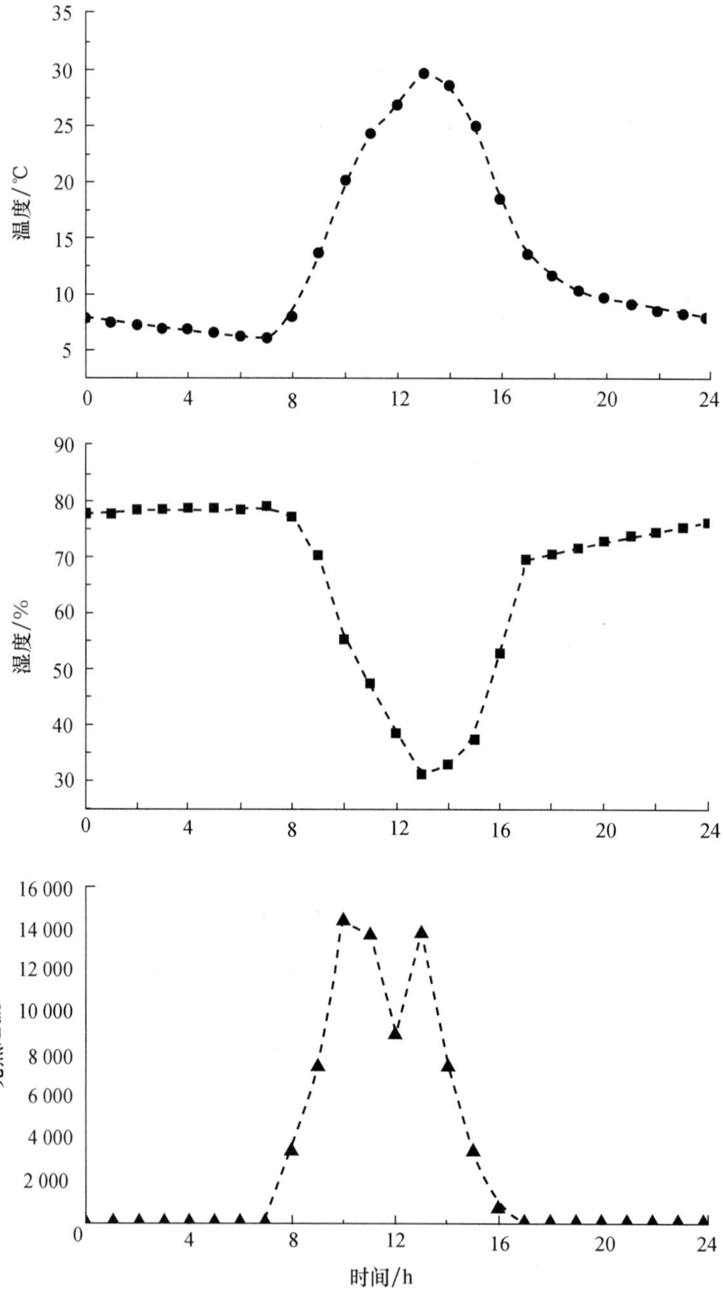

图 4-2　温度、湿度、光照日变化（通州，国际都市产业园，2021）

二、湿度环境对设施作物生长的影响

水是矿物质、肥料的溶剂，这些物质只有溶于水中才能被植物吸收利用。水也是植物体内发生各种生化反应的介质，参与各种生化反应，如光合作用、呼吸作用等重要途径需要水作介质。大多数设施作物柔嫩多汁、含水量高，水分的多少直接影响产品的品质和价值。此外，水分通过直接影响土壤的物理特性，从而影响根系的吸收，进一步影响作物的生长发育。因此，高湿度环境是设施作物质量的根本保证。

1. 设施作物对水分的基本要求

设施作物从种子萌发到开花结果的不同生长期对水分的要求不同。

(1)种子发芽期　需要充足的水分，以供种子吸收膨胀。如果水分不足，种子虽能萌发，但胚轴不能伸长成苗。作物种子播种后，尤其是播种浅的作物种子，容易缺水，播后保墒是种子萌芽的关键。

(2)幼苗期　作物幼苗叶面积小，蒸腾量小，需水量较之发芽期变小。根系初生，分布范围浅，吸收能力弱，吸水量不多，对土壤湿度要求严格。因此，应加强水分管理，经常浇水，以保障土壤湿润，同时，也要避免过高的土壤湿度造成幼苗烂根。

(3)营养生长期　这个时期要进行营养器官的形成和养分的大量积累，细胞、组织迅速增大，养分的制造、运转、积累和贮藏等，都需要大量的水分。作物栽培上的这一时期应该满足水分供应，但也要防止因水分过多而导致作物营养生长过旺和引起病害。

(4)开花结果期　这个时期对水分要求严格。开花期缺水，会影响花的生长发育；水分过多，会引起茎叶徒长。在这个时期不管是缺水还是不缺水，都会导致作物容易落花落蕾，所以要进一步加强水分管理。进入结果期，特别是结果盛期，果实膨大需要较多的水分，应满足水分的供应。

不同类别的作物其植株根系、茎干、叶片结构不同，吸水和蒸腾能力不同，从而导致需水量差异很大(表 4-1)。

表 4-1　代表作物和需水差异

需水程度	特征	代表作物
湿生	根系吸水能力减弱，叶片薄而大，水分蒸发消耗量大，多原产于热带沼泽地带	莲藕、菱、芡实、莼菜、慈姑、茭白、水芹、蒲菜、豆瓣菜和水蕹菜等，荷花、睡莲、凤梨科、菊、兰科
中生	不耐旱、不耐涝，对水分要求更为严格	苹果、梨、樱桃、柿子、柑橘，根菜类、茄果类、瓜类、豆类、叶菜类作物，大多数花卉
耐旱	根系发达、吸水力强；叶片蒸发少，消耗水分少	杏树、石榴、无花果、葡萄和枣等，南瓜、西瓜、甜瓜、葱蒜类、石刁柏，仙人掌科、景天科植物

2. 设施湿度环境与作物生育的关系

设施内湿度的大小是水分多少的反映。作物体内水分不足时将影响作物细胞分裂或伸长，进而影响干物质增长分配及产量和品质。此外，水分严重不足时，可导致气孔关闭，妨碍二氧化碳交换，使光合作用显著下降。高温条件下，空气相对湿度低不利作物的生长，原因是空气相对湿度低会引起作物的过度蒸腾，甚至出现“午休”现象，影响二氧化碳吸收，进而影响光合作用，并且低空气相对湿度也是导致刺吸式害虫爆发的重要环境条件。

若设施内空气相对湿度过大，将导致作物叶表面结露现象，结露是诱发病虫害发生的重要条件，避免长时间结露是当前温室管理的重要目标，空气相对湿度≥80%，作物更易受到病虫害侵扰(表 4-3)。病原菌孢子的形成、传播、发芽、侵染等各阶段，均需要相当充足的湿度。高湿环境也会使作物茎叶生长过旺，影响作物的开花结果。冬季和早春低温条件，过高的空气相

表 4-2　作物对空气湿度的基本要求　%

类型	作物种类	适宜相对湿度
较高湿型	黄瓜、白菜类、绿叶菜类、水生菜	85～90
中等湿型	马铃薯、豌豆、蚕豆、根菜类(胡萝卜除外)	70～80
较低湿型	茄果类(豌豆、蚕豆除外)	55～65
较干湿型	西瓜、甜瓜、胡萝卜、葱蒜类	45～55

对湿度,会导致作物生长不良,原因是高空气湿度大抑制作物的蒸腾,影响作物对矿质营养的吸收。适宜的空气相湿度对作物正常生长十分重要。

表 4-3　主要作物病虫害与空气湿度的关系　%

作物种类	病虫害种类	易发病虫害相对湿度
黄瓜	炭疽病、疫病、细菌性病害等	>95
	枯萎病、黑星病、灰霉病、细菌性角斑病等	>90
	霜霉病	>85
	白粉病	25～85
番茄	绵疫病、软腐病等	—
	炭疽病、灰霉病等	>90
	晚疫病	>85
	叶霉病	>80
	早疫病	>60
茄子	褐纹病	>80
辣椒	疫病、炭疽病	>95
	细菌性疮痂病	>95
韭菜	疫病	>95
	灰霉病	>90

三、设施空气湿度环境的优化调控

在多数情况下,设施作物生长发育过程要求对空气湿度严格把控。设施空气湿度调节的目的一般是为了降低室内空气相对湿度,防止作物叶面沾湿,抑制病害发生等。有时为了防止相对湿度低引起作物过度蒸腾,影响二氧化碳吸收,进而影响作物光合作用,也会采取一些人工调控的方法提高设施内湿度。调节空气湿度的方法主要有以下几种:

1. 通风换气

除湿的方式有很多,通风换气是调节设施内湿度环境最简单有效的方法。加强空气流动可以促进水蒸气扩散,防止作物沾湿,为了防止室温过高或湿度过大,在不加温的温室里进行通风,其降湿效果显著。采用自然通风,可以通过调节风口大小、时间和位置,达到降低室内湿度的目的,部分温室采用顶部自然通风,将棚顶设计成可活动样式,通过调节棚顶弧度,达到通风作用。但通风量不易掌握,而且室内降湿不均匀,在有条件时,也采用强制通风(图 4-3,彩图另见二维码 4-2),可由风机功率和通风时间计算出通风量,且便于控制。

图 4-3　通过配置风机进行强制通风(通州,国际都市产业园)

二维码 4-2　通过安置风机进行强制通风

2. 灌水改良

灌水方式一般分为全面灌溉和局部灌溉两类。全面灌溉有喷灌、地面灌溉等,常见的局部灌溉方式一般有渗灌、滴灌(图 4-4,彩图另见二维码 4-3)、微喷灌、涌泉灌、膜下灌等。采用局部灌溉的一些节水灌溉措施可以提高水分的利用率,节约水资源,减少地面的集水和土壤水分蒸发,从而降低空气相对湿度。膜下灌是我国新疆试验研究的灌水方法,可减少渗透损失和地面无效蒸发,采用该方法温室空气相对湿度能够显著下降。

图 4-4　设施温室滴灌系统铺设

二维码 4-3　设施温室滴灌系统铺设

3. 增温降温

在设施内空气含湿量一定的情况下,通过加热提高设施内温度就能起到降低室内空气相对湿度的作用,生产中通常将通风与加热结合,可有效地降低室内空气相对湿度。湿度的控制既要考虑作物的同化作用,又要注意病害发生和消长的临界湿度。保持叶片表面不沾湿,即可有效控制病虫害的发生和发展。

高温条件下要重视提高环境的空气湿度,可采取在栽培垄间浇水,保持设施内人行道湿润,环境温度超过 33 ℃时有条件的进行喷雾以降温增湿。

4. 吸湿加湿

吸湿可以采用氯化锂等吸湿材料吸收空气中的水分,降低空气中含湿量,从而降低空气相对湿度。加湿通常利用喷雾、湿帘(图 4-5,彩图另见二维码 4-4),或在温室内屋顶安装喷雾系统等达到加湿目的。

二维码 4-4　湿帘加湿装置

图 4-5　湿帘加湿装置(通州,国际都市产业园)

第二节　作物对园艺设施水环境智能调控的需求

园艺设施是指在环境相对可控的条件下,采用工程技术手段,进行植物高效生产的一种现代农业方式。设施作物是在一定的设施条件下,为作物提供适宜其生长的环境,并采取技术手段对其进行科学种植。

水分管理重点要把握好灌水适期、灌水温度、灌水量及灌水方法。温室灌水温度要控制在20～25 ℃,以促进作物生长,减少病虫害发生。灌水量坚持"定植水要小,缓苗水宜大"和"多次分期,每次少量"的原则。如温棚特早吊架冬瓜,定植时间在 3 月初,此时棚内温度较低,需要给大棚加盖草垫,延长覆盖时间,增加棚内温度,提高地温。当温度达到 20 ℃时,开始浇水定植,一次性浇足定根水,用稻草、地膜等进行地面覆盖,可以保持土壤温度和湿度,防止土壤板结。定植后 7 d,浇 1 次缓苗水。而在冬瓜抽蔓期,水量则需适当加大,但冬瓜花期不宜浇水。一般蔬菜日耗水量冬季为 1 mm,春秋季为 2～4 mm,夏季为 4～5 mm。灌水方法可采用滴灌或者地膜下沟浇的方法,其中,滴灌法省时、省水,棚内湿度低,能减少病虫害的发生,且水量可以自动调节,水肥一体化是今后作物生产灌溉现代化、规范化的一个方向。设施蔬菜水肥一体化智能灌溉控制系统是集环境监控、数据采集、数据传输、数据分析及决策、智能控制为一体的管理系统,可实现对设施温室的环境信息进行分布式监控及集中式管理。

一、设施蔬菜的需水特点及水分管理

近年来,智慧农业在国内受到越来越多的关注。智慧农业将最新的信息技术如物联网、大数据、人工智能和人机交互应用于各种农业活动中,并成为全球农业生产方式改革的重要趋势。园艺设施的发展是农业现代化的重要标志之一,也是智慧农业发展的重要任务。温室智能控制作为设施蔬菜种植过程中的重要环节,是保障农产品数量和质量、提高水分利用率的重要举措。以下介绍部分代表性设施蔬菜的需水特点。

1. 白菜

近年来，反季蔬菜种植比例加大，春季开始种白菜，一般在温室内育苗，4 月移植，适合微喷灌溉。白菜全生育期 70～80 d。在微喷灌溉条件下，白菜全生育期需水量为 300～350 mm，莲座期、结球期需水量最大，一般占总需水量的 75%左右，白菜根系发达，主、侧根上分根很多，形成极发达的网状根系。白菜适宜的土壤湿度为 80%～90%。幼苗期：缓苗后，为了蹲苗，促进根系发达，一般情况下可以灌水。莲座期、结球期：结束蹲苗后，控制土壤含水量在 80%～90%，一般每隔 4～6 d 喷 1 次水，喷水量在 15～20 mm，前期灌水要比后期灌水周期长或灌水量小，才能获得高品质和高产量。

2. 茄子

茄子枝叶繁茂，结果多，需水量大，生长期长，一般为 85～100 d，适合滴灌。移栽后生育期内滴灌需水量为 300～400 mm。茄子开花期、盛果期是需水关键期。茄子根系发达，成株根系可深达 1.5 m 以上，水平横向扩展达 1 m 以上，适宜湿润层深度 30 cm，土壤湿度在 75%～85%为宜。定植时，苗钵内灌足水，植床土壤最好干燥些，因为灌水易降低地温，待成活后再根据苗情及土壤湿度要求进行灌溉。前期一般每隔 4～6 d 滴 1 次，滴水量 12～15 mm，果实膨大期每隔 3～5 d 滴 1 次，滴水量 15～18 mm，总灌水量在 400 mm 左右。

3. 番茄

番茄枝叶繁茂，生长期长，耗水量较大。根系发达，分布广而且深，适合滴灌。番茄生育期比较长，由于管理经验不同，生长时间也不同。一般条件下，2 月中旬在温室内播种，4 月上旬定植，6 月开始收获结果。滴灌条件下，全生育期需水量 600～750 mm。滴“缓苗水”：番茄坐水定植后 5～7 d，再滴 1 次缓苗水，但滴水量不宜过大，应控制在 15 mm 以内，土壤湿度在 20%～23%，适当控制水分，有利蹲苗，促进根系向纵深发展。滴“催秧催果水”：第一花序果实膨大后，生长迅速，需水量增加，应及时进行灌溉，土壤湿度为田间持水量的 70%～80%为宜，一般每隔 4～5 d 滴 1 次水，滴水量 15～18 mm。结果盛期需水达到高峰，应根据天气和土壤水分情况，一般 3～4 d 滴 1 次水，滴水量在 20 mm 左右，土壤湿度控制在田间持水量的 75%～85%。此期，严防土壤忽干忽湿，以减少裂果发生，应少水勤灌。土壤湿度不宜过大，过大会阻碍根系的正常呼吸，严重时会烂根死秧。

4. 生菜

幼苗定植到缓苗结束需要 5～6 d 的时间，幼苗定植时已浇足水分，田间土壤比较湿润，一般无须浇水。幼苗定植 7 d 后须再浇 1 次，中耕保墒。以后视散叶生菜植株长势、土壤墒情及天气状况进行浇水，保持土壤见干见湿。

为解决传统设施蔬菜种植由灌溉技术落后导致的水资源利用系数低，灌溉效果不理想等问题，现多采用现代智能技术对设施蔬菜灌溉进行优化与调控：以土壤水势为基础搭建无线传感网络获取土壤信息，融合 4G/5G 网络构建计算机和远程监控中心相结合的无线监控网络体系；采用实时土壤水势以及空气湿度等环境信息，通过云平台计算出最佳灌溉量和时长；实现智能化的精准灌溉，农户远程实时监测田间数据和进行灌溉控制。

二、设施果树和花卉的需水特点及水分管理

(一)果树需水特点及水分管理

了解水分对果树的重要性是对果树水分进行管理的前提，掌握果树的需水特点是对水分

进行管理的依据。水是果树各个器官的重要组成部分，在树干中水分占50%左右，在根、叶片、嫩梢组织中占60%以上，在果实中水分占80%～90%。水是有机物质合成的主要原料。水分直接参与叶片光合作用，光合产物靠水传送到各个器官，根系吸收的营养物质和合成的激素也要靠水输送到植物地上部的各个部位。例如，果树吸收的水分中，95%以上用于蒸腾，调节树温，改变生态环境温度状况。水的比热比一般物质大，1 g水每升高或降低1 ℃，要吸收或释放出4.184 J热量。因此，水对树温的调节与维持以及对环境温度的变化起着关键的作用，可以促进细胞分裂和增长。在水分代谢过程中，果树能维持一定的细胞膨压，从而促进细胞分裂、增长。部分代表性设施果树的需水特点如下：

1. 苹果树

苹果树水分多影响成花、树返旺；缺乏水分果个小，果形易扁，着色也差。苹果树每生产1 g干物质需水146～415 g，苹果树根吸收水分主要用于蒸腾，盛果期苹果树全年蒸腾量相当于150～170 mm的降水量。一般土壤条件下，不同时期苹果树对土壤持水量的要求不同。在苹果生长前期，土壤相对持水量为70%～80%；果实膨大期相对持水量保持在60%～70%；果树生长后期则应使土壤相对持水量降到50%～60%。供水不足或供水过量对果树都有不良影响。苹果树浇水时期的需水量应根据降雨、保水、排水、土壤缺水情况及果树需水规律而定，要掌握“随旱随浇”的原则，做到浇、节水并重，灵活掌握。

2. 桃树

在桃树生长过程中加强水分管理十分重要，由于桃树耐涝性较差，若在生长期间内淹水1 d以上，则可导致死亡。因此，在桃树种植管理过程中，需加强园艺设施内排灌系统的修建及管理，以满足桃树不同生长时期的水分供应，提升桃树产量及质量。需在实际桃树生产中遵循萌芽浇水、追肥后浇水、封冻浇水的原则。

3. 花椒

花椒树相对抗旱，对土壤要求不严，除去潮地、盐碱地不适宜种植，其余土壤均可栽植，花椒树主根不发达，根多呈水平生长，侧根、须根非常发达，根系主要分布在冠幅范围内。花椒树一般3年开始结果，8年进入盛果期，25年左右进入衰老期，如果土地条件好，管理到位，也可延迟到30年左右进入衰老期。每年在发芽前、花期、秋季施肥及封冻以前各浇透水1次。

果树进行设施栽培，为果树创造特殊的区域小环境，其中温度、湿度、光照、二氧化碳浓度以及土壤对果树产生较大的影响。这些因素的单独或结合调控得适宜与否，是决定设施栽培成功与否的关键。但我国的设施栽培生产存在环境调控技术相对落后、缺乏智能化设备、对不同果品的生长环境模型使用标准不清晰等问题。

(二)设施花卉需水特点及水分管理

设施花卉具有环境可控性、效益高效性和土地高效利用、节水省力、美化环境等特点，不仅符合当前我国建设资源节约型和环境友好型社会的基本国策，也备受生产者和农民的欢迎。浇水和施肥是后期花卉在生长过程当中至关重要的一部分。不同种类的花卉在不同季节采用的浇水方式以及浇水量都是不一样的。一般在春秋两季可以隔天浇1次水，夏天温度过高，水分散失较快，可以一天浇2次水，冬季气温较低，可减少浇水次数。同时施肥也要根据季节变化而不断调整，施肥之前先要松土，根据花卉的营养需求将多种肥料混合施用，以免肥料单一造成花卉营养缺失。部分代表性设施花卉的需水特点如下：

1. 蝴蝶兰

蝴蝶兰喜欢高温、潮湿、较隐蔽的环境。其根系发达，茎肥厚而短，叶片宽厚平坦水分多，大多为常绿植物。各阶段蝴蝶兰苗的生长需要不同，其需求的肥料元素也不同。与所有的开花植物一样，肥料的成分随生长阶段而变化，小苗以氮肥为主，大苗则以磷钾肥为主。蝴蝶兰的施肥可使用氮磷钾复合肥料（Nitrogen-phosphate-potassium Fertilizers），肥料的施用依品种而异。pH 范围为 5.5～6.5，EC（Electrical Conductivity）范围为 0.4～1.2 ms/cm。氮肥如果施用量太大，会导致叶片过度生长。EC 值如果太高，根部则会死亡。一般 7～10 d 施 1 次肥，每月浇 1～2 次水，以洗去多余盐分，以浇至湿润为宜，忌长期潮湿。冬季浇水时水温应调至 18～22 ℃，以免冻坏根系。蝴蝶兰种植于水草内，通常自顶部灌溉，灌溉水不能有污染，水中的钠与氯离子浓度不得超过 100 mg/L，重碳酸盐浓度不得过量。如果使用水源的水质不良，则必须使用逆渗透处理水。

2. 凤梨

凤梨对水质的要求比较严格，一般用去离子的纯净水。肥水的 EC 值宜控制在 0.8～1.0 之间，pH 为 5.5～6.5。凤梨的根系较弱，生长所需要的养分主要从叶柄基部吸收，所以一定要保持叶杯有充足的营养液供其吸收。夏秋为生长旺季，同时蒸发量大，所以需水量也增大，每 4～5 d 向叶杯内浇水 1 次，每 10 d 左右向介质中浇水 1 次，保持叶杯有水，介质湿润。冬季每 1 周向叶杯内浇水 1 次，介质不干不浇水，太湿易烂根。

3. 君子兰

君子兰有发达的肉质根，能贮存较多的水分，并有一定的耐旱性。但长时间缺水，加之温度高，则根、叶易受害，影响新叶生长、生根和出箭；若水分过多易烂根。水分不足时会出现“夹箭”现象。给君子兰浇水不能等盆土干了再浇，半干就要浇，使盆土上下经常保持湿润，有利于君子兰生长发育。一般苗期需水少，开花期需水多；秋冬浇水宜少，春夏浇水宜多。最好用磁化水、雨水、雪水及活水。幼株可用喷壶浇水，直接往叶子上喷洒，但拔箭前后，不能把水浇在叶片上，以防出现烂箭现象。

4. 郁金香

郁金香是长日照开花植物，喜阳光明媚、避风、冬天暖湿、夏天凉爽干燥的环境，具有较强耐寒性。郁金香切花栽培时，种植前需要浇水以降低土壤温度。把鳞茎放在潮湿的土壤中，幼苗期时适当浇水。种子播种后，确保从高处到喷雾处都有一定的土壤水分。将小瓶放在温室的不同部位并检查水量是最简单的方法。系统的灌溉应使用少量水，如滴灌优于喷灌。在栽培过程中，应根据实际生产情况进行浇灌。灌溉需要控制水量，随着收割期的临近，需进行节水栽培。郁金香盆栽时，在郁金香生长过程中，应经常浇水。但浇水不当可能会引起不适。如果土壤疏松，水可能溢出。如果土壤板结，应避免大量浇水，防止水积聚导致茎腐烂。

花卉生长发育离不开水，灌溉是主要的水分来源。设施栽培环境相对密闭，而传统的灌溉方式用水量大，水肥利用率低，温湿度高，病害多，严重影响花卉的商品品质。滴灌作为目前最有效的节水灌溉方式之一，与传统灌溉方式的本质区别是改变了水的供给方式，使灌溉由向“土壤供水”转为向“植株供水”，通过滴灌可精准地根据植物的生长确定适宜的水分供给，以最高效的方式获得经济产量。滴灌技术是利用管网和滴头定时定量地将水分和养分输送到农作物根部的一种节水灌溉技术。该项技术由水资源缺乏的以色列发明，后引进到我国，其节水能力显著，水资源利用率可达 95%。

第三节　园艺设施水环境智能调控技术和装备

一、概述

园艺设施水环境的智能调控主要是通过灌溉作业来实现的。以河流、湖泊、水库、池塘、井泉为园艺设施的灌溉水源，使用设备对灌溉水源加以处理，如拦污筛、砂过滤器、筛网过滤器等设备，保证园艺设施所使用的灌溉水达到灌溉要求。在水资源有限的条件下实现园艺设施生产的效益最大化，提高农业水资源利用率。传统人工灌溉的方式劳动成本高、难度大，自动化与机械化的灌溉技术可以很大限度上提高园艺设施灌溉效率，有效改善园艺设施水环境。特别是结合物联网、大数据、人工智能等新技术的园艺设施水环境智能灌溉技术，在园艺设施的节水灌溉上可达到节水、省工、省肥和增产增效的目的，实现园艺设施水环境的智能调控。

二、设施智能调控灌溉系统的组成

目前，我国温室等园艺设施已经开始普遍铺设灌溉节水管道，园艺设施机械化、自动化节水灌溉技术已经成为不可替代的基础设施，这种系统主要包括喷灌、微灌、低压管道输水灌溉技术等。为了更好地进行园艺设施的灌溉作业，结合现代智能调控系统，实现园艺设施的精准定时、定量灌溉，需要了解设施智能调控灌溉系统（简称设施智能灌溉系统）的组成。

（一）设施智能灌溉系统的组成

设施智能灌溉系统通过多传感器实时监测土壤环境的变化，数据通过无线节点传递到云平台，设施管理员可以通过本地测控或者远程用户访问的形式来进行加压、净化、过滤等操作，通过调节各控制阀实现设施灌溉作业。完整的设施智能灌溉系统通常是由基础设施、测控系统、作业装备、云服务平台四大系统组成的（图 4-6，彩图另见二维码 4-5）。

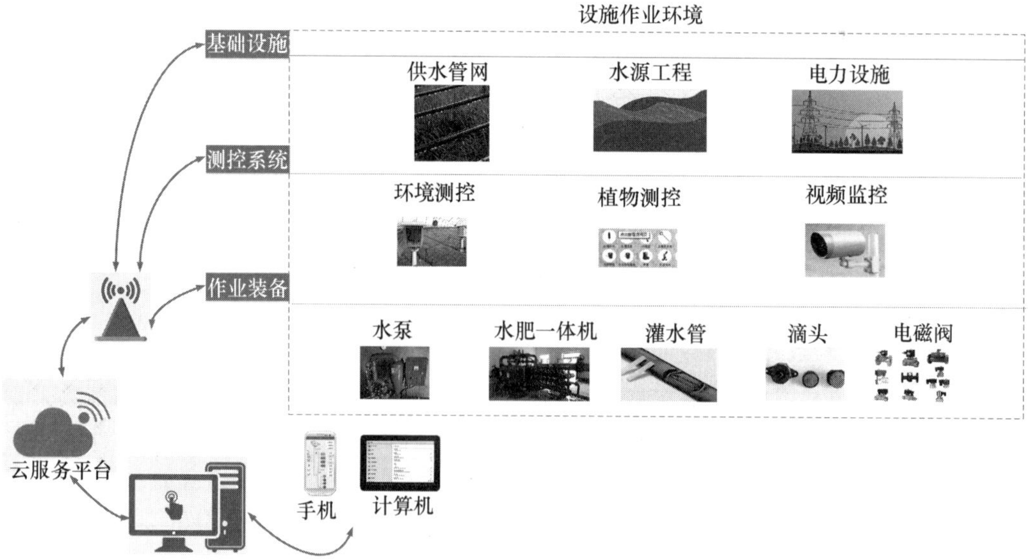

图 4-6　设施智能灌溉系统

1. 基础设施

基础设施是园艺设施水环境一切作业的基础，建设水源工程基础设施（江河湖泊、井渠沟塘等地表或地下水源）、供水管网基础设施（干管、支管）、电力基础设施（输配线路、电线桩等），为设施智能灌溉系统正常作业提供保障。

二维码 4-5　设施智能化灌溉系统

2. 测控系统

园艺设施水环境测控系统主要包括各种传感器以及安装载体、作物生长情况监测装备、设施环境监测装备、设备状态监控、压力表、水表、报警系统等。使用传感器来代替传统人工作业可以更加精确、科学地监测空气温湿度、土壤湿度、植物需水量等，实现定时、定量灌溉。与传统人工灌溉相比，设施智能灌溉系统具有省时、省工、节水等特点。

3. 作业装备

园艺设施水环境作业装备主要包括水泵、动力机、水肥一体化设备、水软化设备、加温设备，还包括灌水器，如灌溉网（聚乙烯管、聚氯乙烯管）、过滤设备（颗粒过滤器、筛网过滤器、叠片式过滤器、旋流式水沙分离器）、施肥（药）装备（自压式、压差式施肥罐、文丘里注射器、注射泵）、连接装备（接头、三通、弯头、堵头、旁通、打孔器）、滴头等灌溉装置，以及用来控制流量的稳压阀、阀门装备（闸阀、球阀、截止阀、逆止阀、减压阀、排气阀、自动阀）等装置。各作业装备相互配合，才能实现园艺设施水环境的智能调控。

4. 云服务平台

云服务平台又称云管控平台，是园艺设施水环境智能调控的大脑，负责将所收集的园艺设施水环境中的作物信息、环境信息，特别是作物缺水情况、土壤温湿度、环境温湿度这些重要参数，经过数据处理后下达调控命令，作业装备之间相互协调，根据土壤含水量的实时情况控制电磁阀的开关大小和工作时间，进行定时定量灌溉作业。

结合物联网、大数据、人工智能、云平台等新兴信息技术，将设施环境控制与灌溉控制相结合，根据设施环境的温湿度、土壤环境以及作物不同生长阶段对水的需求量，及时调整灌溉量和灌溉时长。设施智能调控系统可有效提高设施灌溉系统的工作效率，成为园艺设施水环境管理的重要调节系统。

(二)设施主要灌溉系统

近年来，随着高新技术的发展，节水灌溉系统也日新月异，进入了高效节水灌溉时代。其中管道输水灌溉、滴灌和微灌因采用“需水灌溉”“精准用水”“水肥一体化”技术而快速发展，成为最先进的灌溉节水技术之一。除此之外还有渗灌、自行走式喷灌机、水培灌溉、潮汐灌溉等。

1. 管道灌溉

管道灌溉系统是直接铺设供水管道（主管、支管）上安装相应的控制阀和灌水软管，并手动开启阀门，通过灌水软管灌溉作物的灌溉系统，是目前温室大棚常用的灌溉系统。按照管网形式不同可分为树状网和环状网两种类型，树状网通常是指管网布局呈现树枝状，水流通过“树干”流向“树枝”，即从干管流向支管及分支管，只有分流，而无汇流，如图 4-7(a)所示。环状网则是指节点将各管道连接成为闭合环状网，根据水源位置和控制阀的启动情况，管道中的水流可向不同方向流动，如图 4-7(b)所示。

国内管道灌溉通常采用树状网，采用软质塑料或橡胶管，如 PE 软管、PVC 软管、橡胶软管、涂塑软管等。软管的优点是适应性强、安装简单、管理方便、投资低、无堵塞，但是其灌溉效

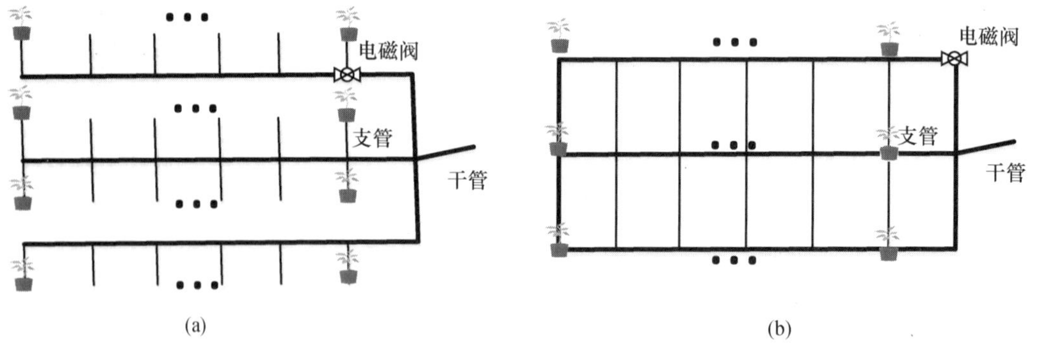

图 4-7 树状管网(a)和环状管网(b)

率并不高，而且难以控制灌溉量，无法达到水肥一体化，还增加劳动强度，因此在生产中，可以把管道灌溉和滴灌等其他灌溉系统结合使用。

2. 滴管灌溉

滴管系统通过末端灌水器将水滴直接灌溉到作物根系。滴管系统的灌水器常见的有滴头、滴灌管、滴灌带、多孔管等。通常，滴管系统要布置在温室地表，或采用滴头埋入地下 30 cm 处。滴管灌溉示意图见图 4-8。

滴管灌溉是温室灌溉较先进的灌溉方式，具有省水、省工、省肥、环保、防病虫害的优点，易于自动控制，可实现水肥一体化，但是其不足是抗堵塞能力较差，因此对水质要求高，通常要在首部安装过滤系统。温室生产中可将滴管系统和微喷灌或管道灌溉结合使用，调节温室田间气候，以获得更大的产量。

3. 微喷灌灌溉

微喷灌系统通过灌水器的喷洒浇灌作物，常见微喷灌水器有各种微喷头、多孔管、喷枪等。温室中为避免微喷灌系统影响其他园艺作业，通常将微喷头倒挂在温室骨架上实施灌溉。微喷灌具有省工、省水、节能、增湿降温、随水追肥、易于自动控制等优点。弊端是低温潮湿季节容易造成病害，因为它的水在空中，不能保证对植物的精准供应，甚至会对一些作物的开花坐果期造成严重损害。微喷灌灌溉示意图见图 4-9。

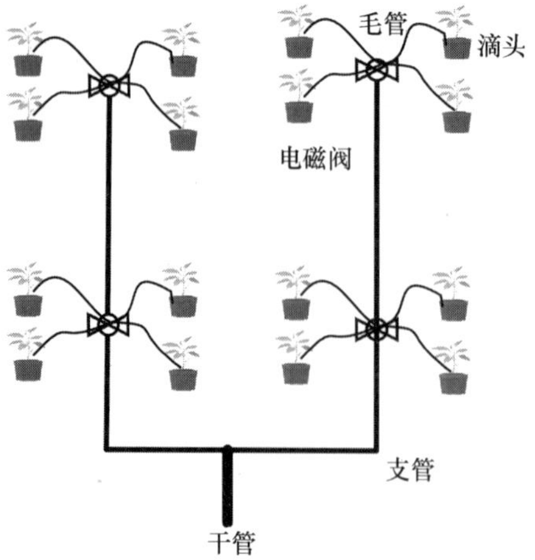

图 4-8 滴管灌溉

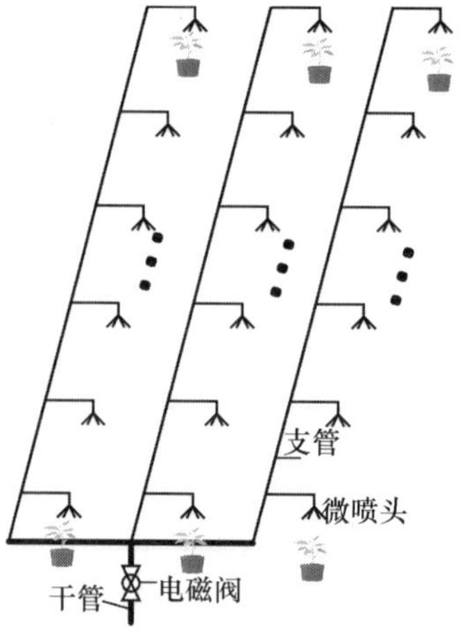

图 4-9 微喷灌灌溉

4. 渗灌灌溉

渗灌(图 4-10)是一种新型的节水灌溉技巧,是继喷灌、滴灌之后的又一节水灌溉技术。渗灌即地下灌溉,是利用地下管道将灌溉水埋于地下一定深度的渗水管道,借助土壤毛细管作用湿润土壤的灌水方法。在低压条件下,通过埋于作物根系活动层的灌水器,根据作物的生长需水量定时定量地向土壤中渗水供给作物。渗灌系统全部采用管道输水,灌溉水经渗灌管直接供给作物根部,地表及作物叶面均保持干燥,使作物棵间蒸发减至最小。渗灌主要适用于地下水较深、地下水及土壤含盐量较低、灌溉水质较好、湿润土层透水性适中的地区。

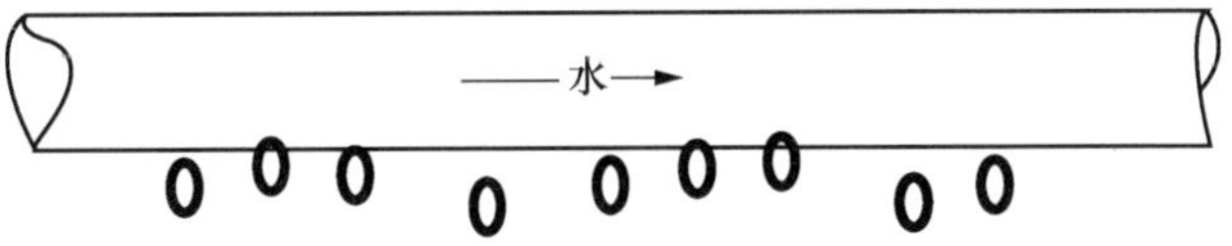

图 4-10　渗灌管示意图

渗灌技术的优点主要有地表不见水、土壤不板结、土壤透气性较好、改善生态环境、节约肥料、系统投资低等。具体如下:

①管道埋入地下,可减少占地,可同时进行灌水和农事活动;

②地表土壤湿度低,可减少地面蒸发;

③灌水后土壤仍保持疏松状态,不破坏土壤结构,不产生土壤表面板结,为作物能提供良好的土壤水分状况;

④能减少杂草生长和植物病虫害的发生;

⑤渗灌系统流量小,压力低,故可减小动力消耗,节约能源。

5. 自行走式喷灌机

温室自行走式喷灌机实质上也是一种微喷灌系统,但它是一种灌水均匀度很高、可移动使用的微喷灌系统。工作时,自行走式喷灌机在温室骨架上的行走轨道上运行,通过安装在喷灌机两侧喷灌管上的微喷头实施灌溉作业。温室自行走式喷灌机通常还配有施肥或加药设备,以便利用其对作物进行施肥或喷药作业;同时采用可更换喷嘴的微喷头,以便根据作物或喷洒目的的不同选择合适的喷嘴进行喷洒作业。此外,喷灌机上所用喷头也须有防滴器。

由于投资较高,温室自行走式喷灌机多用于穴盘育苗、观叶性花卉栽培等有特殊灌水要求的温室生产中。

6. 水培灌溉

水培灌溉是一种在没有土壤的情况下种植植物的技术,创造一种可以替代土壤的营养液,即水耕溶液,满足植物对水和营养物质的需求。常见的水培方式有四种:深液流技术(Deep Flow Technique,DFT)、营养液膜技术(Nutrient Film Technique,NFT)、浮板毛管栽培技术(Floating Capillary Hydroponics,FCH)、雾培技术(aeroponics)(又称喷雾栽培)。

7. 喷雾系统

温室喷雾系统是指工作时能产生雾滴平均直径在 20 μm 以下微雾的灌溉系统,这些微雾能很快在空气中蒸发。实际上,喷雾系统常用于高温季节温室降温,通常将温室喷雾系统与通风机配合共同使用,可快速降低温室内的空气温度。

8. 多孔管微灌系统

多孔管微灌系统是采用多孔管作为灌水器的灌溉系统。多孔管是一种直接在可压扁的薄壁塑料软管上加工出水小孔进行灌溉的灌水器,这种多孔管的特点之一是可用作滴灌,也可用作微喷灌。将其覆盖在地膜下,利用地膜对水流折射可以使多孔管出水形成类似滴灌的效果,将其直接铺设在地面,多孔管出水可形成类似细雨的微喷灌效果。温室中,低温季节将其覆盖在地膜下作为滴灌用,高温季节揭开地膜就可作为微喷灌用,是一种经济实用的温室灌溉设备,尤其适合在塑料大棚、日光温室等对灌溉要求不高的生产性温室中。

多孔管微灌系统的优点是抗堵塞性能好,不需用很好的水源净化过滤设备,能滴能喷,投资低等。

9. 潮汐灌溉

潮汐(式)灌溉系统是基于潮水涨落原理设计的一种高效节水灌溉系统,从植物的根部向植物的其他部位供水,可避免大水漫灌对水资源的浪费,降低植物叶片对喷淋灌溉的影响,使得植物对水的吸收更加有效,适用于温室盆栽植物的种植和管理。潮汐灌溉很好地解决了灌溉与供氧的矛盾,且灌溉基本不破坏基质的"三相"构成,解决"堵塞、缺水、积水"问题,系统内所有作物水肥供给均匀,作物生长整齐一致。不仅适用于无机营养液灌溉,还适宜于采用有机营养液进行灌溉,基质可选择的范围更广泛。

潮汐式灌溉由潮汐灌溉栽培床、营养液循环系统(营养液池、循环水泵、管路等)、控制系统、栽培容器组成,主要分为地面式和植床式。地面式潮汐灌溉系统是在地表砌一个可蓄水的苗盘装水池,在其中分布若干出水孔和回水孔;而植床式潮汐灌溉系统在苗床上搭建出一层大面积的蓄水苗盘,在苗盘上预留出水孔和回水孔。

潮汐灌溉系统如图 4-11 所示,将具有网状盆底的栽培容器(定植篮)置于潮汐灌溉栽培床上,营养液从营养液池中以专用循环水泵抽出送至栽培床(进液),将栽培床淹没 2~3 cm 的深度,10~15 min 后,营养液因毛细作用而上升至栽培容器中基质的表面,此时将营养液排出,使其再度流回营养液池中(回液),营养液还可在其他栽培床需水时再抽出。潮汐灌溉系统具有调整营养液 pH 和各种养分浓度的作用。因为营养液循环过程中易有作物枝叶、基质等异物落入,所以需增加过滤系统,以免营养液过度污浊。

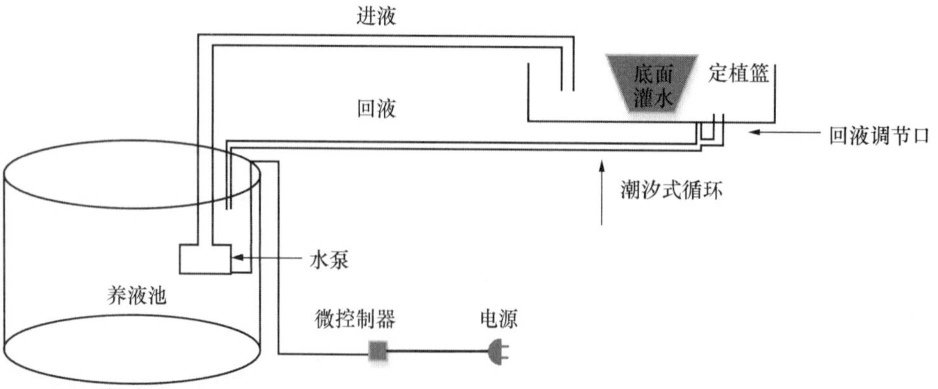

图 4-11 潮汐灌溉系统示意图

三、国内外园艺设施水环境智能调控技术和装备

国内外园艺设施水环境智能调控技术与装备研究均取得了重大进展，国内的华中科技大学和中农富通也取得了一定进展。国外园艺设施水环境智能调控技术与装备值得借鉴，尤其是以色列的 Netafim、Plastro 公司，荷兰的 Priva 公司，美国的 Rainbird、Nelson、TORO 公司等。

(一)国内

1. 痕量灌溉

华中科技大学痕量灌溉研究中心提出"痕量灌溉"技术，简称"痕灌"(图 4-12，彩图另见二维码 4-6)。痕灌是"主动式"灌溉方式。痕灌方法的最大优点是作物能自主按需吸水，这样就可以最大限度地提高水的利用率，可以说是节水灌溉方法的革命性变革。对于痕灌技术而言，其核心的组成部分是节水部件痕灌控水头。控水头在具体应用的过程中主要埋设在作物根部的附近，毛细管束一端与输送灌溉水的管道连接，而另一端与作物土壤中根部的毛细管相连接，在一定范围内可以更加有效地感知土壤水势的变化。作物吸水之后会导致其周围的水位降低，那么其将会发出需水的信号，控水头立即对其供水，直到作物停止吸水为止。

二维码 4-6　痕量灌溉原理

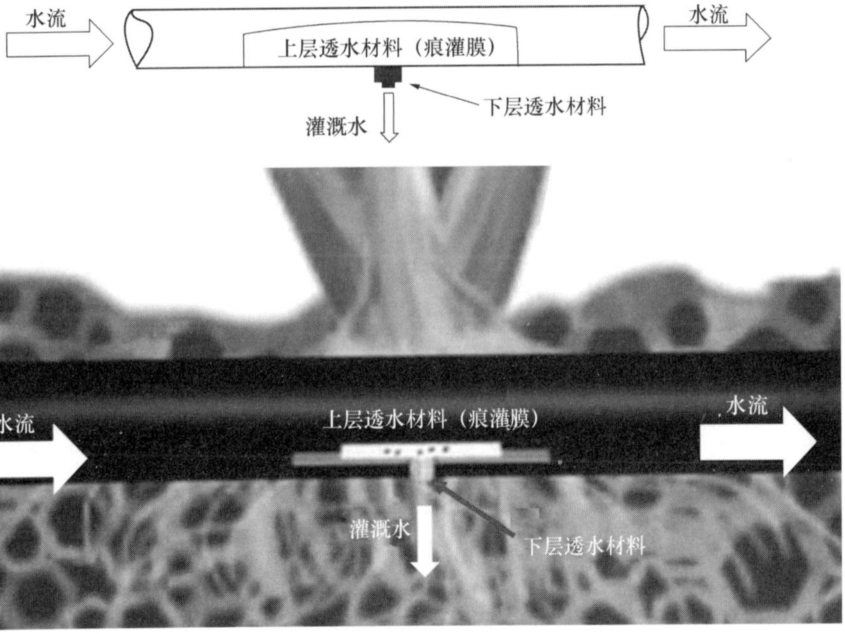

图 4-12　痕量灌溉原理(华中科技大学)

2. 国际都市农业科技园

北京国际都市农业科技园(图 4-13，彩图另见二维码 4-7)隶属中农富通，集聚了国内外先进的农业技术，建设有国内外先进农业设施装备展示平台，获得了科技部授予荣誉的"温室设备国际科技合作基地"称号。园区引进先进的节水灌溉设施，例如，恒压供水灌溉管网系统、恒

压供水系统、灌溉水过滤等设备。根据不同需求进行主管道、支管道及滴灌管道的设计，通过自动反冲洗过滤装置对灌溉水进行充分过滤，进而减少其对管道和滴灌设备的损伤，满足作物对水质的要求。恒压供水系统则对水泵进行变频控制，智能化地根据作物需水量进行管道设计、压力测试、水量分配、水压调节等，根据作物生长规律进行精准灌溉，既可提高产量，又能减少土地盐碱化，还省水、省工。

二维码 4-7 北京国际都市农业科技园(中农富通)

图 4-13 北京国际都市农业科技园(中农富通)

(二)国外

1. 以色列

以色列是一个水资源严重紧缺的国家，灌溉面积为 22 万 hm^2，农业用水量为 12.28 亿 m^3，占总供水量的 62%，人均水资源占有量只有 365 m^3，为了利用好的水资源，以色列政府制定了严格的政策，所有灌溉农田都采用喷灌和滴灌现代灌溉技术及自动控制技术，使得灌溉水平均利用率达到 90%。为提高灌溉效率，还采取了其他节水措施，如水价政策、水量计量、水肥同步使用、计算机管理和遥控等措施，以色列在农业总用水量不增加的情况下农业产出增长 12 倍。

以色列的 Netafim 公司拥有领先的数字农业和自动化平台，占全球滴灌市场超过 30% 的份额，并将用水量减少达 90%，是一家将监测、分析和自动化集成为一体的先进公司。其旗下的 NetBeat 被称为第一个带“大脑”的灌溉系统。NetBeat 也是第一个将实时监测、智能分析和控制集成在一个闭环、移动平台上的灌溉和施肥管理系统。该系统集成动态作物模型、友好的用户界面、云技术等，可以实时跟踪作物的各个生长阶段并提供实时灌溉和施肥建议。

NetBeat 系统由 NetMCU、NetRTU、rNet、RadioNet 等单元组成(图 4-14，彩图另见二维码 4-8)。NetMCU 作为 NetBeat 系统的主控单元可以直接或者远程控制阀门、泵和过滤器及其他液压元件，并收集现场数据(如流量、压力、土壤水分、阀门信息等)。实现与所有远程现场设备的云通信，更是 NetBeat 神经系统的中心。NetRTU 作为远程终端单元用于传输现场数据，激活远程系统组件，rNet 为实时监测系统，RadioNet 为无线监控系统，由远程终端单元、射频通信和软件组成，实现远程无线监控。

二维码 4-8 NetBeat 灌溉系统

此外，NetaJet 4G 施肥系统(图 4-15，视频另见二维码 4-9)以营养技术为基础，控制水肥用量，优化土地类型和作物资源利用，实现 Netafim 公司“用更少的资源获得更多的增长”的理念。NetaJet 4G 系统易于安装和维

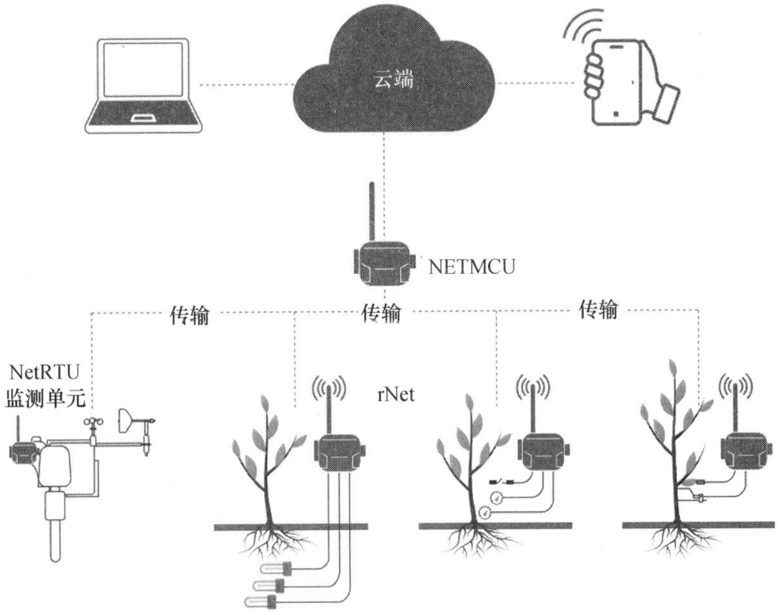

图 4-14 NetBeat 灌溉系统(以色列,Netafim)

护,提供从土壤覆盖到密集型无土介质温室环境的所有需求,以最小的投资得到高回报率。NetaJet 4G 系统极其准确和可靠,不仅减少水和肥料浪费,同时还能减少环境污染,确保为温室作物提供非常精确和均匀的养分。模块化的设计符合 CE 标准的计量系统,可轻松与多个 Netafim 公司和第三方监测、控制系统集成,注入相应数量的营养物质。同时,可以执行完美的 EC 和 pH 控制,适应肥料和浓/稀酸的各种计量通道,适应各种系统泵、外围设备和附件,以满足广泛的应用和基础设施限制。

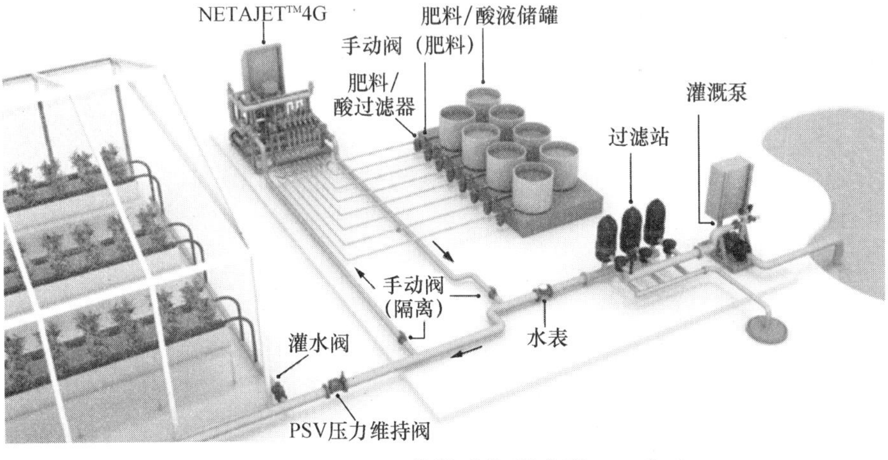

图 4-15 NetaJet 4G 施肥系统(以色列,Netafim)

二维码 4-9
NetaTwet4G 施肥
系统视频

CropX 公司位于以色列内坦亚,该公司专注于开发基于云的无线传感器解决方案,为农户提供个性化的供水、施肥建议。CropX 的主要产品(图 4-16,视频另见二维码 4-10)是监测土壤参数的硬件以及相关软件。公司研发的传感器形似一朵“大蘑菇”,由三部分组成,分别收集地形、土壤结构和含水量信息，以此来决定土壤对水的需求量。在软件方面，CropX 通过应用程序将云端的计算结果呈现给用户，农户也可以通过更改相应参数来计算不同区域所需的灌溉量。

通过硬件软件协同工作，CropX 可以帮助农户减少三分之一的用水量，有效节省水资源的同时提高产量。并且，公司的产品能够兼容现有的中枢灌溉系统，因此具有很强的灵活性，可以免去传统灌溉设备更新换代的高昂成本。根据官网显示，其传感器产品售价在 275 美元到 899 美元不等，所需的传感器数量取决于作物的种植面积、作物类型以及土壤类型等。

二维码 4-10 CropX 无线灌溉系统

图 4-16 CropX 无线灌溉系统(以色列，CropX)

2. 荷兰

荷兰土地资源有限，且日光不足，植物自然生长条件不足，但却是全球农业强国之一，尤其是在玻璃温室方面，一系列的光照系统、加温系统、液体肥料灌溉施肥系统、二氧化碳补充装置、监测系统等自动化设施，使得荷兰温室产出和品质远超世界其他国家。

Priva Compass 温室生产环境自动化控制系统，可以掌握温室灌溉、气候、光照以及能源等因素，并根据温室类型、种植者需求，提供最佳方案。Priva Compass 采用的是 Priva Blue ID C4 控制器，可以选择温室主题(灌溉、气候、光合作用、水、能源等)。灌溉模块可为植物供水配肥提供最智能的优化控制，达到作物所需的最佳组合，包括每周的灌溉计划、灌溉时间、光照幅度，灌溉阀的启动模式、启动策略，排水传感器及温湿度传感器的优化策略等，实现园艺设施水环境下节水灌溉的智能调控。

此外，Priva Compass 温室控制系统的气候模块，可以根据温湿度传感器、植物温度传感器来控制天窗、热风机、幕布等，轻松控制温度、空气湿度和气流；光合作用模块可以调节光照强度和二氧化碳浓度，根据高或低的辐射水平，自动控制二氧化碳的增施，使植物在生长过程中光合作用达到最优平衡；能源模块可以控制水泵和锅炉，确保植物的最佳生长温度。Priva Compass 系统可以直观地了解并控制温室的环境情况，精准控制温室水肥、气候以及能源(图 4-17，视频另见二维码 4-11)。

3. 美国

美国的灌溉面积为 1999 万 hm^2，其中 1 111 万 hm^2 为沟灌，占灌溉面积的 55.6%，喷灌和滴灌面积占灌溉面积的 27%，地下灌溉技术也得到了应用。美国有很好的现代灌溉技术研

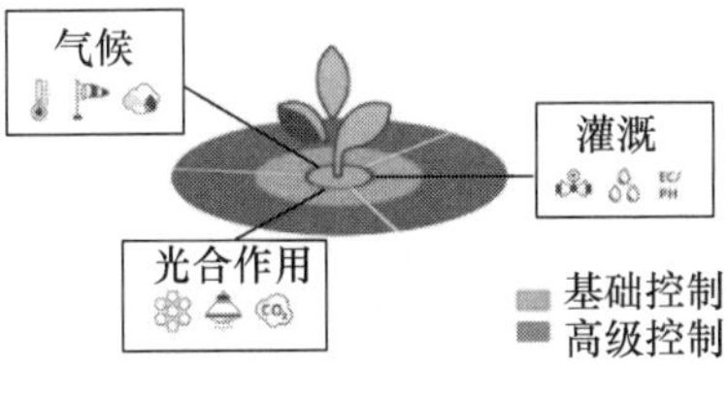

(a)

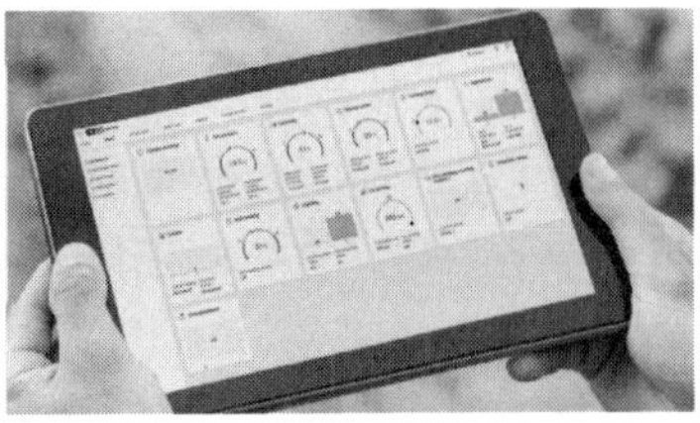

(b)

图 4-17　功能模块自定义(a)和操作界面(b)(荷兰,Priva)

究和开发支持条件,有许多研究中心,这些中心经常深入农场与用水户保持密切联系,技术推广不仅速度快而且面积广,现代智能灌溉技术发展速度很快。

二维码 4-11　Priva Compass 系统

WaterBit 公司位于美国加州圣何塞,公司主要致力于自主灌溉解决方案的研发。WaterBit 的产品组合主要由三部分组成:①微型太阳能工具 WaterBit Carbon,用于连接用户所在区域的传感器和探头,在微观层面解决水的输送问题;②WaterBit 区域控制器,可以根据 WaterBit Carbon 装置的输入信号来控制灌溉系统;③WaterBit Dashboard 是一个基于云端的软件程序,可以帮助种植者合理安排灌溉计划。WaterBit 自主灌溉系统见图 4-18,视频另见二维码 4-12。

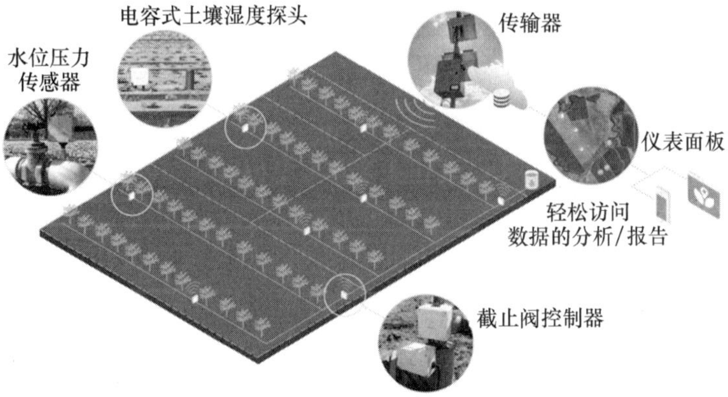

图 4-18　WaterBit 自主灌溉系统(美国,WaterBit)

二维码 4-12　WaterBit 自主灌溉系统

WaterBit 的灌溉传感器利用 LoRa 技术,将设备连接至网关。为了满足灌溉和施肥的基本需求,系统为终端节点提供双向的通信连接,支持读取传感器数据并实现控制功能。这些传感器可探测水位、土壤的含铁量和含盐量,农户通过这些数据来优化生产。

目前,WaterBit 的解决方案已经应用于不同类型的农作物,支持 24 h 全天运作。这些传感器具有超低功耗的特点,将节点部署在距离网关 3 in(1 in＝0. 025 4 m)处时,每天仅消耗 13 J 的能量。这种节能的设计方案可有效解决电池更换的问题,维护成本更低。

美国 Rainbird 公司开发的智能灌溉控制系统由手机或者电脑通过互联网连接云计算凭条,由服务器通过环境数据和植物生长数据资料制定合理的灌溉策略,将信号传递给现场控制器,现场控制器根据灌溉策略控制相应的电磁阀,进而实现不同喷头的灌溉次数和灌溉时间。

整个智能灌溉控制系统通过前端各类传感器（土壤温湿度传感器、空气温湿度传感器、雨量传感器等）对气象数据进行实时智能数据分析，制定准确的灌溉策略，实现对植物的精准灌溉。先进的智能灌溉系统可以有效提高喷头的喷洒均匀度，并且需水量的计算十分精准，对比传统的人工浇灌，每年可节省 30%～80%用水量，同时减少 50%的养护人员，另外，采用这种更科学的精准灌溉，植被更换率可降低 1/2。

此外，位于美国加州圣路易斯-奥比斯波的 Hortau 公司也致力于开发温室在线灌溉研究，其产品和服务已覆盖整个北美地区，有效降低 30%的种植用水。Hortau 公司的业务模式亮点在于将土壤传感技术与现代信息技术结合，进行多维度农业生产环境监测。公司研发的传感器，配备土壤张力监测系统，可以随时向种植者报告其农作物的生长情况。并且，该传感器不需要针对土壤类型进行校准，也不会受到土壤盐度的影响。

通过在无线太阳能监测站上安装土壤和温度传感器，达到提高农作物产量和质量的目的，可有效解决病虫害控制、能源消耗、养分流失的问题。Hortau 的智能灌溉管理系统可以提供精准的数据，并生成报告上传到用户的移动平台，种植者就能准确看到植物获得的水分，从而优化灌溉方案，更有效地利用水资源。Hortau 的农业科学家团队花费了数十年时间，来研究农作物的生长周期和农产品的运营模式。该公司对各个灌溉设施进行评估，并结合农作物的品种、当地地形及土壤类型，在具有代表性的区域上安装土壤监测站，提供独特的天气监测服务，以电话、文本、电子邮件等多种方式发送相关的预警，传输更多有价值的数据来辅助农作物的线上监测。

除了发达的节水灌溉技术外，美国在水资源分配上通过设立水权系统，实现水的处理权和使用权。水权可以进行有偿买卖，采用这种模式可以有效地激励用水者。美国还把处理后的废水用于灌溉，价格为市场正常水价的 1/3 左右，进一步保障农业灌溉用水的正常使用。

二维码 4-13
Hunter 园艺灌溉系统视频

另外，Hunter 园艺灌溉系统视频见二维码 4-13。

4. 日本

日本设施园艺更注重于开发节省人力的小型温室机械工厂，发展立体化种植技术，更注重于运用高附加值、紧凑型、全程精细化控制的植物工厂技术，其中以垂直农场最为突出。在垂直植物工厂（图 4-19，视频另见二维码 4-14）中，建立起一个农作物周年连续生产的系统，通过大数据、云计算等新技术对植物工厂中的植物温度、湿度、光照、二氧化碳浓度及不同时期所需营养液浓度等生产条件进行自动控制，使得植物以最优状态进行生长。植物工厂中单位面积产量高达露天种植产量的 90 倍。植物工厂更大的优势在于所生产的蔬菜品相齐整，营养丰富，不依赖于外界环境和土壤肥力，市场前景更为广阔。

日本的 Spread 公司在京都建造的 4 400 m^2 的工厂，生菜产值每天 3 万颗左右。新一代的植物工厂完全实现了管理自动化和智能化，工厂采用无土栽培、水耕、深液流水培等技术，采用智能云计算技术实现工厂自主浇水，以及环境温湿度、CO_2 浓度、光照的有效调控。室内照明与飞利浦和 Miral 公司合作，采用“光配方”（Light Recipe），使用不同光谱频率去影响植物生长，成熟速度可提升 2.5 倍左右。工厂通过水培植物和水资源的循环利用达到节水灌溉措施，Spread 公司将种子在富含氮、钾的水培液环境中培育，采用水培方法来种植生菜，这种水培方式，与室外泥土中种植的生菜相比，仅需 1%的水。除此之外，工厂采用水循环系统，Spread 所建立的新型垂直植物工厂可以循环种植过程中 98%的水资源，采用除湿器对植物叶片进入空

(a)　　　　　　　　　　　　(b)

图 4-19　垂直植物工厂(a)和水培循环系统(b)(日本,Spread)

气中的水分进行回收。

总部位于东京的合资企业 SenSprout 公司开发的水监测系统可以节约宝贵的水资源,降低成本,促进优质农产品的持续增长。该系统告诉农民土壤中有多少水可以用于种植作物,专为干燥气候而设计。东京大学 Yoshihiro Kawahara 开发了新型土壤传感器。该传感器是一个管状物体,大约长 [illegible]0 cm。3 个电极片由树脂薄膜组成,上面覆盖着一层薄薄的铜层,电极能感知土壤的静电容量,从而揭示土壤中含水量的变化。它能告诉我们植物的根吸收了多少水分。传感器的顶部装有无线网络设备,将数据传输到附近的智能手机上。这些信息存储在一个在线云数据库中,农民可以远程查看他们的电脑或智能手机上的数据,了解作物需要多少水,从而摆脱依靠直觉和经验来灌溉作物的方式,实现智能化灌溉。

二维码 4-14　垂直植物工厂和水培循环系统视频

5. 印度模式

印度跨国公司 Jain Irrigation 位于马哈拉施特拉邦贾尔冈,是世界第二大微灌公司,也是农业物联网领域的先驱,该公司收入均来自高科技产品,并将印度水资源利用率从 30%～40%提升到 80%～85%。Jain irrigation 微灌系统见图 4-20。

图 4-20　Jain irrigation 微灌系统(印度,Jain irrigation)

本章小结

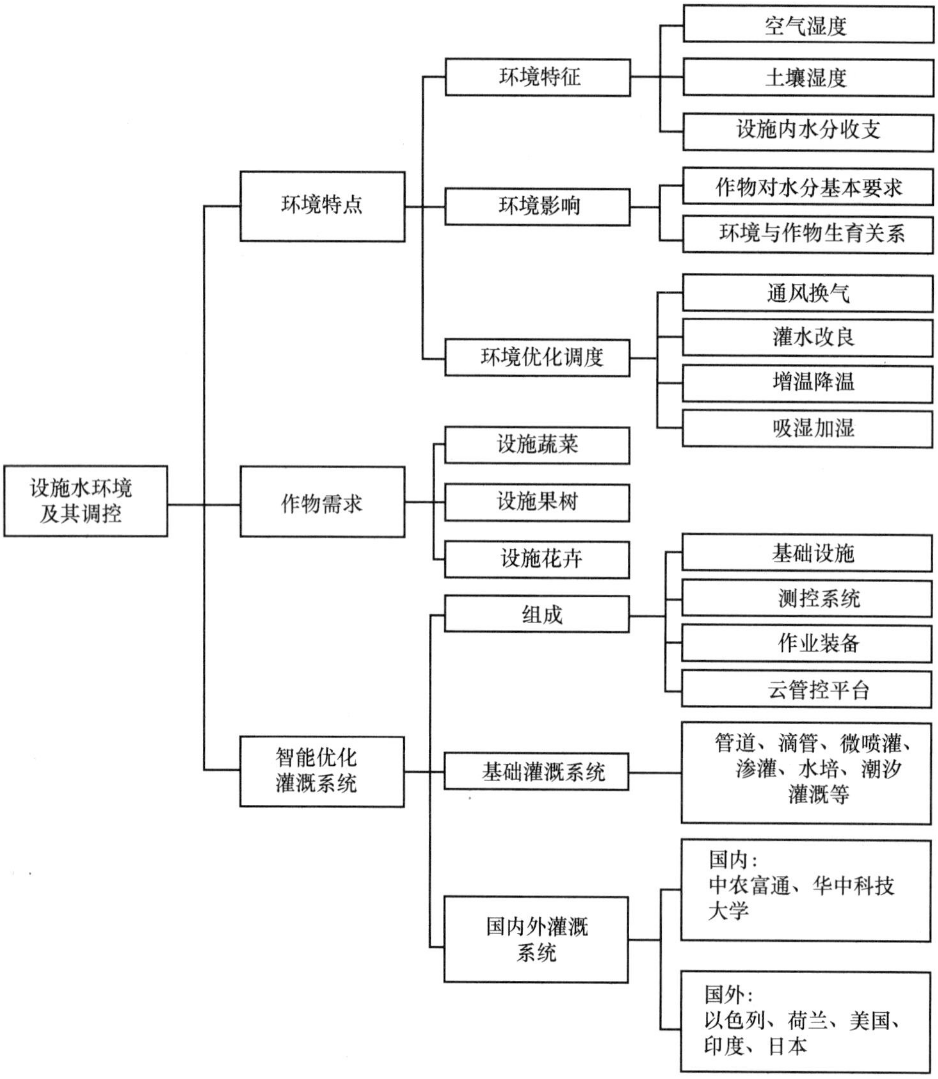

复习思考题

1. 园艺设施水环境的主要特征及影响因素有哪些?
2. 如何对园艺设施水环境进行智能调节和控制?
3. 简述园艺设施水环境中主要的灌溉系统。
4. 如何依据所学知识设计适合国内园艺设施水环境的智能灌溉系统?
5. 国外哪些灌溉设施适合我国的园艺设施环境?

参考文献

马承伟，苗香雯．农业生物环境工程[M]. 北京：中国农业出版社，2005.

邵孝侯，邹志荣．园艺设施环境工程学[M]. 北京：中国农业出版社，2008.

诸钧．痕量灌溉技术研究进展[C]// 第九届全国微灌大会论文集．2015：741-748.

邹志荣，邵孝侯．设施农业环境工程学[M]. 北京：中国农业出版社，2008.

Durairaj P, Arulselvi G. Implementation of Precision Soil and Water Conservation Agriculture (PSWCA) through Machine Learning, Cloud Enabled IOT Integration and Wireless Sensor Network[J]. European Journal of Molecular & Clinical Medicine, 2020, 3(7).

Grand View Research. Irrigation automation market size and share report, 2020-2027 [R].Report ID: GVR-4-68039-135-5. 2021.

Hunter. Built on innovation, residential and commercial irrigation[EB/OL]. [2022-03-02]. https://www. hunterindustries. com/.

Jain Irrigation Systems Lrd, Drip Irrigation Systems[EB/OL]. [2022-04-05]. http://jains. in/irrigation/drip%20irrigation%20system. htm.

Netafim. Handbook drip irrigation-understanding the basics [S] . Israel: Netafim Grow More Withless, 2015.

Netafim. NetBeat digtal farming-the first irrigation system with a brain[EB/OL]. [2022-06-06]. https://www. netafim. com/en/.

Peng Z, Qian Z, Liu F, et al. The construction of the integration of water and fertilizer smart water saving irrigation system based on big data[C]// 2017 IEEE International Conference on Computational Science and Engineering (CSE) and IEEE International Conference on Embedded and Ubiquitous Computing (EUC). IEEE, 2017.

Priva Compass. Priva compass climate computer for controlling your crop [EB/OL]. [2022-07-12]. https://www. priva. com/solutions/horticulture/priva-compass.

Rainbird. Low-volume irrigation just got that much better[EB/OL]. [2022-03-15]. https://www. rainbird. com/.

Spread. Asiafruit: Spread's partner J leaf opens vertical farm[EB/OL]. [2021-07-15].https://spread. co. jp/en/media_20210715/.

WaterBit. The first all-in-one platform to manage irrigation, fertilization and yield[EB/OL]. [2022-08-04]. https://www. waterbit. app/.

附录

Aeroponics	雾培技术又称喷雾栽培
CE	Conformite Europeenne,欧共体质量认证安全标志
DFT	Deep Flow Technique,液流技术
Drip irrigation	滴灌灌溉
Ebb and flow irrigation	潮汐灌溉
EC	Electrical Conductivity,含盐量
ET	Evapotranspiration,蒸散量,即土壤蒸发与作物蒸腾量总和
FCH	Floating Capillary Hydroponics,浮板毛管栽培技术
Hydroponic irrigation	水培灌溉
Micro-irrigation	微灌灌溉
Micro-spray Irrigation	微喷灌灌溉
NFT	Nutrient Film Technique,营养液膜技术
NPK	Nitrogen-Phosphate-Potassium Fertilizers,一种复合肥料
PE	聚乙烯软管
pF	土壤水势,用能量表示的土壤水分含量
Pipe irrigation	管道灌溉
PVC	聚氯乙烯软管
RH	Relative Humidity,相对湿度
Spray irrigation	喷雾灌溉
Subsurface irrigation	渗灌灌溉

第五章 园艺设施土壤环境及其调控

学习目标

- 熟悉园艺设施土壤环境的物理学、化学、生物学特征；
- 熟悉园艺作物对土壤环境的需求；
- 熟悉园艺设施土壤环境的调控方法；
- 了解园艺设施土壤环境智能调控系统和设备。

土壤作为作物水分和养分供给者，是园艺作物产量和品质形成的物质基础，土壤环境的健康与否，影响着种植作物的生长。在园艺设施中，由于设施内独特的微气候环境，设施内的土壤与露天的土壤相比具有更独特和复杂的特性，如单一作物的长期种植以及长期使用特定的肥料，会使设施内土壤的物理结构如孔隙度，化学性质如 pH、肥力、离子含量等，以及土壤中的微生物群落等发生改变。无土栽培是新兴的园艺设施种植模式，相较于传统的土壤环境，无土栽培的最大优势是根系环境易于控制，此外还有节水和无连作障碍等优点。

大量研究表明，土壤特征的改变，直接影响作物的产量，因此需要科学的管理土壤环境。对设施内土壤环境进行调控的传统方式有：①合理施肥，对设施土壤养分进行调控；②水旱轮作，对同一土地进行水生作物和旱生作物的交替种植，保持地力；③进行设施土壤水分调控，改良灌溉方法；④必要时对设施土壤进行消毒，防止土壤中各类病原菌累积。近年来，越来越多的智能化土壤环境调控系统和设备被开发应用，给农民带来更高的种植效率和产量，也标志着我国园艺设施土壤环境调控正朝着智能化方向发展。

在本章的定义中设施土壤环境为设施作物生长的根系环境，既包括传统土壤的环境，又包括无土栽培环境。本章第一节介绍园艺设施土壤环境特征（物理学、化学、生物学性质）；第二节介绍园艺作物对土壤生长环境的需求；第三节将介绍园艺设施无土栽培模式；第四节介绍园艺设施土壤环境的智能调控技术与设备。

第一节 园艺设施土壤环境特征

园艺设施独特的微气候环境造就了设施内特殊的土壤环境，设施内的土壤环境特性包括土壤的物理学、化学和生物学性质，且不同性质之间互相影响（图 5-1，彩图另见二维码5-1)，本节将从这三个角度介绍园艺设施土壤环境的特征，为后续的土壤环境智能调控提供指导。

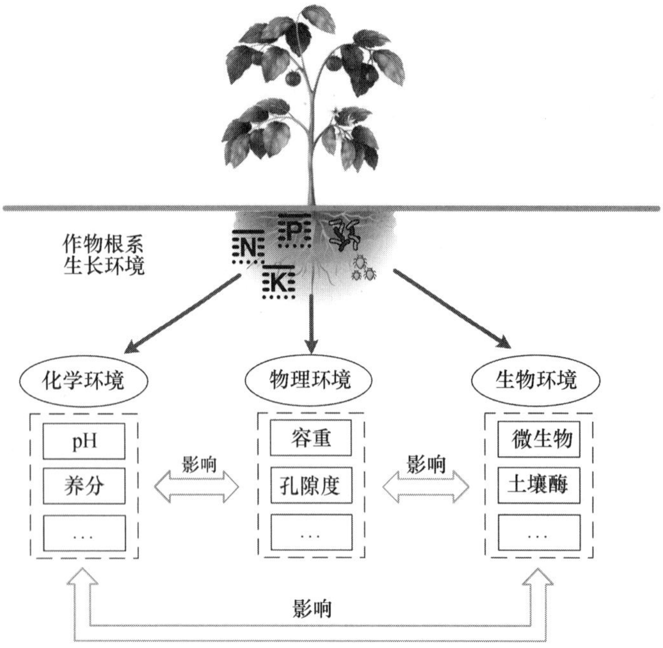

图 5-1　园艺设施土壤环境特征

二维码 5-1　园艺设施土壤环境特征

一、设施土壤物理性质

(一)容重

土壤容重是土壤的重要物理性状，是反应土壤孔隙率和空气含量的重要指标。园艺设施内土壤不同深度的土样容重存在差异，特点是离地面越深的土样容重越大，特别是蔬菜栽培为主的园艺设施中，耕作主要集中在0～20 cm耕层，0～20 cm以下土层长期得不到有效翻耕，加之耕作时的压实作用，造成上下层之间的容重存在较大差异。不同施肥及灌溉措施的土壤容重存在差异，施无机氮肥处理的土壤高于施有机肥处理的土壤容重。不同的灌溉方式如大水漫灌、滴灌或沟灌的差异也会对土壤容重产生影响。除此之外，采样时期、设施的种类及管理措施的不同也会对土壤容重造成影响。

对于基质而言，不同基质之间容重差别大小不一，同样一种基质受到不同的压实程度、颗粒大小影响，其容重也存在较大差异。一般定义：小于0.25 g/cm^3 属于低容重基质，0.25～0.75 g/cm^3 属于中容重基质，大于0.75 g/cm^3 属于高容重基质。

(二)孔隙度

土壤孔隙是土壤水分和空气的通道和存贮场所。土壤孔隙状况影响土壤通气透水性和根系穿插的难易程度，并对土壤中水、肥、气、热和微生物活性等发挥着不同的调节作用，是土体构造重要指标之一。

土壤孔隙度同样受多方面因素影响。在以人工作业为主的园艺设施中，长期缺乏机械深耕，频繁的人力作用使耕层土壤比较疏松，经过多年连续生产后土壤耕作层变浅，土壤通气孔隙比例相对降低，土壤通气透水性变差，不利于作物根系的生长发育以及对土壤养分的有效吸收和利用。此外，不同施肥及灌溉措施的土壤孔隙度存在差异。

基质总孔隙度是基质中持水孔隙和通气孔隙的总和，以相当于基质体积的百分数来表示。基质总孔隙度(%)可以按照以下公式来计算：

$$总孔隙度=\left(1-\frac{容重}{相对密度}\right)\times 100\% \qquad (5\text{-}1)$$

(三)团聚体

土壤团聚体是土壤结构的基本组成单位，所谓的土壤结构是指被有机质和其他化学沉淀物黏结在一起的团聚体的大小和形状，受多方面因素的影响，其中人为管理措施对土壤结构的影响较大。

(四)土壤持水性和供水性

土壤水是园艺作物吸收水分的主要来源。在露地环境中，土壤水的主要来源是降水、灌溉水、地下水上升以及大气中水汽的凝结；而在园艺设施环境中，土壤水分基本依靠灌溉，以及设施内空气中水汽凝结等因素。土壤水存在于土壤孔隙中，尤其是中小孔隙中，大孔隙常被空气所占据。穿插于土壤孔隙中的作物根系从含水土壤孔隙中吸取水分，用于蒸腾。土壤中的水汽界面存在湿度梯度，温度升高时，梯度加大，水会变成水蒸气蒸发逸出土表。蒸腾和蒸发的水加起来叫作蒸散，是土壤水进入设施内空气的两条途径。

1. 土壤持水性

土壤的持水性是指土壤吸持水分的能力。在对植物的有效范围内，土壤所吸持的水分是由土壤孔隙的毛管引力和土壤颗粒的分子引力所引起的，这两种力统称为土壤水吸力，或基质水吸力。土壤含水量一般是指土壤绝对含水量，即 100 g 烘干土中含有若干克水分，也称土壤含水率。

土壤水吸力随土壤含水量变化的关系曲线称为土壤水分特征曲线。土壤水分特征曲线的高低反映土壤持水能力的强弱，是土壤基本水力特征的重要指标。土壤持水能力越强，在低吸力范围内土壤含水量随水势降低的速度越慢，反之速度越快。设施土壤与露地土壤，土壤含水量随土壤水吸力增加而降低。但在相同土壤水吸力条件下，露地土壤的含水量高于设施土壤。

土壤的持水量与土壤质地有密切关系。在一定的吸力范围内，质地越细，持水量越高。各种土样的物理性黏粒(＜0.01 mm)含量的顺序为：砖红壤＞红壤＞黄土＞紫色土＞中壤质浅色草甸土＞轻壤质浅色草甸土＞沙壤质浅色草甸土。在吸力较低时，土壤的持水量并不完全取决于土壤的质地，同时还取决于土壤的其他性质，如与土壤的孔隙数量和孔隙特性有关。

土壤的持水量还与土壤的有机质含量有关，如黑土和红壤物理性黏粒含量虽然相近，但有机质含量高的黑土持水量明显高于有机质含量低的红壤。

设施土壤上下层之间容重的不同，导致设施土壤上下层持水性能差异较大。再加上设施土壤长期处于封闭状态，灌水频繁，施肥量大，长期设施栽培会出现土壤盐分离子表聚现象，各盐分离子对土壤的不同作用也会造成土壤结构、容重、有机质含量等性质与露地土壤存在差异，从而影响土壤水分特征曲线的变化及土壤持水能力的强弱。

2. 土壤供水性

土壤供水性是指在一定条件下土壤对植物生理需水的供给能力，常以有效水和有效度衡量，这种能力的强弱又取决于土壤的有效水储量。土壤持水曲线的斜率，称为比水容量(C_θ)，表示单位吸力变化时单位质量土壤可释放或储存的水量，是评价土壤水分有效性、供水性和耐旱性的重要指标，可由土壤水分特征曲线方程求一阶导数计算，即

$$C_\theta=\frac{d\theta}{d\psi}=\frac{d\theta}{dS}=ABS^{-(B+1)} \quad (5\text{-}2)$$

式中：θ 为土壤含水率，ψ 为土壤基质势，S 为土壤吸力，A 和 B 均为参数。模型中参数 A 决定曲线的高低，即持水能力大小，其数值越大，持水能力越强；参数 B 决定曲线的走向，反映土壤含水量随土壤水势降低而递减的快慢程度。

(五)基质气水比

固体基质总孔隙度只能反映一种基质内空气和水分所能容纳空间的总和，不能反映固体基质中空气和水分各自能容纳的空间。

基质气水比也称为大小孔隙比，大孔隙是指基质中空气所占的空间，即通气孔隙(%)；小孔隙是指基质中水分所占的空间，即持水孔隙(%)；通气孔隙与持水孔隙之比称为大小孔隙比，用式(5-3)表示：

$$\text{大小孔隙比}=\frac{\text{通气孔隙度}}{\text{持水孔隙度}} \quad (5\text{-}3)$$

大小孔隙比能直接反映基质中气、水之间的状况，是衡量基质优劣的重要标准。

(六)基质粒径

基质粒径是指基质颗粒的直径大小，以 mm 为单位。基质的颗粒大小直接影响基质的容重、总孔隙度和基质气水比。同一种基质颗粒越细，容重越大，总孔隙度越小，大小孔隙比越大；反之，颗粒越粗，容重越小，总孔隙度越大，大小孔隙比越小。

二、设施土壤化学性质

园艺设施的生产方式中，作物生长环境受到大量人为干预，尤其是大水大肥和高复种指数的影响，使设施土壤化学环境特征与露地相比发生变化。这些变化主要包括酸碱度(pH)、盐分、有机质和碳氮比、土壤养分四个方面的特征。

(一)土壤酸碱度(pH)

不论哪种作物，在生长发育期间，对于土壤 pH 都会有一定的要求，土壤 pH 降低，必然会对作物生长造成一定的影响。此外，土壤酸度的提升，制约根系对钙、磷、镁等矿质元素的吸收，容易诱发青枯病等病害，危害作物生长。

大量施用化学肥料尤其是氮肥，会增加土壤的酸度。由于氮肥分解以后会在土壤中产生硝酸，如果缺乏淋洗，土壤会因为硝酸而酸化，引起土壤 pH 降低。一般来说，设施种植年限越长，土壤酸化问题越严重。

相较而言，土壤 pH 不宜调控，而基质栽培可以人为地选择基质的 pH，如内部含有泥炭土和松针土呈现酸性，而碳酸钙($CaCO_3$)石灰质的砾和沙呈现碱性。一般来说，无土栽培的基质 pH 最好呈中性或弱酸性，且要求基质化学性质比较稳定，过酸或过碱都会影响营养液的平衡与稳定。因为大部分营养液的 pH 都偏酸性，基质经过多次供液后，pH 会略有下降或与营养液 pH 相接近。

(二)盐分

园艺设施土壤次生盐渍化的原因主要有两种：一是土壤从外部摄入大量盐分，导致积盐现象严重；二是深层土壤的可溶性盐分随水分运移至表层，返盐现象严重。例如，日光温室种植是在有限空间内高度集约化的种植模式，设施(内)土壤相较于露地土壤，长期处于封闭状态，温度高，湿度大，水分蒸发量大，而又缺少降雨的淋洗，加之不合理的施肥和灌水，土壤次生盐渍化现象严重，影响作物的正常生长。

(三)有机质和碳氮比

土壤有机质主要来源于植物、动物及微生物残体，园艺设施内部土壤的有机质主要来源为园艺作物。土壤有机质对土壤肥力起着多方面的作用，包括提供作物养分，保水和保肥，促进团粒结构的形成，改善土壤物理性质，减轻或消除土壤中农药的残毒和重金属污染。

土壤有机质是土壤肥力的物质基础，其含量的高低是评价土壤肥力的重要标志。大量研究表明，在其他条件基本相同的情况下，土壤肥力水平与有机质含量密切相关。

碳氮比(C/N)指的是有机质中碳氮的比例，土壤碳、氮关系的改变与土壤有机质含量的变化密切相关，是判断土壤有机质含量高低的指标。如果碳氮比过大，微生物的分解作用就慢而且要消耗土壤中的有效态氮素，因此，应根据 C/N 的大小合理选择施肥的种类。

(四)养分

氮、磷、钾是植物生长需要的三种营养元素。其中氮是植物生长的必需养分，氮素对植物生长发育的影响是十分明显的。当氮素充足时，植物可合成较多的蛋白质，促进细胞的分裂和增长，因此，植物叶面积增长快，能有更多的叶面积用来进行光合作用。

钾是植物的主要营养元素，同时也是土壤中常因供应不足而影响作物产量的三要素之一。钾在植物代谢活跃的器官和组织中分布量较高，具有保证各种代谢过程的顺利进行、促进植物生长、增强抗病虫害和抗倒伏能力等功能。钾能明显提高植物对氮的吸收和利用，并很快转化为蛋白质。

磷在植物体中的含量仅次于氮和钾，一般在种子中含量较高。磷是植物体内核酸、蛋白质和酶等多种重要化合物的组成元素。磷对植物营养有重要的作用，植物体内几乎许多重要的有机化合物都含有磷。磷能促进早期根系的形成和生长，提高植物适应外界环境条件的能力。

园艺设施土壤栽培所具有的特殊环境形成设施内土壤独特的养分特点，即土壤富营养化，这是园艺作物栽培的特殊环境以及在实际生产中追求高产出高收益因素诱导的共同作用结果，但盲目超标的施肥方式会导致肥料利用率低。

三、设施土壤生物学性质

(一)土壤微生物系

土壤中的微生物主要有细菌、真菌和放线菌等，三者的比例关系是衡量土壤肥力的重要指标。

1. 细菌

园艺设施土壤中，大类微生物的相对数量细菌最多，占微生物总数的 70%～90%，放线菌其次，真菌最少。设施土壤中的微生物数量随种植年限增加呈倒“马鞍”形变化，细菌和放线菌两者均是先增加后减少，真菌数量则呈线性增长趋势，促使微生物区系由“细菌型”向“真菌型”

发展，造成土壤质量下降。

2. 真菌

设施土壤中的 B/F 值(细菌和真菌数量比)是土壤微生物区系结构的特征指标。当 B/F 值较高时，说明土壤环境质量较好，适合设施栽培作物的生长。当 B/F 值较低时，说明环境相对恶劣，抗逆性真菌是主要菌类。

3. 放线菌

多数放线菌都能产生抗生素，提高作物抗病能力，因此，放线菌含量较高的土壤中，作物发病较轻。随着种植年限的增加，设施土壤中的放线菌数量逐年降低，但改善设施内通气情况以及配合施用有机肥、无机肥、微生物肥均能显著增加土壤中的放线菌数量。

(二)土壤微生物群落多样性

土壤微生物群落结构和组成的多样性、均匀性是衡量土壤生态系统稳定和健康的一个重要指标。因此，研究设施土壤微生物群落结构对于了解设施土壤的生态系统稳定性和健康程度有重要作用。检测微生物结构多样性的方法主要有传统微生物培养法、生物标记物法和分子生物学法等。

(三)土壤酶活性

土壤酶活性显示土壤代谢作用的强度，在酶的作用下腐殖质的合成与分解等一系列的生化过程才得以实现，同时营养物质的转化速度和酶活性的强弱也有直接关系。总之，酶活性是衡量土壤综合肥力特征和土壤养分转换速率的重要指标。

园艺设施栽培过程中土壤集约化施肥，土壤中的脲酶和中性磷酸酶活性显著增强，但过氧化氢酶活性无明显差异。当理化性质和有机质含量朝着土壤质量提高的方向转化时，设施土壤的酶活性逐渐增强，反之减弱。

第二节　园艺作物对土壤环境的需求

园艺设施土壤是园艺作物赖以生存的基础。园艺作物对土壤酸碱度的适应范围不同；土壤温度对作物生育和土壤中微生物活动以及各种养分的转化、土壤水分蒸发和运动都有很大影响；不同园艺作物因根系入土深浅、分布广度、分枝多少、根毛发达与否的差异，对土壤营养元素的吸收有多有少；不同园艺作物在不同生育时期吸收的营养元素也不同。例如，叶菜类蔬菜中的小型叶菜，生长全期需氮肥；而大型的结球叶菜需氮量也多，到生长盛期，则需增施钾肥和适量磷肥，否则不易结球。因此，了解园艺作物对土壤环境的需求，是开展土壤环境智能调控的基础。本节从土壤温度、水分、pH、施肥种类四个方面，介绍园艺作物在生长中对园艺设施土壤环境的需求。

一、土壤温度需求

园艺设施种植由于其独特的微气候，土壤温度相比露地要高，可以进行反季种植作物，但作物种子发芽对土壤温度要求是客观存在的，了解不同作物种子发芽的土壤温度非常有必要。对于露地种植，作物的适时播种，就是由土壤温度来决定的，但会被天气所影响，比如年初的一场大降温，会导致春播推迟。表 5-1 列举了不同蔬菜作物种子发芽的土壤温度需求。作物从播种到成熟都需要一定的温度条件，喜温蔬菜适宜催芽温度在 25～30 ℃；而耐寒、半耐寒性蔬菜适宜温度催芽温度在 15～25 ℃。茄子采用变温催芽 15～20 ℃(16 h)与 15～35 ℃(8 h)，可以提高催芽率。

表 5-1　不同类别蔬菜适宜催芽温度　℃

类别	品种	适宜催芽温度
喜温蔬菜	茄果类、瓜类和部分豆类	25～30 茄子：15～20(16 h)与 15～35(8 h)
耐寒、半耐寒性蔬菜	白菜类、甘蓝类和萝卜、芹菜、莴苣和菠菜等	15～25

二、土壤水分需求

土壤水分作为园艺作物生长水分的主要供给源，直接影响农作物的整个生长发育阶段。例如，土壤水分过少会导致土地硬化，不利于作物充分吸收水分和养分，影响作物生长；而土壤水分含量过多时，会导致水分渗漏，造成肥料流失，可能造成盐渍化、酸化等一系列问题，不利于作物生长。第四章第二节列举了常见园艺作物对水分的需求，可以指导农民进行智能灌溉。

三、土壤 pH 需求

园艺作物的生长，不仅要求土地肥沃，还要求土地有一定的酸碱性。了解植物适生的酸碱范围，就可以依据当地土壤条件，因地制宜优化作物布局，发展高产高效优质农业，表 5-2 列举了不同作物适宜生长所需 pH。

表 5-2　不同蔬菜适宜生长的土壤 pH

蔬菜作物	莴苣	菜豆	黄瓜	茄子	冬瓜	番茄	萝卜
pH	6.0～7.0	6.5～7.0	6.3～7.0	6.5～7.3	6.0～7.5	6.0～7.5	6.5～7.0

四、园艺作物施肥需求

蔬菜为高度集约化栽培的作物，特别是园艺设施栽培条件下，单位面积产量高，但大多数蔬菜的养分再利用效率不高。再加上我国蔬菜的复种指数高，从南向北复种指数华北为 200%～300%，长江流域 300%～400%，华南为 400%～500%。巨大的生物产量和经济产量，每次收获必然要带走大量的营养物质，因此，蔬菜作物单位面积需肥量高于禾谷类作物。一般每生产 1 000 kg 产品蔬菜需要氮(N)2～4 kg，磷(P)0.18～1.2 kg，钾(K)3～5 kg，钙(Ca)1～1.8 kg，镁(Mg)0.18～0.24 kg，N ∶P ∶K∶Ca∶Mg 大约为 10∶3∶13∶5∶1。不同种类的蔬菜的需肥量差异也很大，在园艺蔬菜生产上，要实现科学施肥，首先要弄清楚蔬菜的需肥量。表 5-3 统计了常见蔬菜每 1 000 kg 产量所需氮、磷、钾养分数量。

表 5-3　不同园艺蔬菜每 1 000 kg 产量所需氮、磷、钾养分数量　kg

蔬菜种类	氮	磷	钾	蔬菜种类	氮	磷	钾
大白菜	1.8～2.6	0.4～0.5	2.7～3.1	马铃薯	4.4～5.5	0.8～1.0	6.6～8.5
结球甘蓝	4.1～6.5	0.5～0.8	4.1～5.7	生姜	6.3	0.6	9.3
花椰菜	7.7～10.8	0.9～1.4	7.6～10.0	萝卜	2.1～3.1	0.3～0.8	3.2～4.6
叶用芥菜	1.6～2.5	0.1～0.2	1.7～2.5	胡萝卜	2.4～4.3	0.3～0.7	4.7～9.7
茎用芥菜	5.4	0.6	4.6	芹菜	1.8～2.0	0.3～0.4	3.2～3.3
番茄	2.1～3.4	0.3～0.4	3.1～4.4	莴苣	2.1	0.3	2.7
辣椒	3.5～5.5	0.3～0.4	4.6～6.0	菠菜	2.5	0.4	4.4
茄子	2.6～3.0	0.3～0.4	2.6～4.6	大蒜	4.5～5.0	0.5～0.6	3.4～3.9
黄瓜	2.8～3.2	0.5～0.8	2.7～3.7	洋葱	2.0～2.4	0.3～0.4	3.1～3.4
冬瓜	1.3～2.8	0.3～0.5	1.2～2.5	韭菜	5.0～6.0	0.8～1.0	5.1～6.5
南瓜	4.3～5.2	0.7～0.8	4.4～5.0	草莓	6.0～10.0	1.1～1.7	>8.3

引自：马国瑞．蔬菜施肥指南．北京：中国农业出版社，2000.

第三节　无土栽培

无土栽培是新兴的园艺设施种植模式，无土栽培技术是指应用营养液或固体基质加营养液代替土壤栽培园艺作物的农业生产技术。根据基质种类进行划分，可以分为液体基质型及固体基质型两种。液体基质型可以分为通气式、浅层供液式、滴灌式、循环供液式及喷雾式等，固体基质型则可以分为岩棉培养、泡沫塑料培养、砾基培养、木屑培养、沙基培养及浅层石培养等。不同的无土栽培类型有着各自的特点和优势，在应用过程中应结合实际需求合理选择无土栽培类型。

相较于传统的土壤栽培技术，无土栽培技术的优势更加显著。一方面，无土栽培能够保证水分与养分的供应，有助于作物的健康生长，并且基质具有良好的通气性，有助于作物根系的生长以及对水分和养分的吸收；另一方面，应用无土栽培技术能够为农业生产提供更大的便利条件，便于进行科学管理，进而促进农作物产量与品质的提升。除此之外，应用无土栽培技术能避免水分的流失，提升水资源的利用率，避免水资源浪费；节约土地资源，克服土壤连作障碍；免去除草、耕地及翻地等环节，因此，可以极大地减轻农民的负担，使农民从传统的农业生产劳作中解脱出来从事其他方面的工作，从而增加经济收入。本节将介绍固体基质栽培技术和无基质栽培技术。

一、固体基质栽培技术

固体基质栽培技术被认为是最接近土壤栽培的一种技术，也是一种应用相对广泛的栽培技术。固体基质栽培技术通常先将炉渣、岩棉、炭化稻壳、泥炭、沙石、珍珠岩等按照特定比例进行调配，然后对配置好的混合基质进行全面消毒处理，然后按照一定比例注入营养液。应用固体基质栽培技术能够有效提高作物根系对基质营养的吸收效率，使用效果相对稳定，固体基质能够循环使用且不会污染环境。目前，基质栽培已在国内园艺设施中大范围应用，图 5-2 为北京国际都市农业科技园内的基质栽培场景。

(a)芹菜　　(b)生菜

图 5-2　基质栽培(北京国际都市农业科技园)

二、无基质栽培技术

(一)水培技术

我国现阶段的蔬菜水培主要有营养液膜技术(NFT)、深液流水培技术(DFT)和浮板毛管技术(FCH)等。三种模式均可用于果菜水培,其中营养液膜技术应用较广泛。

适合水培的蔬菜有广东菜心、青菜、奶白菜、快菜、塌棵菜、生菜、莜麦菜、芥蓝、羽衣甘蓝、茼蒿、菠菜、苋菜、香葱、芹菜、番茄等,可根据季节和市场需求,筛选适宜的蔬菜种类进行水培,并要合理安排种植时间和批次,以达到周年生产、按计划上市的目的。

1. 营养液膜技术

营养液膜技术(图 5-3)通过装置使一层较浅的营养液(0.5～1.0 cm)不断循环流经蔬菜根系,装置由贮液池、栽培槽、循环系统和定植板组成。这种方式使得植物根系的上部暴露在空气中吸氧,下部在营养液流中吸水、吸肥,较好地解决了水培中植物根系的供氧问题。此系统主要由种植槽、贮液池、营养液循环流动系统组成,其种植槽一般为塑料薄膜或塑料板、塑料管等。但此系统的缺点是耐用性较差,要多注重后期维护;当系统发生故障时,植株因缺水受影响较大。

2. 深液流水培技术

深液流水培技术(图 5-4)相比较营养液膜技术,具有较深的营养液(5～10 cm)。深液流法中蔬菜生长所需营养液的浓度、温度和酸碱度等不易产生急剧变化,蔬菜根系的生长环境相对稳定,能够较好地应对系统故障及停电等突发情况。但在低温季节,营养液温度较低,会发生根系氧气供应不足的情况,若根系发生病害,会蔓延至整个系统,因此,要做好季节管理和病害防治工作。

3. 浮板毛管技术

浮板毛管技术是浙江省农业科学院园艺所研制的一种新型无土栽培系统。由营养液池、种植槽、循环系统和控制系统四部分组成。种植槽内放置浮板,覆盖一层无纺布作为湿毡,蔬菜的一部分根系生长在湿毡上,吸收空气中的氧气,为气生根;一部分根系生长在营养液中,吸收水分和营养，为液生根。整个系统较稳定，不会因突发故障对蔬菜造成太大影响。

图 5-3　营养液膜技术（北京国际都市农业科技园）

图 5-4　深液流水培技术（北京国际都市农业科技园）

（二）气雾培技术

气雾培技术作为无土栽培的新方式（图 5-5，彩图另见二维码 5-2），通常将作物根系悬挂固定于容器内（槽、箱、床等），使其根系裸露于空气中，容器内部布置有自动喷雾装置，能够准确地将营养液直接喷洒到作物根系表面，不仅很大程度上提升作物对养分的吸收效率，而且极大程度上满足作物根系的呼吸需求。由于作物根系裸露在外，有利于科研人员对作物生长状态进行监测，为研究无土栽培技术提供直观的案例以及实验数据。作物可以结合雾培栽培容器进行组合摆放以提高空间利用率，作物生长阶段能够实现自动化管理，有效节约人工成本。作物采摘时，根据作物生长情况选择性的分批采摘，保证作物的规格及品质的同时提高采摘效率，对于实现农业全程自动化具有深远意义。

图 5-5　气雾培系统（美国，Altius Farms）

二维码 5-2　气雾培系统

目前气雾培技术应用广泛，在根茎类植物上的应用有马铃薯等，在叶菜类、瓜果类植物上的研究应用有生菜、辣椒、黄瓜等，在药用植物上的应用有肉桂、车前和紫锥菊等，在花卉类植物上的应用有菊花等，在木本类植物上的应用有桑树、加拿大短叶松、枣树等。

气雾培作为新型科技的产物，是在工程技术、生物技术、计算机控制技术基础上集成的一种全新栽培模式。完整的气雾培系统由栽培系统、喷雾和营养液循环系统、自动控制系统组成。气雾培的栽培系统主要分为四大类，即雾培床式、立桶式、金字塔式和管道式。

气雾培的喷雾和营养液循环系统是由雾化装置、喷雾管道、喷雾头、开关阀门、过滤器组成的，其中雾化装置是整个喷雾系统的核心。喷雾头的数量及喷洒量可根据培育植株的需求来自行设置，过滤器主要用来过滤营养液，防止管道堵塞。和基质培和水培一样，营养液循环系统是整个气雾培至关重要的部分。自动控制系统作为气雾培系统的大脑，决定着喷雾装置启停和营养液的调配以及定时定量的决策。

第四节　园艺设施土壤环境智能调控技术和装备

园艺设施土壤环境是一个小型生态系统，在实际的土壤环境调控中，需要综合考虑各种因素。例如，土壤温度会随着季节进行改变，在不同的季节进行增温、保温和降温是十分有必要的。不科学种植和灌溉会对整个土壤生态产生影响，导致设施内土壤物理学性质发生改变，如土壤团粒结构被严重破坏，土壤耕层变浅；再加上不科学施肥等因素，容易引起土壤酸化等化学性质的改变；同时，土壤物理学性质和化学性质的改变，也必然影响土壤生物学性质的改变，且土壤中不同微生物的含量分布反映土壤肥力的大小；另外，研究发现，当设施内连年种植一种作物时，即连茬种植时，土壤中各类病原菌累积，多种害虫寄生，病虫害发生严重，需要对土壤进行消毒。

综上所述，园艺设施内土壤环境的智能调控，不仅要考虑土壤温度的变化，还要综合考虑施肥、灌溉和连作对土壤环境的影响。本节主要从科学施肥、水旱轮作、土壤消毒三个方面对设施土壤环境的智能调控技术进行概述，并介绍相关的智能调控设备和调控系统。

一、科学施肥

对于传统的设施土壤栽培，设施作物生长所需要的全部营养元素来源于土壤环境。在实际的设施农业生产中，设施土壤中的肥力并不能满足设施作物的整个生长周期，对不同的设施蔬菜作物进行按需施肥是十分必要的。施用氮、磷、钾肥，保障作物生长；增施有机肥，可以提升土壤的保肥保水性能以及提高有机质含量；合理施用微肥，能够补充微量元素。盲目的施肥，难免会出现施肥过量，进而产生土壤盐渍化、酸化等的问题，造成土壤养分缺失。解决设施土壤盐渍化、酸化等一系列问题的有效措施就是科学施肥。合理分配不同肥料的配比和使用量，为种植作物提供适宜的生长环境，加快农作物的生长速度，提高农作物的经济效益。

传统的施肥由农民完成，依靠经验将肥料撒在设施农田中。随着机械化设备的到来，依靠农业机械设备进行施肥越来越普遍，机械化施肥虽然一定程度上方便农民，但仍然存在巨大的缺陷，如在设施番茄作物进入生长期后，机械化设备不方便进入设施农田中，而且机械化设备采用固定的频率和用量进行施肥，容易造成浪费和存在施肥死区。近年来，水肥一体化技术进入农民的视野。事实证明，把灌溉与施肥融为一体，采用滴灌方式进行施肥的水肥一体化技术十分适合设施温室环境的智能施肥技术，具有节水、节肥、减少病虫害、改善土壤环境、增加作物产量的优点。

(一)氮、磷、钾肥

氮肥是蔬菜种植与生产中重要的营养元素，但在施用过程中，尽量避免单独施用和偏施氮肥。例如，设施内蔬菜定植时，集中施用氮肥容易造成烧苗、烧根现象；若遇到潮湿、高温环境，可能会产生有害气体——氨气，当空气中氨的浓度达 5～10 mg/L 时，作物中毒。为全面提高氮肥利用率和资源使用率，促进和保障养分供给，减少环境污染。为最大限度发挥施肥的效果，应监测土壤肥力，通过监测结果与蔬菜生长表现，确定施肥量、施肥种类和相互配置的比例，与磷肥、钾肥合理搭配，降低土壤中氮素的残留与污染。

园艺设施内园艺作物的生长离不开磷素、钾素等必要的营养元素，合理施用磷、钾肥，不仅可以增加作物产量，改善作物品质，促进瓜类、茄果类蔬菜籽粒饱满、开花结果，还能增加甜瓜、西瓜等的糖分。例如，块茎类蔬菜与块根类蔬菜，这些对钾肥与磷肥的需求量比较大。而茄果类蔬菜喜欢氮肥与钾肥，在施肥过程中需要合理添加磷肥。瓜果类蔬菜的施肥主要是氮肥与钾肥，在施肥过程中需要合理加入磷肥。在叶片类蔬菜的生长前期，需要施用适量的钾肥与磷肥，如硫酸钾肥、钙镁磷肥、生物钾肥等。

（二）微肥

微肥是提供植物微量元素的肥料，如铜肥、硼肥、钼肥、锰肥、铁肥和锌肥等。微肥可以搭配其他肥料作基肥施用，也可以采取叶片喷肥、蘸根等方式施肥。

在施肥的时候应当将磷、钾肥作为基肥，和有机肥配合后进行施用的效果更好。例如，在番茄的种植中，如果出现钙元素供给不足的情况，番茄就容易出现脐腐病，所以，进行施肥的时候尤其要特别注意营养充足与营养全面。

（三）有机肥

有机肥料亦称“农家肥料”，凡以有机物质（含有碳元素的化合物）作为肥料的均称为有机肥料，包括人粪尿、厩肥、堆肥、绿肥、饼肥、沼气肥等。施用有机肥的作用：提供丰富的有机质和氮、磷、钾及各种微量元素，补充土壤养分，改善土壤结构，培肥土壤，消除土壤中毒害物质等。

设施温室蔬菜种植一般使用有机肥作为底肥，在施用过程中，对于鸡粪、猪粪、牛粪、羊粪以及秸秆堆为主的有机肥，在施用前需充分发酵，待其腐烂熟透后才可以施用，未充分腐烂熟透的有机肥，容易携带着大量致病病原菌、草籽、线虫卵等，加大病虫害、土传危害的发生率。此外，在施用有机肥时，最好再搭配生物菌肥或生物菌剂。

（四）水肥一体化系统

水肥一体化系统是将灌溉与施肥融为一体的农业新技术，具有节水、节肥、减少病虫害、改善土壤环境、增加作物产量的优点。水肥一体化系统根据作物需肥特点将水溶肥（可溶性固体肥料或液体肥料）以滴灌带（管）、滴头、滴箭或喷头的形式，通过对作物根系浸润，实现定点、定量及定时施肥。与传统的灌溉技术和肥料利用相比，可有效减少水分和肥料的挥发和流失，节水和节肥 30％以上。此外，在园艺设施采用水肥一体化技术，可以降低温室内的湿度，在一定程度上防控温室内作物的病虫害。同时，可以改善土壤物理环境，降低土壤容重，增加孔隙度，进而使土壤微生物的活性增强，减少养分淋失。典型的水肥一体化智能控制系统示意图如图 5-6 所示，彩图另见二维码 5-3。

1. 系统组成

水肥一体化系统包括六个子系统：水源系统、监测系统、智能控制系统、灌溉管路系统、过滤系统和远程控制系统。

（1）水源系统　蓄水池将地下水、湖水、河水、雨水、水库等水源储存起来，结合恒压供水系统、蓄水池液位监测系统等，提供符合农业灌溉的水源。

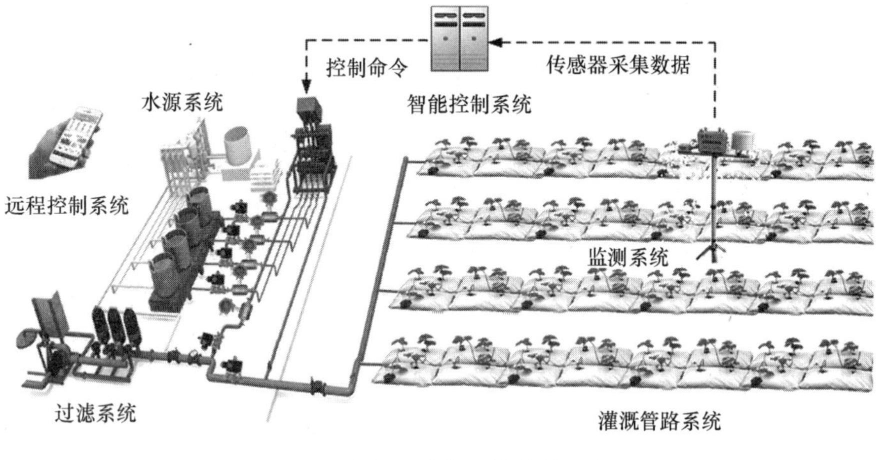

图 5-6　水肥一体化智能控制系统

(2)监测系统　肥液指标监测传感器(如肥液水位传感器等)和土壤指标值监测传感器(如土壤温度传感器、水分、养分、pH、EC 传感器等)安装在合适的位置。

(3)智能控制系统　根据作物品种和监测到的土壤环境参数,如土壤水分、pH、氮磷钾等,设置周期性水肥计划实施轮灌。

(4)灌溉管路系统　需要实现肥液的输送和精准送达土壤需水肥区域,由输液管网和末端喷头组成。

二维码 5-3　水肥一体化智能控制系统

(5)过滤系统　该系统的功能是去除水源中的杂质,应根据水质采取合适的过滤器和水溶肥,减少滴头堵塞和肥料沉淀的风险。

(6)远程控制系统　支持用户可以通过智能手机或电脑等设备,方便快捷进行水肥的调节和控制。

2. 功能要求

水肥一体化系统的功能要求以下几点:

(1)实时监测　选择合理位置安装土壤、基质和肥液指标值监测传感器(如土壤温度、水分、pH、EC 传感器等)进行监测。

(2)数据储存　保证监测数据的准确性且可以实时记录并保存数据。

(3)精准调控　根据监测到的土壤环境情况、作物种类,按照用户设定的配方、灌溉过程参数进行自动控制灌溉量、肥液的浓度,实现对土壤水分和土壤施肥量的定时、定量精准控制。

3. 性能要求

水肥一体化系统的性能要求有以下几点:

(1)系统调控精度　系统对土壤水分、pH、EC 等调控的误差值分别小于 5%、0.1、60 μS/cm。

(2)系统稳定性　设定系统最大超调量不超过 5%。

4. 系统流程

水肥一体化系统根据传感器监测系统,监测到土壤水分、pH 等参数,通过数据处理中心,根据作物种类、历史数据分析以及结合先验知识,智能设置周期性水肥计划,通过水泵,将肥液沿着输液管网抽入作物根部，多余的肥液经过过滤重新流入肥液桶，这就是水肥的循环过程。

5. 水肥优化模型

水肥一体化系统的目标是实现水肥综合治理，关键的问题是确定最佳水肥补充时间，这也决定了补给成本。

在满足作物生长需求的前提下，应用水肥系统优化模型可以使总补充成本最小化。目标是使所有温室地区在整个运行期间的总补充成本（包括水、化肥和电力）最小化。

水肥优化模型由目标函数[式(5-4)]和限制条件组成[式(5-5)]所示：

目标函数为

$$\min \sum_{i=1}^{I} \sum_{j=1}^{J} \sum_{f=1}^{F} \sum_{t=1}^{T} \mathrm{Duration}_{ijt} \mathrm{Unitreple}_{ijft} \mathrm{Unitcost}_{ijft} + \sum_{i=1}^{I} \sum_{j=1}^{J} \sum_{t=1}^{T} \mathrm{Duration}_{ijt} \mathrm{Unitpower}_{it} \mathrm{P}_{it}^{\mathrm{power}} \tag{5-4}$$

其中，I 是区域总数，J 是蔬菜的总种类，F 是肥料种类，T 是总生长期，$\mathrm{Duration}_{ijt}$ 表示 i 区域 j 类蔬菜 t 生长期的施肥持续时长，$\mathrm{Unitreple}_{ijft}$ 表示 i 区域 j 类蔬菜 t 生长期施用 f 类肥料的单位施肥量，$\mathrm{Unitcost}_{ijft}$ 表示 i 区域 j 类蔬菜 t 生长期施用 f 类肥料的单位施肥价格，$\mathrm{Unitpower}_{it}$ 表示 i 区域 t 生长阶段的单位时间耗电量，$\mathrm{P}_{it}^{\mathrm{power}}$ 表示 i 区域 t 生长期的电价。

限制条件：

$$\begin{gathered} \mathrm{Duration}_{ijt} \leqslant 1, \forall i \in M, \forall j \in N, \forall t \in T \\ \sum_{j=1}^{J} \mathrm{Duration}_{ijt} \mathrm{Unitpower}_{it} \leqslant \mathrm{Power}_{it}, \forall i \in I, \forall t \in T \\ \sum_{j=1}^{J} \mathrm{Duration}_{ijt} \mathrm{Unitreple}_{it} \leqslant \mathrm{Water}_{it}, \forall i \in I, \forall t \in T \\ \sum_{j=1}^{J} \mathrm{Duration}_{ijt} \mathrm{Unitreple}_{it} \leqslant \mathrm{Fertilizer}_{ift}, \forall i \in I, \forall t \in T, \forall f \in F \end{gathered} \tag{5-5}$$

式中：Power_{it} 表示区域 i 区域 t 生长阶段的可使用的最大耗电量，Water_{it} 表示区域 i 区域 t 生长阶段的可使用的最大耗水量，$\mathrm{Fertilizer}_{ift}$ 表示区域 i 区域 t 生长阶段施用 f 类肥料的可使用最大耗肥量。

（五）设施无土栽培营养液智能调控系统

无土栽培使用的营养液和水肥一体化系统使用的水溶肥有所不同。首先，水溶肥是一种可以完全溶于水的多元复合肥料，其成分固定；营养液是通过比例调配各种营养元素，目的是让作物吸收全部养分，其养分含量相对更高。其次，水肥一体化主要对象为土培作物，而营养液更适用于水培园艺作物。营养液的配置直接影响作物的生长，不同作物需要配置不同的营养液，对于设施无土栽培技术而言，最重要的是营养液的自动调控。以下介绍设施栽培营养液自动调控系统的系统组成、功能要求、性能要求以及系统流程。

1. 系统组成

营养液智能调控系统包括五个子系统：营养液监测系统、营养液智能调配系统、营养液循环系统、营养液过滤消毒和营养液增氧系统，如图 5-7 所示，彩图另见二维码 5-4。

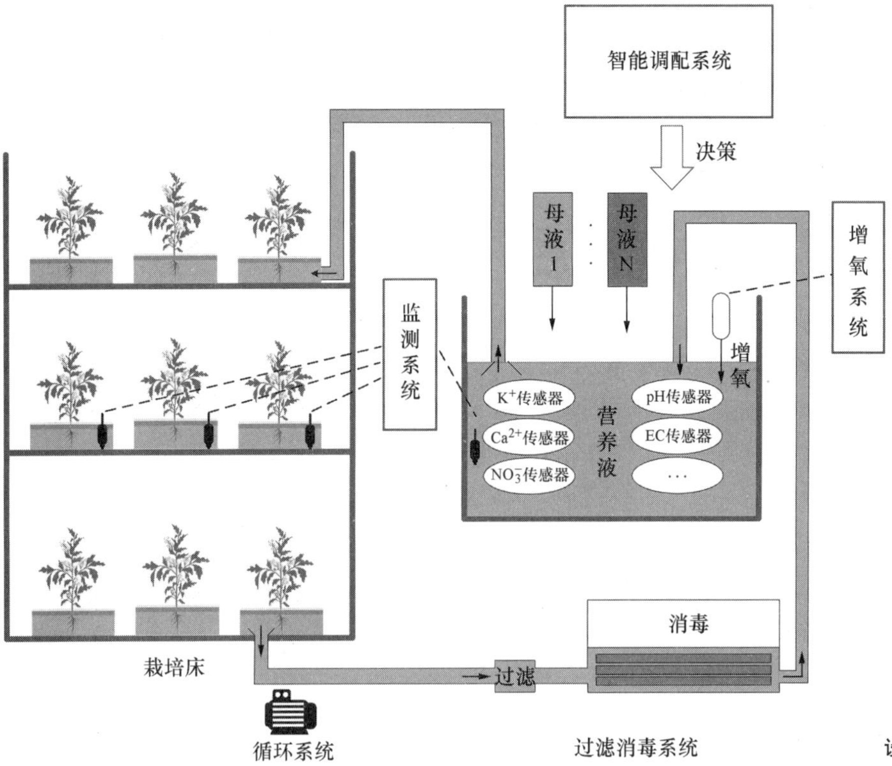

图 5-7　设施无土栽培营养液智能调控系统

二维码 5-4
设施无土栽培营养液智能调控系统

(1)营养液监测系统　营养液指标值监测传感器(pH、EC、K^+ 浓度、Ca^{2+} 浓度、NO_3^- 浓度等)按顺序以一定的间距呈一排安装在栽培槽内。

(2)营养液智能调配系统　该系统需要实现的功能是根据控制系统的信号实现精准、定量添加所需母液,使营养液指标值达到作物栽培最佳状态,这些母液有四水硝酸钙[$Ca(NO_3)_2 \cdot 4H_2O$]、硝酸钾(KNO_3)、磷酸二氢钾(KH_2PO_4)、七水硫酸镁($MgSO_4 \cdot 7H_2O$)、乙二胺四乙酸一钠铁(EDTA-NaFe)、乙二胺四乙酸二钠铁(EDTA-2NaFe)等。此外,辅助使用均匀混合机构可以保证营养液快速、稳定、均匀混合。

(3)营养液循环系统　该系统需要实现的功能是实现营养液在栽培槽、调配池和过渡池之间的循环流动,实现营养液的再调配与重新使用,以减少营养液浪费。

(4)营养液过滤消毒系统　采用多段处理工艺,通过过滤装置对循环过程中的杂质进行过滤,然后采用紫外消毒或臭氧消毒等方法对营养液进行灭菌,净化营养中的污染物,减少作物病虫害。

(5)营养液增氧系统　一般营养液中的溶解氧含量维持在 4～5 mg/L 以上,能满足大多数作物的正常生长。常见的增氧措施有营养液循环流动、落差法、喷雾法等,也包括外部增氧措施,如微纳米气泡增氧消毒技术,实现增氧、消毒双重功能。

2. 功能要求

设施栽培营养液自动调控系统的功能要求有以下几点:

(1)实时监测　基于基础试验结果,在不影响作物生长的条件下选择栽培槽的合适位置安装营养液指标值监测传感器(如 pH、EC、K^+ 浓度、Ca^{2+} 浓度、NO_3^- 浓度等)进行监测。

(2)数据储存　保证监测数据的准确性且可以实时记录并保存数据。

(3)精准调控　基于上述监测结果，自动控制营养液的温度，自动控制不同母液或酸碱液的精准定量添加，及时完成营养液的调整且保证精度。

(4)循环使用　对指标值出现偏差的营养液经过滤、消毒和调配后重新使用，提高营养液利用率。

3. 性能要求

设施栽培营养液自动调控系统的性能要求有以下几点：

(1)系统调控精度　系统对营养液 pH、EC、K^+ 浓度、Ca^{2+} 浓度、NO_3^- 浓度调控的误差值分别小于 0.1、60 μS/cm、5.00 mg/kg、5.00 mg/kg、5.00 mg/kg。

(2)系统稳定性　设定系统进行营养液调控的延迟时间小于 12 s，平均调节时间低于 120 s，最大超调量不超过 5%。

4. 系统流程

营养液循环与控制系统的流程：营养液池内的营养液由监测传感器监测，保证它的离子浓度、酸碱度、氧含量和温度处于适宜植物生长的范围，离子浓度和酸碱度的调节通过加入已经配好的营养液母液或酸碱液，氧含量的增加通过搅拌装置或培养液的循环流动，液温则通过加热或制冷装置进行。营养液由水泵抽入栽培床，多余的营养液经过过滤和消毒重新流入营养液池。

二、水旱轮作

水旱轮作法，即对同一土地进行水生作物和旱生作物的交替种植，是保持地力、维持作物生长的一种现代化种植技术。

园艺设施中，旱生蔬菜连作种植普遍，导致连作障碍严重，造成土壤结构劣变、养分失衡、土壤次生盐渍化和酸化、土壤酶活性变化、土壤微生物区系多样性失衡、有益微生物减少等导致作物对病原菌的抵抗能力降低；作物直接或间接产生的自毒物质不仅影响自身生长、抑制养分吸收，还影响叶片的光合作用等，导致作物的产量和品质下降。

传统的客土法在改善土壤种植环境方面，需要消耗大量人力物力；而使用水旱轮作模式可促进土壤还原电位，降低土壤的渍化和酸化程度，调节土壤中的养分，同时，通过水淹的方法，可以杀死大部分危害旱作蔬菜的病原菌、害虫及虫卵，将土壤中的细菌数量控制在合理范围内。

三、土壤消毒

随着设施栽培的普及和推广，农业生产中的温室、拱棚栽培迅速增加，复种指数达到 200%以上。温室、拱棚大部分病害靠土壤传播，连茬种植使土壤中各类病原菌累积，多种害虫在土壤中寄生，导致病虫害发生严重。因此，做好土壤消毒是防止部分病虫害发生的有效办法，常用的措施主要是物理消毒法和药剂消毒法等。

1. 物理消毒法

园艺设施中土壤物理消毒的传统方法有太阳能消毒法、冬翻冬冻法、火烧消毒、土壤蒸汽消毒、远红外线消毒法等，这些方法大多需要人为经验。

(1)太阳能消毒法　利用夏季太阳直射时间长、温度高的特点来进行土壤消毒，也可称为高温闷棚，是利用夏季温室内高温处理土壤中病虫害的一种简单有效的物理防治措施。通过在夏季棚室休闲期(6—7月)密闭塑料棚膜，使棚内温度迅速升高至70 ℃，并保持一定的时间，利用高温杀死土壤中的病原菌、虫卵，进而达到杀菌消毒的目的。

(2)冬翻冬冻法　是通过冬季低温处理土壤中病虫害的一种简单有效的物理防治措施。具体是在前茬作物收获后及时将土地深翻，可以把作物病残体翻入土中，使病残体内的病菌加速死亡。同时，土壤深翻后，由于土表干燥和日光照射，加上冬季低温，也能使一部分病菌失去活力，防止部分病害发生。

(3)火烧消毒　可分为炒灼法和燃烧法。其中，炒灼法常用于苗床或盆插、盆插用的少量土壤，将土壤放入铁锅或铁板上加火烧灼，待土粒变干后再烧0.5～2 h，可将土中的病虫彻底消灭干净。燃烧法则是用于在露地苗床等表土层，将干柴草平铺在田面上点燃，可以消灭表土中的病菌、害虫和虫卵，在翻耕后还能增加一部分钾肥。

(4)土壤蒸汽消毒　一般使用内燃式炉筒烟管式锅炉。土壤蒸汽消毒可以减少对农药日益增长的依赖，为虫害和病原体控制提供额外的选择。在作物种植中，通过蒸汽消毒，可以清除96%～100%杂草和种子，消除线虫，对有益生物如蚯蚓没有有害影响，蒸后产量提高20%～74%。

(5)远红外线消毒法　是利用远红外线加热技术，以远红外线作为热源产生的高温进行灭菌消毒。远红外线作为一种磁波，它以辐射方式向外传播，热效应好，可达到120 ℃左右的高温，且特别易被生物体如各种病菌吸收。病菌吸收热能超过它的承受极限，病菌会丧失活性。这种消毒方式具有速度快、穿透力强的特点，能使得基质充分吸收热能，加热效率高，短时间内达到杀菌所需的温度。

2. 药剂消毒法

土壤药剂消毒的方法主要有熏蒸、药剂喷洒、药剂拌土等。

(1)熏蒸法　是通过在播种前燃烧硫黄粉等，产生烟雾来杀死病菌的一种方法，若在硫黄粉中加些杀虫剂，同时能消灭温室中的害虫。

(2)药剂喷洒　即将消毒药剂均匀喷洒地表，可用于防治苗期作物的病害。常见的喷洒药剂有福尔马林、波尔多液、多菌灵、代森铵、溴甲烷等，合理使用药剂可防治不同的苗期病害。

(3)药剂拌土　是将农药与土壤以一定的比例均匀混合后播种或定植，可有效防治土传病害。常用的消毒药剂有代森锌、五氯硝基苯、多菌灵、百菌清等。

四、国内外园艺设施土壤环境智能调控技术和装备

(一)国内

1. 微纳米气泡快速发生装置

北京中农天陆微纳米气泡水科技有限公司开发的微纳米气泡快速发生装置[图5-8(a)]，把气体(如空气、氧气、臭氧等)用高速旋回切割方式溶入水中，快速、高效地制取微纳米气泡水[图5-8(b)]，提高气体的溶解效率，能适用于水培、基质培、气雾培等无土栽培模式，直接对营养液进行增氧。

设备的特点是：①快速制取大量微纳米气泡；②产生的气泡粒径小、浓度高；③设备采用PLC控制，可接入本地或远程控制；④设备可接入不同种类气源(空气、氧气、臭氧、二氧化碳等)；⑤设备可移动使用，操作简便，维修方便。

微纳米气泡快速发生装置成功解决了现有其他微纳米气泡快速发生装置在制取微纳米气泡水过程中的速度慢、效率低等问题，具有良好的应用前景，可广泛应用于工业、农业以及生活用水的处理中。

(a)实物图

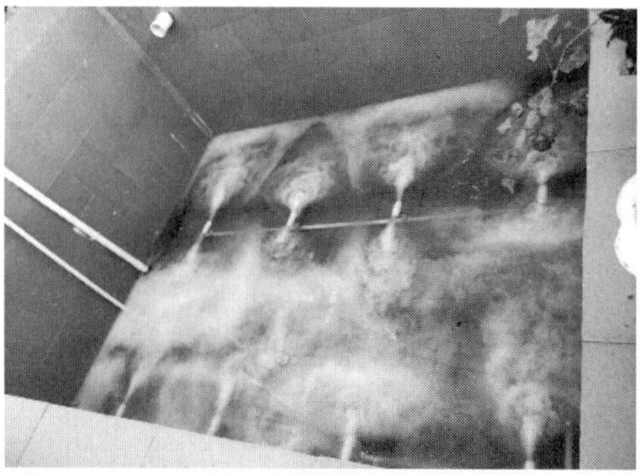

(b)增氧效果图

图 5-8　微纳米气泡快速发生装置(北京中农天陆微纳米气泡水科技有限公司)

2. 立体式智能育苗机

湖南省湘晖农业技术开发有限公司开发出了立体式智能育苗机(图 5-9)。该设备集成了现代化智能技术，能够智能调控种苗生长的营养液精准配制，同时可以智能控制光照、温度、湿度、CO_2、pH、通风等环境因子。设备除可采用手动、自动控制外，还可通过无线网络使用电脑或手机远程监控和操作，能够对育苗数据进行备份保存，作为历史数据用于决策分析，最终创造作物种苗最佳生长环境，实现周年工厂化作物育苗。

(a)外部图

(b)内部图

(c)远程操作系统

图 5-9　立体式智能育苗机(湖南省湘晖农业技术开发有限公司)

表 5-3 为该公司提供的不同育苗方式育苗质量、出苗周期分析。可以看出，智能育苗机在

出苗率、成苗率、壮苗率方面都优于常规育苗和浮漂育苗，苗期天数相比较常规育苗和浮漂育苗，可减少育苗天数 35 d，具有优异的应用潜力。

表 5-3 不同育苗方式育苗质量、出苗周期分析

育苗方式	出苗率/%	成苗率/%	壮苗率/%	苗期天数/d
常规育苗	85	85	80	80
浮漂育苗	90	90	75	80
智能育苗机育苗	95	95	85	45

3. 自走式土壤火焰杀虫机

安徽春晖生态科技公司研发的自走式精旋土壤火焰杀虫机见图 5-10。杀虫机通过安装专用刀具的反转刀辊高速旋转，使土壤被精细切削，同时在机具上部安装火焰喷射部件，使细小土壤颗粒在被抛起时通过火焰的灼烤，将土壤中的根结线虫杀死，形成细小土壤颗粒耕作层。

图 5-10 自走式精旋土壤火焰杀虫机(安徽春晖生态科技公司)

设备内置自主研发的高温火焰物理消毒技术，能够瞬间造成生物蛋白质变性，破坏微生物结构，从而高效杀灭土壤中病虫害，其根结线虫、蝼蛄等常见病虫害灭杀率达到 95%以上。采用生物修复技术，根据作物种植模式和种类，在高温物理消毒作业后将生态还原剂均匀施撒至土壤中，能够快速重建土壤中有益微生物菌落结构，改善作物根际环境，促进作物健康生长。

设备的特点是：① 超深提取：耕深 0～40 cm 可调；② 精细粉碎：粉碎后 90%土壤颗粒直径小于 1 cm；③ 充分加热：低速行驶保证抛起的土壤有充足的时间在高温处理仓内被加热；④ 高温消毒：土壤在高温处理仓中的温度为 400～600 ℃，处理时间为 2～3 s，土壤落地温度为 50 ℃以上，且能维持 20 min。

(二)国外

1. FieldSaver

Soil Steam 是一家挪威公司，致力于土壤蒸汽消毒设备和技术供给，公司生产的 FieldSaver(图 5-11)融合了蒸汽技术、生物学及现代机器人技术，是世界上第一台提供精确

蒸汽消毒的设备。该设备的特点是:①高效注汽,自动蒸至所需温度;②详细的土壤参数记录;③工作深度 0～30 cm;④高精度 GPS 导航,每小时覆盖 100～1 000 m^2。

图 5-11　FieldSaver(挪威,Soil Steam)

2. Iron Ox

Iron Ox 是一家美国农业科技公司,旨在用机器人实现自动化农业种植,提高农作物产量。公司研发的 Iron Ox 机器人配备计算机视觉系统,其识别精度达亚毫米级别,可以实现播种和移植的精细操作[图 5-12(a)]。Iron Ox 公司推出的 Grover 机器人,可以在温室内自主导航进行栽培单元的模块化作业[图 5-12(b)],即根据作物生长速度,将作物逐一转移到不同的生长栽培区。此外,机器人可以根据作物需求将其运送到其他站点进行额外的浇水、营养补充或收获。

(a) Iron Ox机器人　　(b) Grover机器人

图 5-12　Iron Ox 机器人(美国,Iron Ox)

本章小结

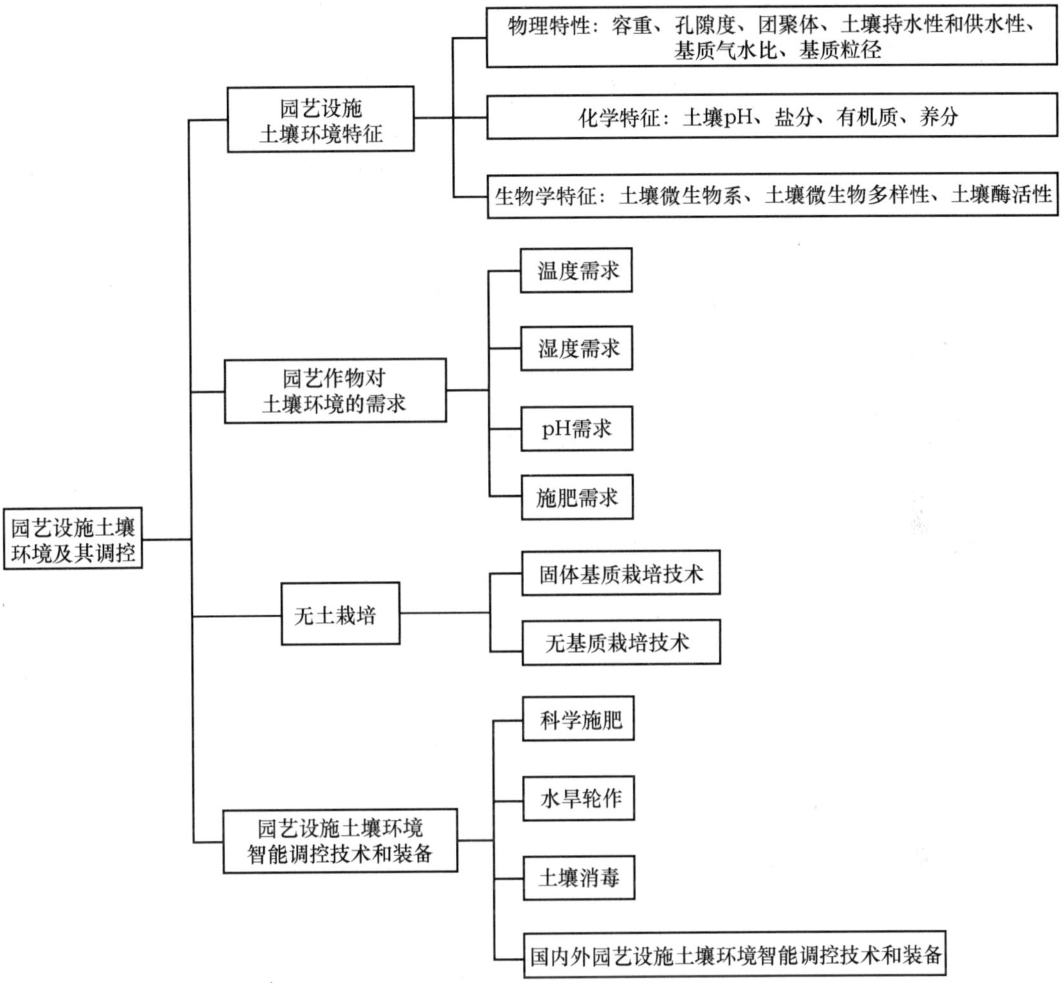

复习思考题

1. 园艺设施土壤环境的主要特征有哪些？影响因素有哪些？
2. 简述园艺设施无土栽培和土壤种植的区别。
3. 简述园艺设施土壤环境中主要应用的调控技术。
4. 依据本章所学知识，设计园艺设施无土栽培调控系统的目标和功能框架。
5. 谈谈未来智能园艺设施土壤环境调控系统或设备。

参考文献

北京中农天陆微纳米气泡水科技有限公司．微纳米气泡快速发生装置[EB/OL]. [2023-05-29]. http://www.tlmicronano.com/product/index-27.html.

陈庆瑞,涂仕华. 主要肥料与施肥技巧[M]. 四川:四川科技出版社,2008.

陈志雄,汪仁真. 中国几种主要土壤的持水性质[J]. 土壤学报,1979(3):277-281.

葛晓光,张恩平,高慧,等. 长期施肥条件下菜田-蔬菜生态系统变化的研究:(Ⅱ)土壤理化性质的变化[J]. 园艺学报,2004(2):178-182.

湖南省湘晖农业技术开发有限公司. 植物育苗机[EB/OL]. [2023-05-29]. http://www.xhymjz.com/? wz/wsdp/49.html.

冷鹏. 绿色农业技术推广丛书:无土栽培[M]. 北京:化学工业出版社,2015.

李甜甜,胡泓,王金爽,等. 湿地土壤微生物群落结构与多样性分析方法研究进展[J]. 土壤通报,2016,47(3):758-762.

李文庆,杜秉海,骆洪义等. 大棚栽培对土壤微生物区系的影响[J]. 土壤肥料,1996(2):31-33.

刘兆辉,江丽华,张文君,等. 山东省设施蔬菜施肥量演变及土壤养分变化规律[J]. 土壤学报,2008(2):296-303.

吕贻忠. 土壤学[M]. 北京:中国农业出版社,2006.

马国瑞. 蔬菜施肥指南[M],北京:中国农业出版社,2 000.

谭金芳. 作物施肥原理与技术[M]. 北京:中国农业大学出版社,2011.

王晓平,马伟,张海雷,等. 温室智能装备系列之五十三:一种温室育苗基质消毒机研制与试验[J]. 农业工程技术(温室园艺),2013(11):50,52.

王秀,马伟,苏帅,等. 温室智能装备系列之八十二:1G-1800 型土壤熏蒸施药机的研制与测试[J]. 农业工程技术,2016,36(19):26-27.

薛晓莉,杨文华,张天柱. 营养液微纳米气泡增氧消毒技术[J]. 农业工程技术,2017,37(1):46-50.

杨凤军,安子靖,杨薇薇. 番茄连作对日光温室土壤微生物及土壤理化性状的影响[J]. 中国土壤与肥料,2016(1):42-46.

张建国. 土壤与农作[M]. 郑州:黄河水利出版社,2010.

中国农业百科全书总编辑委员会蔬菜卷编辑委员会. 中国农业百科全书·蔬菜卷[M]. 北京:中国农业出版社,1990.

邹志荣,邵孝侯. 设施农业环境工程学[M]. 北京:中国农业出版社,2008.

Iron Ox. Solving global climate through out food, grown sustainably, using technology [EB/OL]. [2022-02-14]. https://ironox.com/.

Ruan J, Hu X, Huo X, et al. An IoT-based E-business model of intelligent vegetable greenhouses and its key operations management issues[J]. Neural Computing and Applications, 2019.

Soil Steam. Meet our FieldSaver: World-leading technology for farms, that fights harmful organisms and weeds in the soil and saves your crops [EB/OL]. [2022-05-13]. https://soilsteam.com/product/fieldsaver/.

附录

Actinomycete	放线菌
Aeroponics	气雾培
Bacteria	细菌
CK	Control Check,空白对照
DFT	Deep Flow Technique,深液流技术
Drip Irrigation	滴灌
FCH	Floating Capillary Hydroponics,浮板毛管技术
Fungus	真菌
Hydroponics	水培
Integration of Water and Fertilizer	水肥一体化
Microorganism	微生物
NFT	Nutrient Film Technique,营养液膜技术
Nutrient Solution	营养液
Organic Fertilizer	有机肥
Organic Matter	有机质
Paddy-upland Crop Rotation	水旱轮作
Porosity	孔隙度
Salinity	盐分
Soil Aggregate	土壤团聚体
Soil Disinfection	土壤消毒
Soil Enzyme	土壤酶
Soilless Culture	无土栽培
Solid Substrate Culture	固体基质栽培
Volumetric Weight	容重

第六章　园艺设施视觉技术概论

学习目标

- 掌握园艺设施视觉传感器的分类及其应用；
- 学会根据特定园艺设施设计与传感器相结合的调控方案；
- 体会交叉学科在园艺设施的智能调控中发挥的优势。

第一节　园艺设施中的视觉技术概述

随着深度学习算法、高算力硬件设备和视觉传感器的发展，视觉技术日益成熟，视觉技术采用非接触、高效率的拍摄、测量方式已经能够满足大多数危险环境作业和高精度作业的需求。视觉技术进一步可以划分为机器视觉和计算机视觉，机器视觉技术倾向于硬件端的数据采集以及使用机器学习算法的分析处理，计算机视觉技术倾向于在软件端使用深度学习算法进行图像或视频数据处理。无论是机器视觉技术还是计算机视觉技术都离不开视觉传感器在不同的特征尺度对数据进行采集，本节对不同视觉传感器及其在园艺设施中不同尺度上的应用进行概述。

一、视觉传感器概述

计算机视觉借助几何学、物理学和统计学理论构建的模型从图像数据中分离符号信息，将视觉图像转换为对思维过程有意义并可以引发适当行动的世界描述，达到理解并采取自动化方式完成人类视觉系统可以完成的任务。

计算机视觉首先从图像中提取信息，图像数据可以采用多种形式获取，如视频序列、多个摄像机的视图、3D 扫描仪和医疗扫描设备的多维数据，在诸多设备的背后，是不同的视觉传感器，其提供带有不同信息的图像。依据成像时传感器有源、无源可将视觉传感器分为主动式传感器和被动式传感器，主动式传感器指有传感器自带信号源，通过发射特殊光电信号获取图像数据，而被动式传感器基本上只依赖于拍摄环境中的光源。以红外摄像头和红外热成像为例解释主动式传感器和被动式传感器这两个概念。首先，红外是主动红外，热成像是被动红外，区别在于主动红外是通过发射红外源把外界的亮度提高上万倍来实现在夜间看到目标物的。被动红外是通过物体本身的红外特征来发现目标物的，一般超过自然温度的物体都有红外特征。热成像是通过非接触探测红外能量(热量),并将其转换为电信号,进而在显示器上生成热图像和温度值,并可以对温度值进行计算的一种检测设备。普通相机加装滤光片可得到红外图像,原因在于普通相机的光学传感器本身覆盖的波长区域包括近红外波长及近紫外波长,一般照相或者摄像时如果不加滤光片,人眼不可见的近红外及近紫外光也会在传感器中产生光电效应导致画面偏色,传统做法是在芯片表面加滤光涂层或在镜头中加滤光片滤掉人眼不可见的光以恢复原来色彩。热成像往往是未装滤光片的辅助以近谱红外光源照射出来的图像,多用于安装摄像头领域,民用夜视多用此路径。红外测温用的相机一般叫热像仪,一般是通过镜头镜片材质选择过滤反射掉绝大多数光线,仅允许通过较窄取值范围的远红外光照射到传感器表面,由这些微弱的远红外光产生的光电效应来计算像素点对应目标的温度。

依据传感器成像特点包含的信息不同可将视觉传感器分为基于颜色信息的传感器、基于雷达信息的传感器、基于光谱信息的传感器、基于红外信息的传感器和基于荧光信息的传感器,其中光谱传感器与红外传感器都是基于光谱波段信息的传感器,红外传感器获取的是波长大于 780 nm 的红外光波,光谱传感器是指能同时获取多个光学频谱波段的传感器。各传感器的成像特点如表 6-1 所示。

表 6-1　各传感器成像特点

传感器种类	成像设备	成像概述	传感器优点	传感器缺点
基于 RGB	彩色数码相机	利用相机曝光前后的光电信号转换获取颜色信息	能以较低成本获取高分辨率图像	光谱信息少,对环境影响较为敏感
	彩色深度相机	利用双目结构或结构光等技术获取深度信息	解决 RGB 设备对环境光敏感和特征匹配依赖纹理的问题	采集距离普遍较短、获取图像分辨率较低
基于雷达	雷达(Radar)	发射波长介于 1～10 mm 的电磁波探测物体	传感器尺寸小,重量轻,极端天气表现优于 LiDAR	精度低,可见范围较短,成像较为模糊
	激光雷达(LiDAR)	发射激光脉冲撞击物体,计算探测物尺寸和距离	精度高,探测距离远,跟踪能力强,成像分辨率高	易受环境影响,设备昂贵
基于光谱	多(高)光谱相机	分光器与感光胶片组合,同时获取多个频谱波段	精确目标区域光谱信息,获取化学物质层面特征	图像数据量较大,对环境较为敏感,设备昂贵
基于红外	近红外相机	主动补光,通过反射的短波红外进行夜视成像	设备价格低,可广泛投入民用	对探测目标的材质和采集距离有一定要求
	热成像仪	探测目标发出的红外辐射,广电信号转换成像	可在大范围内获取目标物温度与渗漏信息	采集需要频繁校正,对环境较为敏感
基于荧光	荧光相机	主动补光,利用荧光形式饭后的信号成像	对细胞级别的作物信息敏感,尤其是光合信息	视场较小,对光源要求较高

二、视觉传感器与表型尺度

各类传感器关注不同的目标特征与空间特征,为园艺设施中附加信息多、数据量大等特点提供设备支撑，在园艺设施的智能优化与调控中发挥不同作用。

RGB 传感器以 RGB 相机和 RGB-D 相机为主，主要专注于解决园艺设施中人体视觉进行的作物表征数据、计数、分类和病虫害检测等问题，主要应用在植株与器官水平。LiDAR 传感器在小视场中可以通过手持扫描仪或高通量扫描平台获得更详细的目标作物表型数据和三维冠层特征，对于分析作物冠层相关指数与建模有更好的表现。红外传感器可以依据红外辐射的特性，利用热成像仪获取园艺设施中的温度信息与渗漏信息，近红外波的特性使得在园艺设施中昼夜不停获取目标作物的数据信息成为可能，进而可以分析作物的季节变化等。光谱传感器可以同时获得目标作物的多个频谱波段，在种子和农产品的质量检测中广泛引用。荧光传感器除了通过观察染色剂与细胞等分子结合的图像获取信息，可以利用 X 射线荧光（X-Ray Fluorescence，XRF）进行作物在幼苗期或萌发期的涨势与微量元素之间的关系，还可以为园艺设施中的土壤检测提供设备支持。不同传感器在园艺设施中对应表型尺度的应用如表 6-2 所示。

表 6-2　各传感器成像特点

传感器种类	表型尺度	应用概述
RGB 传感器	作物个体级别的表型信息	①作物株高建模 ②水果病虫害检测 ③叶片表面积测量 ④作物检测与计数
雷达传感器	群落和作物个体级别的三维表型信息	①葡萄藤器官分类 ②甜菜和小麦表型获取 ③玉米植被反射率测量 ④番茄冠层三维建模
光谱传感器	分子水平的作物信息分析和土壤分析	①种质检测和分析 ②作物氮素水平分析 ③薯类作物检测分析 ④土壤有机物检测和建模
红外传感器	作物冠层信息和分析水平作物信息	①作物冠层变化分析 ②预测水稻叶面积指数 ③粮食作物品质分析 ④探测目标温度和渗漏
荧光传感器	元素含量检测及作物生长与品质关系分析	①金属污染物的检测 ②矿物质含量检测 ③谷物胚乳中锌含量分析 ④西兰花苗硒含量分析

第二节　植物表型和园艺设施概述

植物表型作为反映植物各尺度结构及功能特征的组学研究，在世界各研究机构得到重视与发展，不同的植物表型平台针对植物细胞、组织、器官、植株和群体不同植物表型尺度进行数据采集与研究，在植物生长的园艺设施中有日光温室、垂直温室和环形温室等不同园艺设施类型，本节对植物表型、表型平台和园艺设施进行概述。

一、园艺设施中的植物表型

科学技术不断进步和世界人口增加等因素对各国粮食生产造成的压力逐渐增大。粮食安全在我国总体战略布局中有着重要的地位，在“十四五”规划中未来粮食进口的依赖程度仍需进一步控制，对遗传育种、科学培育和智能调控等种植生产环节提出挑战。随着种植过程中的时间成本与劳动力成本的增加，种植需求越发科学化、智能化，传统的作物种植、管理和收获方法无法满足粮食安全对全球各国带来的压力。基因组学通过更加科学的育种方法进入育种新时代，推进遗传育种发展过程，获取大量表型数据是加速育种研究的先决条件。研究人员在不同的学科领域进行学科融合，使得现代育种可以在大样本中准确、快速地进行表型自动化分析，称为高通量表型（High-Throughput Phenotyping，HTP）分析。高通量表型分析包括视觉传感器、环境传感器、平台和数据处理等环节，通过将各类传感器与种植、数据采集等结合，根据处理环节拟研究目标的表型需求，保质保量完成表型获取与分析。

随着精细农业与遗传育种对“组学”需求的不断提升，各交叉学科的优势在组学中得以发挥，植物表型组学的重要性逐渐获得学术界普遍认可。植物表型组学是研究植物的生长态势、结构和组成的科学，涉及农艺、遗传育种、植物生理生态学、计算机科学、自动化和数学等多学科的交叉融合。20 世纪 90 年代末，一些针对不同表型性状的诱变技术已被广泛应用，随着多数代表植物全基因组测序的结束，基因测序和遗传育种与植物表型之间的关系越发密切，目前，植物表型组学这一方向已成为各学科领域的研究热点，科研人员越来越认识到植物表型研究的重要性。全球多个国家和组织已经成立了植物表型相关的研究计划或研究中心，如表 6-3 所示，以高通量表型分析和精细栽培管理为主，为植物的种质资源鉴定提供信息和方法支撑，进而快速推进发掘作物重要性状和改良途径的研究。

表 6-3　植物表型相关研究机构和计划

研究机构	所属国家或组织	相关信息
国际植物表型联盟（International Plant Phenotypes Network，IP-PN）	德国尤里希研究所	https://www. plant-phenotyping. org/
荷兰植物生态表型研究中心（Netherlands Plant Eco-Phenotyping Centre，NPEC）	瓦赫宁根大学/乌德勒支大学	https://www. npec. nl/
TERRA-REF 平台计划（TERRA Phenotyping REFerence Platform）	美国国家科学基金会和能源部	https://terraref. org/
英国植物表型组计划（PhenomUK）	英国	https://www. phenomuk. net/
澳大利亚植物表型研究平台计划（Australian Plant Phenomics Facility）	澳大利亚	https://www. plantphenomics. org. au/
EMPHASIS 计划（European Infrastructure for Plant Phenotyping）	欧盟	https://emphasis. plant-phenotyping. eu/
欧洲植物表型联盟（European Plant Phenotyping Network，EP-PN）	欧盟研究理事会	https://www. plant-phenotyping-network. eu/

二、园艺设施中的表型平台

园艺设施中的综合优化调控离不开智能集成的作物表型平台，在日光温室和环形温室等类似的占地面积较大且布局规整的园艺设施中，轨道式表型平台不仅可以系统地布置光照、温度等环境传感器为园艺设施的种植决策提供支撑，还可以将符合需求的视觉传感器通过轨道方式布置在温室中，进行信息获取与决策实施的自动化；传送带式表型平台一般适用于种植经济价值较高作物的垂直温室与日光温室中，因为传送式的设计集种植、个体追踪和胁迫处理等环节于一体，传感器成本较高，而且传送带的结构设计与数量需要随种植需求的变化进行调节与改进，不过传送式表型平台的数据采集质量、通量和自动化程度要优于轨道式表型平台。

大型表型平台是由机械设备高度集成的多个相同视觉传感器的立体视觉系统，可以实现作物的三维重建，进而更好地解析植物表型与作物生长之间的关系；多个不同视觉传感器组成的小型表型平台可以实现从植株个体的形态结构、植被指数等表型数据到叶绿素和水分等生理生态数据的全方位分析，进而为植物表型、遗传育种等研究提供支撑。如图 6-1(彩图另见二维码 6-1)所示，可控环境中的表型平台一般由自动化平台、多光谱相机和可视化表型分析系统组成。

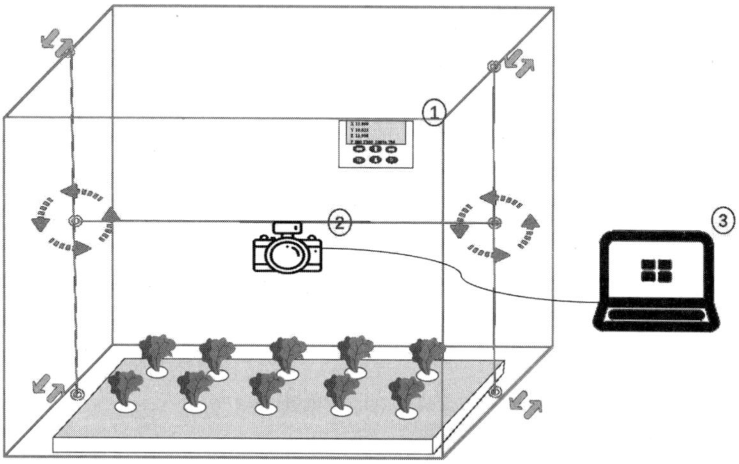

二维码 6-1　可控环境中的表型平台

图 6-1　可控环境中的表型平台

①自动化平台；②多光谱相机；③可视化表型分析系统

二维码 6-2　不同园艺设施类型

三、园艺设施类型概述

园艺设施具有生长条件可控的优势，但在不同的气候带或气候区不同结构的园艺设施所占比重不同，这取决于不同温室的特点。不同园艺设施类型如图 6-2 所示，彩图另见二维码 6-2。

1. 日光温室(Sunlight Greenhouse)

日光温室多采用玻璃或塑料板等透光保温的材料，这类温室的设计首先考虑利用太阳光电磁辐射的热量作为主要热源存储起来，根据空气动力学的热位差原理使热空气逐渐下沉，减少对流与散热，减少人工产热的投入成本；其次通过设计温室顶部或侧面

(a)日光温室　(b)垂直温室　(c)环形温室

图 6-2　不同园艺设施类型

通风孔增强空气对流，起到调节温度与 CO_2 的作用。日光温室不仅可以将作物培育过程中的病害、温湿度等影响降到最低，由于其还具有保温的特点，可以实现作物多季种植，是全球各个温度带中广泛应用的温室类型，尤其在高纬度地区食品供应中扮演着重要的角色。因为较低的建筑成本和较高的环境因素利用率，日光温室对于环境因素的自主控制精度不是所有设施结构中最高的，但其可调节环境范围较广，热带环境中日光温室可以起到通风、散热和降低雨水潮湿度的作用，在高纬度的寒带雪山地区，日光温室不仅可以起到保温隔绝寒风的作用，还可以模仿高山植物的生长条件为一些抗寒植物隔绝潮湿及保持通风。

2. 垂直温室(Vertical Farming)

垂直温室是将传统培育平面看作一个单位，将多个单位垂直堆叠在空间中的种植方式。在现代的农业发展中，垂直温室根据不同的种植需求可以集成在日光温室、集装箱、普通仓库和楼房里。因为种植时垂直结构必然会存在光照遮挡，所以设计此类温室时不会把利用太阳光热源作为优先考虑。垂直温室对于占地面积和生长条件调控有着极高的自主性，可以根据不同的研究或培育目标进行所有生长因素的控制，所以在不同的气候区都可以落地应用。这一类温室在人口密集的城市中会有更好的表现，随着人口和城市化现象在不同国家和地区有着不同程度的增长，垂直温室在减少水源污染面积的基础上，比传统温室少几倍的培育面积，来保证城市所需的食物供给。然而，较少的培育面积和较高的自主控制性必然会带来较高的种植成本，因此，城市中的垂直温室一般种植高价值的作物，对于小麦等一系列低价值经济作物在垂直温室中如何达到收支平衡还有较大的探索空间。

3. 环形温室(Hoophouse)

在部分地区也称为大棚(Polytunnel)，一般由钢等坚固材料作为骨架，塑料作为棚身。与日光温室类似，环形温室主要利用太阳辐射使室内积攒热量，在温带地区可以轻易达到比室外湿度更大、温度更高的环境；在热带气候区，当室内温度过高不利于植物生长时，只需要调节出入口对流通风与喷雾器降水即可降低温度。环形温室不仅可以调节室内作物生长环境达到多季种植的目的，还可以保护作物免受强风、冰雹等极端天气的影响。此类温室建设结构简单，成本较低，可大规模布置，起到多季种植、调节淡季果蔬价格的作用，多在发展中国家居多的温带和热带地区大面积使用。

第三节　园艺设施中应用视觉技术的智能调控

一、基于计算机视觉的二维应用

园艺设施中作物的生长培育伴随许多耗时耗力的任务，例如，长势检测、病虫害检测和果蔬质检分级等，视觉传感器通过自动接收图像结合计算机技术可以提高上述应用的作业效率和准确率，作物生长过程中营养胁迫等需要专业研究人员进行极其精确的分析任务需求，计算机视觉技术不仅可以获取人眼无法捕捉的环境与目标物特征，还可以提供比传统测量方法效率和迁移性更高的方案支撑。

(一)基于计算机视觉技术的设施作物长势检测技术

作物生长过程需要有机化肥、金属等微量元素和各类营养物质的供给，在作物的培育与收获过程中，依据人工经验进行长势估测虽然在遗传育种领域仍有部分专家在使用，但不适用于在园艺设施下高通量表型分析的需求，而作物长势判断中时效性与准确性是必要的评价指标，也是精细农业的重要参考信息。因此，使用计算机视觉技术提高园艺设施中对目标作物生长阶段和长势检测的时效性和精确性，使设施中的环境因素调控与目标作物各培育环节相互协调，将对精细农业与遗传育种提供重要的方法和信息支撑。

在园艺设施中利用视觉传感器可以对目标作物进行分割检测并获取其表型信息。Fernández 等提出了一种基于 RGB 到 CIE Luv 的色彩空间转换的方法，将上下文信息纳入学习系统，以便通过支持向量机(Support Vector Machines，SVM)使用中心像素邻域信息来对像素进行分类，将实验结果与基于阈值和自学习的方法进行对比，在多种温室作物中实现使用同一种方法进行目标作物分割和提取表型参数。同样基于分割的方法，Rodrigo 等使用聚类的方法，在不需要人工照明，也不限于葡萄培育品种的情况下获取了不同品种葡萄串包含形状、纹理等信息的 RGB 图像，实验结果表明，使用传统计算机视觉方法能以较高精度和较高鲁棒性实现葡萄的生长检测，进而为培育过程中的喷洒施水、疏散枝叶等环节提供技术支撑。Okamoto 等使用波谱范围为 369～1 042 nm 的高光谱相机获取 3 个不同柑橘品种的高光谱图像，通过图像分割和阈值处理等方法检测出绿色柑橘类水果，根据柑橘品种的不同，检测成功率为 70%～85%。园艺设施中存在背景复杂或目标作物器官间相互遮挡影响作物检测的情况，使用不同视觉传感器进行图像融合可以有效解决这一问题，Wachs 等针对园艺设施下存在遮挡严重、光照条件复杂，以及苹果外观、纹理不一致导致的不能实时、准确地检测和识别目标果实的问题，将热红外传感器和 RGB 传感器相结合，将图像融合后的全局属性和局部属性分别用于检测方法验证，实验结果表明，基于局部属性的检测方法具有更高的识别准确率，可以达到从复杂背景中检测目标果实的目的。

在园艺设施中使用常见的视觉传感器除了可以获取基本的表型信息，还能以较低成本获取目标作物分子水平的生理信息。Faragó 等研究了一种无损测量拟南芥的方法，使用数码相机多次拍摄目标作物获取图像，使用 MATLAB 软件处理获取 RGB 图像，可以从中提取出拟南芥莲座叶的尺寸、凸包大小的等表型信息，还可以提取出叶绿素、花青素含量等分子水平生理信息，综合分析植株的生长速率，以普适性强、低成本的特点揭示不同基因型的拟南芥品种的生长差异。Sun 等通过设计小麦在氮、磷和钾不同营养元素含量下的培育形成实验组，利用扫描仪研究园艺设施下水培小麦的无损、连续生长监测方案，通过获取的图像信息提取水稻叶片形态和颜色的动态变化，更有利于分析其生长机理，从而提高对目标作物生长判断的准确性。

使用高效且非破坏性的研究方法对园艺设施中作物的冠层进行测定和分析更有利于研究作物的生理特性与长势的关系。Kankare 等利用陆地激光扫描(Terrestrial Laser Scanning，TLS)数据开发的模型来估计单树位地上生物量(Above Ground Biomass，AGB)，该实验结果表明，基于 TLS 的模型可以提高估计的准确性，特别是对分枝生物量的估计。Jones 等结合红外热成像传感器和叶片温度对所吸收辐射的时间和空间变化的敏感性，进行植物在胁迫环境下气孔响应差异的表型研究。

对作物长势的精准判断有助于优化园艺设施中目标作物的收割方案。Zhang 等通过利用滤波处理、阈值分割和形态学处理等传统机器学习算法对获取的 RGB 樱桃图像进行处理，获取樱桃表面特征，在处理过程中对樱桃的识别率达 96%，使樱桃采摘的成本与效率得到优化。Yuan 等在黑白摄像机的基础上安装滤光设备形成可成像的红外相机，获取图像中各波段的不同特征信息，并比较不同时间尺度下光照强度变化对目标作物检测的影响，建立光照模型对黄瓜进行定位，最终实现区域内目标作物的抓取。

(二)基于计算机视觉技术的设施作物营养胁迫分析技术

自矿质肥料推行以来，肥料的过度使用会对作物生长的土壤环境产生影响。因此，作物培育所需的各元素与作物形态、理化性质之间的关系越发引人关注。园艺设施中以精准的营养施控和环境调控对目标作物进行培育，即使是微量元素的细微变化也会对目标作物的长势产生影响，对遗传育种与精细农业中的定量研究产生干扰。对园艺设施中目标作物的营养胁迫进行分析研究是推动元素和表型关系研究的必要步骤。

设施作物所需的营养元素包含许多金属元素，尤其是在水培环境中，更是作为主要营养供给维系作物长势，然而部分重金属元素会对作物长势产生负面影响，Sun 等用数码相机获取园艺设施中生菜的叶片图像，使用机器学习方法对图像进行预处理后提取 46 个图像特征，对特征进行建模后预测分类重金属镉在生菜叶片中污染程度的正确率达到 95%以上。Tang 等探究园艺设施下智能调控决策和环境胁迫下叶片表型性状的关系，通过获取黄瓜营养期表型信息与环境信息的关系进行数字化建模，实现温室黄瓜叶片生长信息数字化系统的有机集成。Rangel 等利用 RGB 色彩信息提出了一种图像处理方法来诊断和分类有一定程度缺钾的葡萄树叶，所提出的基于 K-Nearest Neighbors(KNN)的分割方法与基于直方图的方法进行比较，结果证明，KNN 可以完成检测植物的健康状况这一项重要的任务。

氮元素的浓度和植物叶绿素含量息息相关，当氮元素充足时，可以促进光合作用，进而影响作物长势。Yang 等利用叶绿素荧光源获取辣椒叶片图像进行机器视觉和数字图像处理，建立了温室辣椒叶片氮含量快速无损预测模型，在进行了辣椒三个生长时期与氮元素的相关性分析后，使用遗传算法优化反向传播的人工神经网络和多种机器学习回归方法，结果表明，不同生长时期与氮元素的含量的相关系数以及不同回归方法的预测系数均在 0.9 以上，均达到理想的精度，可以为温室作物营养调控提供重要参考。

高光谱视觉传感器可以反映目标作物更多分子水平的特征信息，更有利于用于作物营养胁迫分析。Liu 等提出了一种使用光谱技术估计柑橘叶片营养状况的方法，通过使用高光谱相机扫描柑橘叶片，提取原始光谱数据以生成平均光谱曲线，然后测量每片叶子的氮和磷含量，用多种不同的方法进行预处理，并用线性偏最小二乘法(Partial Least Squares method，PLS)模型和支持向量机(Support Vector Machines，SVM)等相关模型进行分析，实验表明，来自叶柑橘片上部的高光谱图像数据对氮和磷的含量预测效果更好。Mao 等开发了一种使用光谱和计算机视觉相结合的估计生菜冠层氮含量的方法，通过光谱区间不断筛选提取和图像特征的提取，对光谱变量和图像特征采用主成分分析，并使用极端学习机器模型进行数据融合从而构建预测模型，对于实验中的最佳模型，预测的均方根误差(Root Mean Square

Error，RMSE)在 0.3%左右，该实验将光谱学和计算机视觉与适当的有效算法相结合，揭示了无损测量在生菜的含氮量研究方面具有潜力。Corti 等使用红外传感器和光谱传感器在园艺设施中对具有不同冠层几何形状的水稻和菠菜进行长势和养分监测，通过设计不同氮素水平的对比试验，使用多元回归分析方法确定预测模型，以估计作物的水和氮状态，达到提高水和肥料投入管理效率的目的。

基于计算机视觉技术研究作物营养胁迫分析技术可以使园艺设施培育中的营养投放更加精准且节约培育成本，也更有利于养分胁迫的诊断调控。Vakilian 等在考虑了黄瓜作物标准施肥条件和视觉机器人巡视过程中的自主判断目标作物氮肥需求后，开发了一个基于机器视觉的自主系统，用于氮肥精确管理，以提高温室作物的氮肥使用效率，通过提取的植物图像特征，即熵、能量和局部均匀性对作物进行精确施放氮肥，根据实验统计，在不降低果实产量或果实质量参数的情况下，该系统可以减少约 18%的氮肥投入，可视该方案为较低成本的基于机器视觉系统在园艺设施中进行高效氮肥使用的管理方法。Xu 等提出了一个基于计算机视觉对无土栽培中植物营养缺乏进行智能诊断的解决方案，通过强度直方图百分比、差值直方图百分比和傅立叶变换等方法来提取叶片的颜色和纹理特征，可使专家确定之前 6～10 d 诊断出疾病，且实验表明该系统的准确率在 82.5%以上。

(三)基于计算机视觉的园艺设施中病虫害诊断技术

园艺设施有抵挡部分自然环境病虫害的优势，但环境较为封闭，生产成本与自然环境培育相比较高，快速、准确地对目标作物的病虫害胁迫做出诊断与响应，对于园艺设施中培育作物控制产量损失十分关键，所以对园艺设施中作物进行病虫害诊断是精细农业培育中的重要环节。

传统的病虫害检测治理需要繁复的虫害采样与分析环节，在大面积的密集劳动条件下诊断成本过高且较容易出现失误，将计算机视觉技术与病虫害检测计数过程相结合可提高检测效率与精度。Maharlooei 等利用单反数码相机获取的 RGB 图像，对温室环境中的大豆植株进行大豆蚜虫的识别诊断并进行计数统计，实验对蚜虫侵袭的 4 个大豆品种设计了两种不同照明条件下的数据采集，使用 MATLAB 软件对图像进行预处理，将传感器统计的蚜虫数量与培育专家手工生成的计数进行比较，结果表明，相关性系数 R^2 达到 0.96，该方法以较低成本实现较高精度的病虫害诊断。Zhong 等在园艺设施的监视区域中使用 RGB 摄像机采集实时图像信息，使用多用于目标检测 YOLO 神经网络和支持向量机相结合，可以实现对园艺设施中容易出现的多类昆虫实时监测与计数，且具有较高的精度，可以为园艺设施中的病虫害检测提供方案支撑。

视觉传感器在园艺设施中的应用不仅是虫害的检测技术计数，对园艺设施中的病害进行识别分类也有较多案例。黄瓜是常见的温室作物，Qin 等通过将高光谱图像的多波段信息与黄瓜霜霉病多病程结合进行建模，可以实现 95%以上的识别精度，为园艺设施中黄瓜霜霉病害的早期检测提供计数支持。Wang 等使用叶绿素荧光成像技术，对黄瓜植株极易染病且部分病害症状相似的问题进行研究，采集黄瓜植株冠层图像后，与多类病害与病情进行建模，实现对 2 类以上病害同时诊断的精度接近 80%。Li 等采用高光谱成像系统获取了桃子表面的近红外高光谱反射率图像，研究了具有 9 种皮肤状况的桃子，包括桃子表面损伤、疤痕、虫害、刺伤、腐烂、病斑、开裂性疤痕和炭疽病以及正常的桃子表面，使用主成分分析(Principal Components Analysis，PCA)来降低高光谱数据的维度，使用不同波段区分缺陷和正常表面，结果表明，使用该方法鉴别 9 种果实表面的 145 个独立测试样本，获得 96.6%的准确率。

将基于计算机视觉的病虫害诊断与智慧农业相结合，形成以决策为导向的实时病虫害智能诊断方法对于园艺设施中的精细培育十分重要。Li 等针对园艺设施中病虫害远程智能识别与诊断进行研究，研发出针对温室中蔬菜和花卉等植物的诊断系统，可有效解决困扰当前设施蔬菜种植领域的病虫害诊断和防控问题。Medina 等设计了一种基于 RGB 相机和 FPGA（Field Programmable Gate Array）的智能传感系统，能够对南瓜叶片图像进行非破坏性、实时和现场分析，以量化患病和营养不良植物的多种症状，进而将该系统作为植物健康和营养的指标，可有效缓解由于人工估计的主观性影响对植物生理功能紊乱估计的不精确性。

（四）基于计算机视觉的园艺设施中果蔬质检与分级

设施环境中以培育具有一定市场价值的果蔬为主，果蔬的部分质量品质会反映在其感官属性上，如果蔬的形状、表面质地和颜色等信息会直接影响消费者对其喜好和选择，间接决定果蔬市场价值。而果蔬质量检测是一个劳动密集且耗时的过程，在实际生产中通常是人工进行的，人工检测在保持检测一致性和检测效率方面存在一定误差，计算机视觉技术可以有效改善人工果蔬质检过程中的误差。采用计算机视觉技术对果蔬品质进行检测已在苹果、柑橘类、草莓、番茄和马铃薯等不同科属的果蔬中得到应用。

普遍的果蔬品质检测方法是基于 RGB 彩色相机模仿人眼所能捕捉的视觉波长，根据目标果蔬反馈相关的感官属性结合人为经验进行检测。Leemans 等使用水果分级机的原型获取了覆盖整个水果表面的 RGB 苹果图像，通过图像分割提取缺陷特征，再通过 K-Means 均值聚类和二次判别分析，对苹果进行分级。Blasco 等利用两种图像分割方法：一种使用 RGB 图像中不同颜色信息 R/G 比率的阈值，另一种是基于 RGB 空间的贝叶斯线性判别分析（Linear Discriminant Analysis，LDA）的更复杂方法，结合分拣系统来实现石榴果核的质检。两种方法在验证集上的平均成功率为 90%，前者对操作者来说更直观，而且应用效果更快，并使用 R/G 比率的阈值成功在真实采摘季节进行实地测试，将石榴果核分拣过程中有缺陷的果核进行检测、剔除，自动分拣了超过 9 t 的果核。Iraji 等获取了番茄的 RGB 图像并进行神经网络的结构方面的优化研究，提出了一个多层架构的适应性神经模糊推理系统方法；使用多种输入特征、神经网络、回归和极端学习机（Extreme Learning Machine，ELMs）的不同组合，提出了一种深度堆叠稀疏自动编码器方法，直接使用图像数据进行番茄质量分级，而不是分析从番茄图像中提取的特征，准确率可达 95.5%。将计算机视觉与自动化技术相结合，可以在保证分拣识别精度同时提高分拣效率，Deng 等通过设计由图像处理系统、RGB 图像采集系统、输送系统和控制系统组成的萝卜自动分拣系统，使用凹点法来检测纤维根，并采用霍夫变换来检测表面裂纹挑出有表面缺陷的胡萝卜，然后按长度对合格的胡萝卜进行分级，结果表明，对纤维根和表面裂纹的检测精度分别为 98%和 88.3%。Fang 等提出了一种基于机器视觉技术的无损检测系统，检测系统配备一台单色 CCD（Charge Coupled Device）相机和用于透射照明的 LED 光源，根据马铃薯的不同透光率来区分正常和黑心，由于透射光强度受马铃薯样品径向尺寸的影响，通过分析透射图像的灰度值变化规律，获得灰度值与马铃薯径向尺寸之间的关系，根据马铃薯的不同透光率来区分正常和黑心，获得了较高的准确率。

随着高光谱技术在各研究领域的不断普及，果蔬质量检测的应用方面也开始推陈致新。Garrido 等评估了 RGB 数字成像和高光谱成像技术在不同储存条件下苹果成熟度的表现，分割、预处理和偏最小二乘法判别分析被用于高光谱数据分析。而光照校正、降维和线性判别方法被用于 RGB 数据分析，结果显示，高光谱辨别法对不同储存制度的分类比 RGB 更好，总体成功率为 95.83%。Wang 等通过调节神经网络超立方体的原始结构和大小适用于深度 CNN 训练，使用 ResNet 和 ResNeXt 网络利用高光谱透射率数据检测蓝莓的内部机械损伤，对比了 5 种传统的机器学习算法，精度在 88%以上。除了高光谱视觉传感器，用一定范围的光谱波段进行果蔬质检也可以达到较高精度。Firouzjaei 等使用一种快速、非破坏性的方法利用图像处理技术和紫外线辐射来检测柠檬的损伤情况，定义了绿斑指数(Green Spot Index, GSI)来显示机械损伤的程度。所开发的方法在区分瘀伤和未受损伤的果实方面的准确率在 95%以上。Wang 等在 DLP® NIRscan Nano EVM 和 ESP12-F 这 2 个集成模块的基础上设计了一个低成本、基于云的便携式近红外系统用于水果质量检测，使用 240 个樱桃样本对其成熟度进行检测，在定性任务中 F_1 指数可以达到 0.89，R^2 指数可以达到 0.83。

二、园艺设施中基于计算机视觉技术的三维应用

三维视觉技术主要通过使用相关视觉传感器获取目标物表面二维信息，对信息进行分析处理，在传感器或终端的输出时形成目标物三维信息。三维图像比二维图像包含更多更具体的目标物表面特征，更有利于获取植物表型信息，是精细农业中重要的工具支撑。三维重建技术在大类上主要分为基于数据测量的接触式重建法和基于主动式视觉、被动式视觉构成的非接触式重建法，主动视觉是通过主动提供光、电等信号源与视觉传感器结合，获取目标物三维信息，如激光扫描法、结构光法和 ToF(Time of Flight)技术等；被动视觉是通过利用自然环境中的光信号进行多视角或多视觉传感器的目标物三维重构，如多维视觉技术和运动结构法等。三维视觉技术可以为园艺设施中的目标检测与定位、表型参数提取和三维建模等应用提供不同的方案支撑，推动精细农业与遗传育种的发展。

(一)园艺设施中基于多维融合的目标检测与定位

在园艺设施的三维应用中，获取图像的维度信息主要以二维 RGB 信息为基础，与深度信息的融合可形成广泛应用的三维采集方案，随着高光谱传感器和红外传感器的发展，不同传感器之间的多维融合应用在园艺设施中推广开来。

通过数据融合构建三维图像信息的普遍技术是使用深度相机获取目标图像。深度相机获取的图像数据是在 RGB 图像中加入相机距离目标物的深度值，能以较低采集成本获取更多的图像信息。Gené-Mola 等使用 Kinect v2 深度相机获取包含多维信息的苹果图像，将 RGB 值、深度值和经过校正的强度信号值通过 Faster R-CNN 模型进行输入，实验结果表明，在使用所有通道时，获得 F_1 分数为 0.898，AP(平均精度)为 94.8%，揭示了深度传感器的定位与检测能力。Wang 等为了提高可控环境果园的自动化程度，利用 Kinect v1 获得的颜色、形状和深度多维度特征来识别与定位园艺设施中种植的苹果，实验结果表明，当工作距离在 240 cm 左右时，成熟的苹果仍能被准确识别和定位，深度方向的双眼视觉标准偏差为 4.9 cm。Wang 等使用一个双目 RGB-D 传感器开发了一个基于计算机视觉的系统，从获得的连续图像中检测并配准苹果图像，然后生成苹果数量作为作物产量估计该系统用于设施果园中自动、快速和准确的产量估计。Vitzrabin 等将三位传感器中的 RGB 信息与深度信息融合，开发了一种对光照变化具有鲁棒性的甜椒检测算法，目的是达到高检测率和低误报率，实验结果表明，该算法在正常照明情况下准确率为 90.9%，误报率为 4.6%，添加人工照明后，准确率接近 100%，误报率为 6.19%，揭示了园艺设施下照明控制与目标作物检测、自动收获间的关系。Nielsen 等结

合多台 RGB 相机和便于夜间采集照明设计了立体视觉系统，并开发了一个可以并行处理的三维算法进行桃花位置测量，结果表明，可检测约 1 cm 映射精度的开花位置，将该算法与疏花传感器相结合实现园艺设施中的自动疏花。

点云图像含有比深度图像更为精细的目标物表面细节且带有方位信息，有利于园艺设施中的目标检测与定位。Mai 等提出了一种基于 RGB-D 相机的苹果果树三维重构以及果实立体识别与定位的方法，先使用 RGB-D 相机获取设施农业条件下果树的 RGB 图像和点云图像，随后进行三维重构、去噪和分割等预处理后，获得果实区域的点云信息，基于随机采样一致性的点云分割方法实现对目标果实点云进行三维球体形状提取，得到每个果实质心的三维空间位置信息和果实半径，实验结果表明，在果实拍摄面的点云区域被遮挡面积超过 50%的情况下，正确识别率仍可达 87.4%。与此类似，Nguyen 等也在存在遮挡的园艺设施中利用 RGB 图像信息和点云图像信息研究图像获取的方法，并开发了一种基于颜色和形状特征检测及定位不同颜色苹果的算法，实验结果表明，该方法在完全可见情况下可以识别出全部苹果，在存在遮挡的情况下可以识别出 82%的苹果。Taod 等提出了一种从点云数据中自动识别苹果的方法，首先从预处理的点云中提取一个融合了颜色特征和三维几何特征的改进的三维描述符(color-FPFH)，使用遗传算法对进行多分类任务的支持向量机模型进行优化，使目标果实的识别率达到 92.3%。Liu 等为了解决机器人采摘时对近距离拍摄的水果进行快速、可靠的识别和定位的要求，提出了一种基于 RealSense 的柑橘类水果的识别算法，在距离目标物 160 mm 左右的近距离实验环境下拍摄点云数据以及多种果实和叶片的不同几何特征，实验结果表明，该方法在小闭塞和粘连情况下检测率为 80%～100%。

深度图像比 RGB 图像在获取时更容易受到外部环境的影响，因此，深度图像中会存有影响检测效果的噪声。为了使园艺设施中针对目标作物检测更加科学和有效，除深度相机外的其他传感器信息也可以相互结合。例如，可以将红外能量反映为电子信号的红外传感器，在获取目标作物不同器官信息时，果实会显示更强的热辐射。Sa 等将由 Kinect v2 获取的 RGB 图像和光谱相机获取的红外图像与 Faster RCNN 结合对多个品种的水果进行检测，可以建立一个准确、快速和一定鲁棒性的水果检测系统，是水果产量估计和自动收获的关键一环。Liu 等将使用 Kinect v2 拍摄的猕猴桃的深度图像与红外信息进行融合，将输入通道变为近红外与 RGB 排列对齐的 6 通道，输入到带有 VGG16 的 Faster RCNN 神经网络，使用反向传播和随机梯度下降技术对改进后的网络进行端到端训练，使用特征融合的方法可以达到 90%以上的平均精度。Nissimov 等利用 Kinect 传感器提出了一种在园艺设施中检测障碍物的方法，通过将超过预定斜率的像素标记为可疑的障碍物，而将其他像素标记为表面，使用颜色和纹理特征对可疑障碍物像素进行分类，实验结果表明，实验环境中所有的障碍物均可被检测到。Elfiky 等将 LiDAR 传感器和点云图像结合，进行果树在休眠时期自动修建树枝的研究，形成基于骨架几何特征的三维重建方案，结果表明，该研究提出的方案对果树上的修剪点定位的准确率达 96.0%，并形成用于检测、分割等任务需求的三维数据集。

在许多园艺设施目标作物的收获过程中，环境因素和作物自身部分器官会形成干扰，影响作物自动化收获的准确率与效率，例如，在甜椒的自动收获中，将花序梗与甜椒果实切分干净是收获过程中最困难的阶段之一，Sa 等利用从 RGB-D 传感器获得的颜色和几何信息，并采用监督学习方法来进行甜椒检测与定位等自动收获过程任务的研究，实验结果表明，平均准确率可达 71%。Tu 等在多变的光照条件、低分辨率和被邻近水果或树叶严重遮挡的情况下进行小型百香果识别的研究，使用 RGB-D 相机获取的彩色和深度图像，基于提出的多尺度快速区域卷积神经网络，在不同光照条件和遮挡下进行小型百香果目标检测任务，且识别精度在 93%以上。Tu 等将计算机视觉算法与深度图像信息相结合，用于在复杂背景下的百香果目标检测和成熟度分类，对目标物进行等级划分后，利用颜色信息、深度信息和基于区域的卷积神经网络(Faster RCNN)进行检测任务以提高检测性能，结合位置约束线性编码和密集尺度不变特征变换算法提取和表示水果成熟度的特征，实验证明，该方法可以达到 92.71%的检测精度和 91.52%的成熟度分类精度。

准确的作物负荷估计对于有效管理收获前和收获后的作业非常重要。这一信息对于规划收获和将水果从果园运输到包装厂的劳动力和设备需求至关重要。目前基于机器视觉的作物负载估计技术只取得了有限的成功，主要原因有二：一是树枝、树叶和其他作物器官遮挡；二是多变的室外照明条件。为了最大限度地减少这些因素的影响，Gongal 等使用基于 ToF 的 PMD CamCube 3.0 的 3D 相机，开发了一个新的设施果园中苹果识别系统，将三维传感器与隧道采集系统相结合，在估计双侧成像的果树成熟量时准确率可达 82%。Alenya 等设计了基于 ToF 传感器的三维相机和机械臂结合，结合层次化的颜色分割和使用 ToF 深度数据的二次曲面拟合，对植物图像进行实例分割并实现植物监测，有助于自动化植物测量。

(二)园艺设施中基于三维视觉的表型提取

植物表型能够反映植物细胞、组织、器官、植株和群体的结构及功能特征的物理、生理和生化性质，其本质实际是植物基因图谱的时序三维表达及其地域分异特征和代际演进规律。作物表型受环境因素和作物基因共同影响，可以反映作物的结构特征、生长过程和理化性状。提取作物的表型形状不仅有利于园艺设施中自动化收获，还可以为遗传育种研究提供知识储备，而园艺设施中作物表型的提取具有背景复杂、自动化作业环境受限等问题，不同的视觉传感器可以为园艺设施中的表型参数提取提供方案支撑。

Wang 等应用 RGB-D 传感器获取 6 个视角的洋葱图像进行配准，通过深度图像计算目标作物的最大直径和体积，体积预测的准确率为 96.3%，并利用测量的参数估计洋葱的密度，所提出的方法可用于提高获取洋葱表型参数和收获后目标分级时尺寸估计效率。Yang 等使用低成本的 RGB-D 相机获取叶菜类的点云图像，进行基于滤波的点云降噪与基于特征直方图的背景去除后，使用体素分割和局部连接法进行单株叶菜植物的分割，随后根据分割后的点云计算出各叶菜植物的高度和投影叶面积。结果表明，该方法对不同的生长条件和物种的表型参数提取具有稳健性，且在计算单株表型参数时有更快的速度，更适用于高通量表型分析。Andujar 等使用 Kinect 深度相机创建花椰菜的点云图像，并对目标作物高度、直径和体积等表型性状进行参数提取与分析，在低误差的实验基础上，该方法可以在收获花椰菜时估计其成熟程度，从而优化作物的收益率。

Chaivivatrakul 等利用基于 ToF 的相机提出了一个基于三维全息重建的自动玉米植物表型系统，通过点云数据过滤和合并、茎部分割、叶片分割、表型数据提取和三维全息可视化等步骤，进行玉米植株各器官表型性状测量。实验结果表明，茎干主轴、茎干小轴、茎高、叶面积、叶长和叶角度的平均测量误差率分别为 7.92%、15.20%、7.45%、21.89%、10.25%和 11.09%。由于部分叶子的遮挡和滚动，最具挑战性的测量性状是叶面积。

Sanz-Cortiella 等设计了一个基于 LiDAR 的三维动态测量系统，可以用来获取园艺设施中树木作物的表型性状与几何特征，进行两个对立视角的三维点云配准，探究使用激光雷达传感器激光束对植被的不同扫描方式与树叶面积之间的线性关系。Auat Cheein 等使用 LiDAR 传感器提出并评估了一套用于果园特征分析的计算几何方法，对园艺设施果园中的树冠体积和表型特征进行估计。Sanz 等使用 LiDAR 扫描仪对果园中的作物进行几何特征分析，通过扫描获得的点云图像配准进行冠层体积的估计，并研究激光雷达扫描体积和叶面积密度之间的关系，对 35 个植被区进行研究，实验结果表明，两者之间 R^2 可达 87%，为使用激光雷达三维动态测量系统获取信息提供方案支撑，可以更有效地估计出果树作物的叶面积。Li 使用二维图像和三维图像信息以及两者之间的映射关系实现基于三维视觉的生菜表型参数提取(图 6-3，彩图另见二维码 6-3)，提出了一套高精度、低成本的生菜多表型参数无损获取方法，以此辅助生产者科学管理决策、减少资源浪费、提高作物产量，从而为人们提供更加优质的食物。

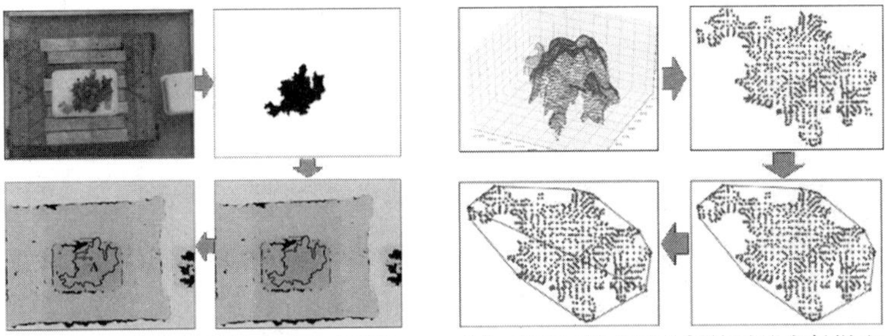

(a) 基于图像分割结果映射株高提取　(b) 基于三维点云分割结果的直径提取

图 6-3　基于三维视觉的生菜表型参数提取

二维码 6-3　基于三维视觉的生菜表型参数提取

(三)园艺设施中基于三维视觉的植物建模

构建植物结构、功能模型有利于指导精细农业作业和高通量作物表型的分析，对作物进行三维建模不仅可以在一个成像数据下进行多表型参数的测量，还可以用于构建分析种质资源的数据库，多种获取作物三维信息视觉传感器可以作为有力工具对作物进行建模。

Li 等提出了名为深度循环神经网络(Deep Recurrent Neural Network，DRNN)的端到端的训练网络结构，使用此网络结构对 Kinect 相机获取的不同品种、不同生长期的生菜图像进行表型参数提取与建模，实验结果表明，DRNN 在 PointNet＋＋和 PointCNN 网络中都表现出较好的效果。

Santos 等使用 ToF 传感器与电动转台来捕捉向日葵图像，根据局部特征和采集定位构建初始的三维模型，通过具体姿态参数构建点云数量更密集的作物表面点云，对重建后的三维向日葵图像使用光谱聚类进行实例分割，以便后对茎、叶等器官分别进行建模处理。在叶片拟合的工作中，使用主成分分析法对叶片表面向量进行初始化，随后采用 B-spline 插值法对每片叶子的表面进行近似处理。结果表明，多视角立体技术可以适用于自动化植物建模，可以为资源有限的小型实验室提供较为精确的三维模型。Karkee 等使用基于 ToF 的三维相机被用来构建苹果树的三维骨架，以便使园艺设施中的工作人员在较为狭窄的工作环境中适应更简单和更高产的树木结构，例如，苹果树中的高纺锤形果树系统。在选定的树枝间距和树枝长度的情况下，该算法在训练数据集中实现 19.5%的树枝移除，该系统为将来自动修剪高纺锤形苹果树提供良好的基础。Kazmi 等比较了多种飞行时间传感器与立体视觉传感器在 3 种不同光照条件下近距离叶片成像的效果，分析结果给出各相机在环境光照下的稳健性，且该方法表明，通过利用相机标志或置信矩阵的优势，能够增加 ToF 相机在同时涉及阴影和阳光曝光的场景中的动态范围。

Allouis 等使用 LiDAR 传感器估计松树的茎部体积并建立松树生物量的异速模型，研究与通常的离散回波 LiDAR 数据相比，全波段(FW)LiDAR 数据是否可以改善单个松树的体积和生物量的估计，结果表明，使用树冠高度模型(Canopy Height Model，CHM)与全波段 LiDAR 信息结合可以提高地上生物量估计的准确性到 4%±31%。Wang 针对两片点云配准过程中人工调参费时、费力，且精度得不到保障等问题，提出了动态寻找较优配准参数组合的算法，并构建了 620 幅以真实点云和虚拟点云相融合的莜麦菜点云数据集(图 6-4，彩图另见二维码 6-4)，以训练三维实例分割网络 PartNet，实验结果表明，在 40 张验证集点云上测试，交并比 IoU 小于 0.25 的实例分割平均精度 AP 达 97.2%，IoU 小于 0.5 的实例分割平均精度达 92.4%，说明构建的 PartNet 网络具有准确分割油麦菜三维点云叶片实例的潜力。

二维码 6-4　基于三维视觉的莜麦菜重建与分割

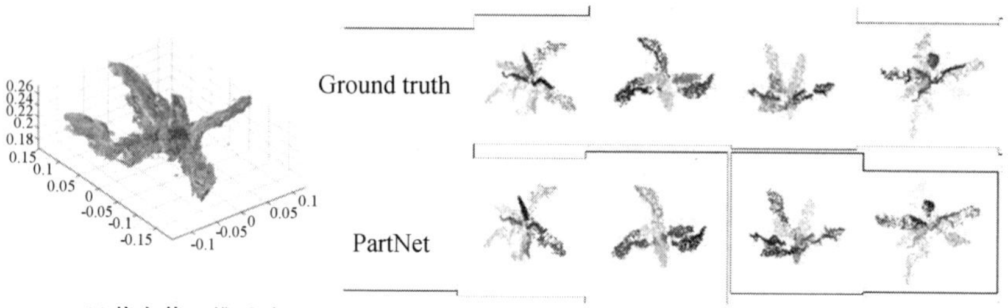

(a)莜麦菜三维重建　　(b)莜麦菜实例分割结果对比

图 6-4　基于三维视觉的莜麦菜重建与分割

三、园艺设施中基于计算机视觉技术的自动化管理

基于计算机视觉技术和视觉传感器设计识别与采摘机器人，可以降低自动化采摘的误差并提高采摘效率。Noble 等通过将由摄像机组成的视觉系统与采摘机械臂、传送带和步控电机相结合，研究了一种可以在采摘时进行弯曲和扭转的蘑菇采摘收割机，可以实现对蘑菇的位置进行定位并选择最佳的蘑菇采集序列。Yuan 等为实现温室环境下近色系果蔬的采摘识别，提出了一种基于统计方差结合人工神经网络的光谱选择方法对黄瓜敏感波段进行分析验证，并利用所获取敏感波段的图像信息有效解决黄瓜目标与背景的区分问题，对测试集的样本判别率在 95%左右。Zhang 等设计了一种机器人视觉系统识别方法，通过形态学处理图像，例如，使用中值滤波对樱桃图像进行预处理，使用大津算法进行阈值分割，通过使用面积阈值来去除噪声等，最终使用最小的外部矩形和霍夫变换来获得樱桃的中心点和轮廓，准确率在 96%左右。Halstead 等设计了集成甜椒目标检测、成熟度估计和跟踪采收的机器人视觉系统，使用 FasterRCNN 框架实现目标检测和目标跟踪后在网络中添加平行层估计成熟度，有效缓解园艺设施中依赖人工进行目标物特征识别的问题。Davidson 等结合视觉系统和霍夫变换等算法设计了机器人苹果收割机来检测集群和闭塞的水果，并进行目标物定位与采摘工作，在园艺设施的实验中证明该方法具有较高的准确率与采摘效率。Wei 等提出了一种基于引导滤波器的 Retinex 算法来增强夜间的图像来提高采摘机器人的夜间连续识别和操作的能力，使用算法计算图像特征中的反射分量和光照成分后，经过伽马校正将两部分融合，获得夜间目标图像，所提出的算法在运行时间上平均减少 74.56%，具有更好的实时性和更高的效

率。Arad 等结合计算机视觉和园艺设施中自动收获目标作物的需求开发了多自由度的工业臂，集成 RGB-D 照相机和可进行图形处理任务的计算机等一系列电子设备，并在实地种植环境中进行测试，为园艺设施中设计采摘机器人、检测和定位目标作物、抓取动作和运动控制算法的细节提供了系统的方法与思路。

将视觉传感器用于改进园艺设施中农药和化肥的喷洒，可以节省投入成本和改善化学试剂或农药对环境压力。Chen 等开发了一个实验性的可变速率的空气辅助喷雾系统，该系统由激光扫描传感器控制系统和一个空气和液体输送系统组成，根据目标树的发生、高度和宽度及其叶子的密度实现变速变量喷洒农药，通过量化四个不同大小和树冠密度的观赏性苗木内部的喷雾覆盖率，验证了冠层内的喷雾沉积均匀性，该系统具有减少喷雾量和漂移的巨大潜力，从而可以减少环境影响。Escola 等设计、实施并验证了一个果园喷雾器原型，该原型运行一个可变速率算法，以实时和连续的方式根据果园的树冠体积调整施药速率，系统由 LiDAR 传感器、执行可变速率算法的控制器和执行器组成，控制器通过使用应用系数(每单位树冠体积所需的液体量)将树冠体积转换为流速来确定预定流速，该系统的预期和喷洒流量之间以及树冠横截面积和喷洒流量之间的 R^2 均在 0.92 以上，具有强相关性。Hao 使用 Kinect 深度相机对园艺设施中种植的不同生育期紫叶生菜进行图像采集，结合紫叶生菜的花青素等理化性质和设施化境中的环境分子进行紫叶生菜光强与氮素分级响应模型研究(图 6-5，彩图另见二维码 6-5)，构建了园艺设施中对目标作物的精准调控。

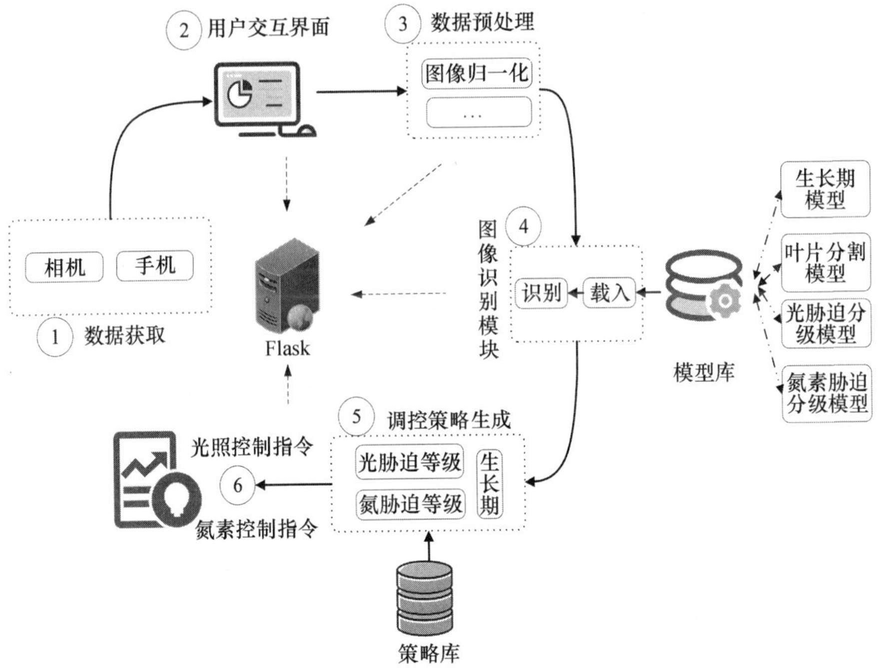

图 6-5　园艺设施中光强与氮素调控流程

二维码 6-5　园艺设施中光强与氮素调控流程

第四节　计算机视觉技术在设施农业中应用的挑战

近年来，人工智能领域优秀的识别、分割、分类和检测等方向的算法频出，设备平台自动化也飞速发展，但农业生产尤其是精细农业精准调控与优化的需求，使得计算机视觉技术在实际的生产应用中仍有许多难点。

园艺设施中背景复杂且空间有限，在园艺设施中各类计算机视觉应用的前提是获取图像信息，因此，进一步研究和开发对于解决园艺设施中的遮挡、集群和多变的光照条件等限制目标检测与识别方案，提高目标检测、定位的准确性、可靠性和鲁棒性是至关重要的。园艺设施中不适用于无人机等大型设备进行高通量获取信息，对于高通量表型信息获取的需求，可以从两方面进行研究：一是进行单一深度学习模型下对于多目标特征或表型获取的算法研究，为多物种培育中的复合型设施农业提供技术支撑；二是探索兼顾轻量化与鲁棒性的非深度学习高通量表型获取方案，有利于低成本园艺设施下的系统集成。

园艺设施中的自动化问题实质是针对各目标作物应用需求的集成。首先，视觉传感器的选择面临着环境条件和任务需求等条件间的多样性和多变性平衡；其次，集成后的自动化设备应当具有一定的灵活性和可调整性，具有智能设备的水平；最后，在面对市场时，应当将自动化设备的安全性和投入后的收益率等方面也考虑在内。

在生物多样性方面，园艺设施起初面向的是粮食作物的多季生产以解决粮食安全中的温饱问题，随着社会的发展，温饱问题在我国已经解决，但粮食产量以及许多需要满足社会需求的水果、蔬菜、鲜花以及部分经济作物有了长期供应、保质保量的需求，因此，生物多样性也逐步走进设施农业的大环境，研究人员的研究目标逐渐增多，但没有适用于遗传育种或精细农业领域统一数据集标准，研究人员多针对特定环境下的研究需求，即使是同种同类作物，也无法使数据集具有普适性与可比性。

计算机视觉在园艺设施中作为重要的技术支撑，众多视觉传感器作为信息的来源，承接需求与决策的中间环节，与温度、光照等环境控制器和传送平台等机械设备相协调，在园艺设施的智能调控或无人温室中，信息采集鲁棒性低、设备之间相互联结时维护困难、决策延迟等问题也值得进一步被探索。园艺设施中的应用除了注重模型或算法上的研究，还应关注方案的可解释性和可扩展性，在系统或方案验证时，给出启发式的结果，为精细农业和遗传育种发展提供优质方案支撑。因此，对从事计算机视觉和设施农业相结合的研究人员提出多学科学习的要求，在推动行业的发展上更要求这方面的研究人员向着高质量、全方位发展。

第五节　计算机视觉技术在设施农业中发展趋势

在全球各国依赖粮食进出口以及保证粮食安全的大背景下，农业发展必然有广阔的应用前景，计算机视觉作为现代农业的重要技术支撑，在粮食产量、遗传育种和农业自动化等大方向中仍有极大的探索空间，设施农业为社会对各类作物的长期保质保量供应的需求打下了环境基础。

目前园艺设施中的应用主要面向目标物具体需求的完成度，利用视觉传感器或自动化设备还可以分析任务完成的复杂度、效率和面向市场时的经济效益，不仅可以提高市场的接受度更有利于应用落地，还可以促进相关新兴技术的发展。

自动化的生产调控是释放生产力的钥匙，完善的系统和信息分析是自动化设计的密码，建立协调园艺设施局部组成和整体的可调控系统有利于实时、全面地进行信息整合和分析。计算机视觉技术已经在特定的研究需求下广泛应用于设施农业中，未来农业需要在现代农业的基础上贡献规模更大、机制和标准更完善的数据集或数据库，在此基础上才能将智能调控结合到更广的生物多样性上，从而建立更多品种的设施农业标准管理模式。

鲁棒性和普适性低一直是计算机视觉工业技术过渡到农业的问题，随着无人驾驶的逐渐落地应用，许多农业机器人和农业无人驾驶车也投入生产当中，对于设施农业中复杂且多样的生产环境，未来的自动化设备研发极具发展潜力。园艺设施中的成本投入源头较多，达到收支平衡以及营收更是不可避免的问题，对于如何利用园艺设施可以创造精细农业生产的可能性，转变为设施农业如何推动社会的经济发展，需要研究人员对专业知识的进一步探索。在未来，计算机视觉与设施农业的结合将朝着更加智能化、自动化、经济高效和生态安全等角度全面发展。

本章小结

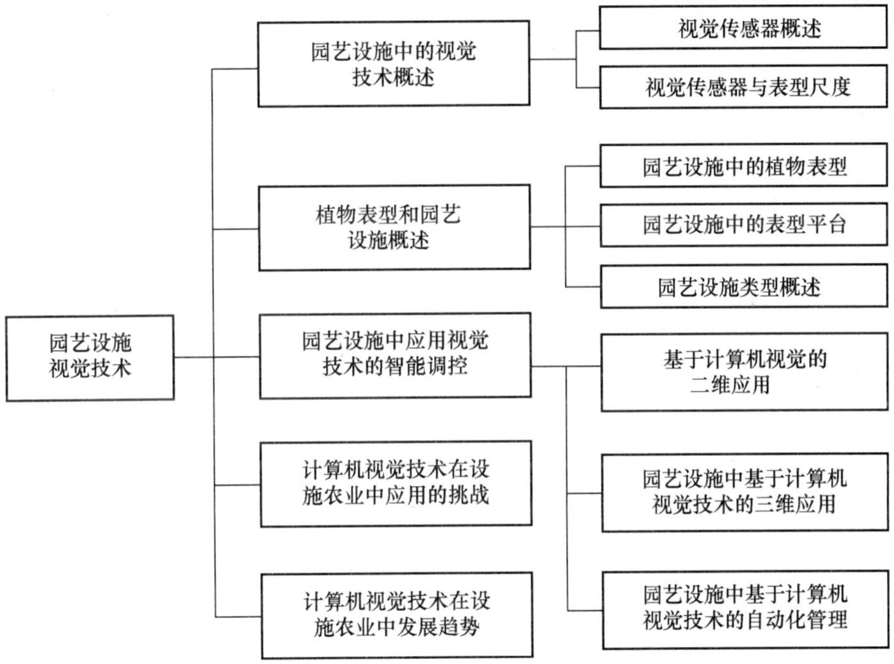

复习思考题

1. 园艺设施常用传感器的类型有哪些？
2. 主要的园艺设施类型有哪几种？它们的区别和主要设计功用是什么？
3. 在园艺设施中如果要实现目标作物不同生长期的营养调控，会应用到哪些技术？
4. 园艺设施中的视觉技术智能调控涉及多学科研究，在制定智能化方案时，如何平衡研究、生产和经济效益之间的关系？

参考文献

李天来．我国日光温室产业发展现状与前景[J]．沈阳农业大学学报，2005(2)：131-138.

孙茜，郑书河．基于双目视觉的植物三维重建方法及应用[J]．安徽农业科学，2021，49(24)：11-17.

唐卫东，刘振文，刘冬生，等．低温弱光胁迫对设施黄瓜叶片面积与干物质量的影响[J]．浙江农业学报，2022，34(03)：517-524.

薛书敏，王文灏，夏璐．红外热像技术在房屋渗漏检测中的应用[J]．中国建筑防水，2012(22)：38-40.

朱坤林，殷菡笑．新形势下国际粮食资源利用风险及其防范研究[J]．世界农业，2022(7)：48-56.

Alenya G, Dellen B, Torras C. 3D modelling of leaves from color and ToF data for robotized plant measuring[C]// 2011 IEEE International Conference on Robotics and Automation, 2011.

Allouis T, Durrieu S, Vega C, et al. Stem volume and above-ground biomass estimation of individual pine trees from LiDAR data: Contribution of full-waveform signals [J]. IEEE Journal of Selected Topics in Applied Earth Observations and Remote Sensing, 2013, 6(2): 924-934.

Andújar D, Ribeiro A, Fernández-Quintanilla C, et al. Using depth cameras to extract structural parameters to assess the growth state and yield of cauliflower crops[J]. Computers & Electronics in Agriculture, 2016, 122: 67-73.

Andújar D, Rueda-Ayala V, Moreno H, et al. Discriminating crop, weeds and soil surface with a terrestrial LIDAR sensor[J]. Sensors, 2013, 13, 14662-14675.

Arad B, Balendonck J, Barth R, et al. Development of a sweet pepper harvesting robot [J]. Journal of Field Robotics, 2020: 1-13.

Araus J L, Cairns J E. Field high-throughput phenotyping: the new crop breeding frontier[J]. Trends in Plant Science, 2014, 19: 52-61.

Asseng S, Guarin J R, Raman M, et al. Wheat yield potential in controlled-environment vertical farms [J]. Proceedings of the National Academy of Sciences, 2020, 117 (32): 19131-19135.

Bachiega P, de Almeida E, Salgado J M, et al. Benchtop and handheld energy-dispersive X-ray fluorescence(EDXRF) as alternative for selenium concentration measurement in biofortified broccoli seedling[J]. Food Analytical Methods, 2019, 12(7): 1520-1527.

Baek J, Lee E, Kim N, et al. High throughput phenotyping for various traits on soybean seeds using image analysis[J]. Sensors, 2020, 20: 248.

Barnes M, Duckett T, Cielniak G, et al. Visual detection of blemishes in potatoes using minimalist boosted classifiers[J]. Journal of Food Engineering, 2010, 98(3), 339-346.

Bendig J, Bolten A, Bennertz S, et al. Estimating biomass of barley using crop surface models (CSMs) derived from UAV-based RGB imaging [J]. Remote Sens, 2014, 6:

10395-10412.

Benke K, Tomkins B. Future food-production systems: vertical farming and controlled-environment agriculture[J]. Sustainability: Science, Practice and Policy. 2017, 13(1): 13-26.

Blasco J, Cubero S, Gomez-Sanchis J, et al. Development of a machine for the automatic sorting of pomegranate(Punica granatum) arils based on computer vision. Journal of Food Engineering, 2009, 90(1) : 27-34.

Blomgren T, Frisch T. High Tunnels: Using low-cost technology to increase yields, improve quality and extend the season [J]. Sustainable Agriculture Research and Education. Retrieved 26 October 2020.

Cabrera B L, Crossa J, von Zitzewitz J, et al. High-throughput phenotyping and genomic selection: the frontiers of crop breeding converge F [J]. Journal of Integrative Plant Biology, 2012, 54: 312-320.

Chaivivatrakul S, Tang L, Dailey M N, et al. Automatic morphological trait characterization for corn plants via 3D holographic reconstruction[J]. Computers and Electronics in Agriculture, 2014, 109: 109-123

Chauhan A, Singh A P. Intelligent estimator for assessing apple fruit quality [J]. International Journal of Computer Applications, 2012, 60(5): 35-41.

Cheein F, Guivant J, Sanz R, et al. Real-time approaches for characterization of fully and partially scanned canopies in groves[J]. Computers & Electronics in Agriculture, 2015, 118 (C): 361-371.

Chen L. Significance of cultivation of new agricultural management subjects for the development goal of modern agriculture: a perspective review [J]. IOP Conference Series: Earth and Environmental Science, 2018, 185: 12-30.

Chen Y, Zhu H, Ozkan H. Development of a variable-rate sprayer with Laser scanning sensor to synchronize spray outputs to tree structures[J]. Transactions of the ASABE, 2012, 55(3): 773-781.

Contreras-Medina L M, Osornio-Rios R A, Torres-Pacheco I, et al. Smart sensor for real-time quantification of common symptoms present in unhealthy plants[J]. Sensors, 2012, 12 (1): 784-805.

Corti M, Masseroni D, Gallina P M, et al. Use of spectral and thermal imaging sensors to monitor crop water and nitrogen status[C]// First Conference on Proximal Sensing Supporting Precision Agriculture, 2015.

Davidson J R, Silwal A, Hohimer C J, et al. Proof-of-concept of a robotic apple harvester [C]// International Conference on Intelligent Robots & Systems. IEEE, 2016: 634-639.

Dematte J A M, Fongaro C T, Rizzo R, et al. Geospatial soil sensing system(GEOS3): A powerful data mining procedure to retrieve soil spectral reflectance from satellite images [J]. Remote Sens Environ, 2018, 212: 161-75.

Deng L, Du H, Han Z. A carrot sorting system using machine vision technique [J]. Applied Engineering in Agriculture, 2017, 33(2): 149-156.

Dhondt S, van Haerenborgh D, van Cauwenbergh C, et al. Quantitative analysis of venation patterns of Arabidopsis leaves by supervised image analysis[J]. Plant Journal, 2012, 69(3): 553-563.

Du T S, Tian J H, Kang S Z, et al. Foresight of disruptive technologies in agricultural engineering[J]. Chinese Journal of Mechanical Engineering, 2018, 20: 57.

Elfiky N M, Akbar S A, Sun J, et al. Automation of dormant pruning in specialty crop production: An adaptive framework for automatic reconstruction and modeling of apple trees [C]// Computer Vision & Pattern Recognition Workshops. IEEE, 2015.

Escola A, Rosell-Polo J R, Planas S, et al. Variable rate sprayer. Part 1 - Orchard prototype: Design, implementation and validation[J]. Computers and Electronics in Agriculture, 2013, 95: 122-135.

Faragó D, Sass L, Valkai I, et al. Plant size offers an affordable, non-destructive method to measure plant size and color in vitro[J]. Frontiers in Plant Science. 2018, 22(9): 219.

Fazeli B N, Afkari S A H, Taghinezhad E. Prediction of some quality properties of rice and its flour by near-infrared spectroscopy(NIRS) analysis[J]. Food Science and Nutrition, 2020, 9(2): 1099-1105.

Firouzjaei R A, Minaei S, Beheshti B. Sweet lemon mechanical damage detection using image processing technique and UV radiation[J]. Journal of Food Measurement and Characterization Publisher, 2018, 12: 1513-1518.

Forsyth D A, Ponce J. Computer vision: A modern approach[Z]. Prentice Hall, 2003.

Garrido-Novell C, D Pérez-Marin, Amigo J M, et al. Grading and color evolution of apples using RGB and hyperspectral imaging vision cameras [J]. Journal of Food Engineering, 2012, 113(2): 281-288.

Gené-Mola J, Vilaplana V, Rosell-Polo J R, et al. Multi-modal deep learning for Fuji apple detection using RGB-D cameras and their radiometric capabilities[J]. Computers and Electronics in Agriculture, 2019, 162: 689-698.

Gongal A, Silwal A, Amatya S, et al. Apple crop-load estimation with over-the-row machine vision system[J]. Computers and Electronics in Agriculture, 2016, 120: 26-35.

Griffith, Anna N. Collins guide to alpines and rock garden plants[Z]. London: Collins, 1985, 20-21.

Hao X. Research onhierarchical response model of light intensity and nitrogen concentration of purple lettuce based on deep learning[D]. Beijing: China Agricultural University, 2021.

Hosoi F, Nakabayashi K, Omasa K. 3-D modeling of tomato canopies using a high resolution portable scanning Lidar for extracting structural information[J]. Sensors, 2011, 11, 2166-2174.

Iraji M S. Comparison between soft computing methods for tomato quality grading using machine vision[J]. Journal of Food Measurement and Characterization Publisher, 2018, 13: 1-15.

Jones H G, Serraj R, Loveys B R, et al. Thermal infrared imaging of crop canopies for the remote diagnosis and quantification of plant responses to water stress in the field[J]. Functional Plant Biology,2009,36(11):978-989.

Kankare V,Holopainen M,Vastaranta M,et al. Individual tree biomass estimation using terrestrial laser scanning[J]. Isprs Journal of Photogrammetry & Remote Sensing,2013,75:64-75.

Karkee M,Adhikari B,Amatya S,et al. Identification of pruning branches in tall spindle apple trees for automated pruning[J]. Computers & Electronics in Agriculture,2014,103:127-135.

Katja B,Jochem V,Jean-Baptiste F,et al. Crop nitrogen monitoring:Recent progress and principal developments in the context of imaging spectroscopy missions[J]. Remote Sensing of Environment. 2020,242,111758.

Kazmi W,Foix S,Alenya G,et al. Indoor and outdoor depth imaging of leaves with time-of-flight and stereo vision sensors:Analysis and comparison[J]. ISPRS Journal of Photogrammetry and Remote Sensing,2014,88:128-146.

Kim D W,Yun H S,Jeong S J,et al. Modeling and testing of growth status for Chinese cab bage and white radish with UAV-based RGB imagery[J]. Remote Sensing,2018,10:563-587.

Leemans V,Destain M F. A real-time grading method of apples based on features extracted from defects[J]. Journal of Food Engineering,2004,61(1):83-89.

Li J B,Chen L P,Huang W Q,et al. Multispectral detection of skin defects of bi-colored peaches based on vis-NIR hyperspectral imaging[J]. Postharvest Biology and Technology,2016,112,121-133.

Li J S,Guo X Y,Wang Y,et al. An end-to-end deep RNN based network structure to precisely regress the height of lettuce by single perspective sparse point cloud[C]. 7th workshop on Computer Vision in Plant Phenotyping and Agriculture,2021,1-3.

Li L,Zhang Q,Huang D. A review of imaging techniques for plant phenotyping[J].Sensors(Swit zerland),2014,14(11):20078-20111.

Li M W. Research on the extraction method of lettuce multi-phenotype parameters based on 3D point cloud[D]. Beijing:China Agricultural University,2022.

Li N X,Guo P,Wang X L,et al. Remote intelligent identification and video diagnosis system of greenhouse diseases and insect pests[J]. Achievements in Science and Technology of China,2015(4):54,58.

Lindblom J,Lundström C,Ljung M,et al. Promoting sustainable intensification in precision agriculture:review of decision support systems development and strategies[J]. Precision Agriculture,2017,18(3):1-23.

Linker R,Cohen O,Naor A. Determination of the number of green apples in RGB images recorded in orchards[J]. Computers and Electronics in Agriculture,2012,81:45-57.

Lino A C L,Sanches J,dal Fabbro I M. Image processing techniques for lemons and tomatoes classification[J]. Bragantia,2008,67(3):785-789.

Liu J, Yuan Y, Zhou Y, et al. Experiments and analysis of closeshot identification of on-branch citrus fruit with realsense[J]. Sensors, 2018, 18: 1510.

Liu Y, Qiang L, He S, et al. Prediction of nitrogen and phosphorus contents in citrus leaves based on hyperspectral imaging[J]. International Journal of Agricultural & Biological Engineering, 2015, 8(2): 80-88.

Liu Z, Wu J, Fu L, et al. Improved kiwifruit detection using pre-trained VGG16 with RGB and NIR information fusion[J]. IEEE Access, 2020, 8(1): 2327-2336.

Maharlooei M, Sivarajan S, Bajwa S G, et al. Detection of soybean aphids in a greenhouse using an image processing technique[J]. Computers & Electronics in Agriculture, 2017, 132: 63-70.

Mai C, Zheng L, Sun H, et al. Research on 3D reconstruction of fruit tree and fruit recognition and location method based on RGB-D camera [J]. Transactions of the Chinese Society of Agricultural Engineering, 2015, 46: 5-40.

Mao H, Gao H, Zhang X, et al. Nondestructive measurement of total nitrogen in lettuce by integrating spectroscopy and computer vision[J]. Scientia Horticulturae, 2015, 184: 1-7.

Mccarthy W P, Daly K, Fenelon A, et al. Energy - dispersive X - ray fluorescence spectrometry as a tool for the rapid determination of the five major minerals (Na, Mg, K, P and Ca) in skim milk powder [J]. International Journal of Dairy Technology, 2020, 73 (2): 459-467.

Menguer P K, Vincent T, Miller A J, et al. Improving zinc accumulation in cereal endosperm using HvMTP1, a transition metal transporter[J]. Plant Biotechnology Journal, 2018, 16(1): 63-71.

Michael H, Christopher M C, Simon D, et al. Fruit quantity and ripeness estimation using a robotic vision system[J]. IEEE Robotics & Automation Letters, 2018, 3(4): 2995-3002.

Mortensen A K, Gislum R, Jørgensen J R, et al. The use of multispectral imaging and single seed and bulk near-infrared spectroscopy to characterize seed covering structures: Methods and applications in seed testing and research[J]. Agriculture, 2021; 11 (4): 301.

Nguyen T T, Vandevoorde K, Wouters N, et al. Detection of red and bicoloured apples on tree with an RGB-D camera[J]. Biosystems Engineering, 2016, 146: 33-44.

Nielsen M, Slaughter D C, Gliever C. Vision-based 3D peach tree reconstruction for automated blossom thinning[J]. IEEE Transactions on Industrial Informatics, 2012, 8(1) : 188-196.

Nissimov S, Goldberger J, Alchanatis V. Obstacle detection in a greenhouse environment using the Kinect sensor[J]. Computers and Electronics in Agriculture, 2015, 113: 104-115.

Noble R, Reed J N, Miles S, et al. Influence of mushroom strains and population density on the performance of a robotic harvester[J]. Journal of Agricultural Engineering Research, 1997, 68: 215-22.

Okamoto H, Lee W S. Green citrus detection using hyperspectral imaging[J]. Computers and Electronics in Agriculture, 2009, 66(2): 201-208.

Paluszak J W, Paluszak G. The urban and peri-urban farms (UPFs) relational model: The case of greater poland voivodeship, Poland[J]. Agriculture. 2021, 11(5): 421.

Pan Y H. Analysis of concepts and categories of plant phenome and phenomics [J]. Acta Agronomica Sinica, 2015, 41(2): 175-186.

Paulus S, Behmann J, Mahlein A K, et al. Low-cost 3D systems: suitable tools for plant phenotyping[J]. Sensors, 2014, 14, 3001-3008.

Paulus S, Dupuis J, Mahlein A K, et al. Surface feature based classification of plant organs from 3D laserscanned point clouds for plant phenotyping[J]. BMC Bioinformatics, 2013, 14, 238.

Philip D C S, Norhashila H, Rosnah S, et al. Applications of imaging and spectroscopy techniques for non-destructive quality evaluation of potatoes and sweet potatoes: A review [J]. Trends in Food Science & Technology, 2020, 96, 208-221.

Qin L F, Zhang X, Zhang X Q. Early detection of cucumber downy mildew in greenhouse based on hyperspectral disease feature extraction[J]. Transactions of the Chinese Society for Agricultural Machinery, 2020, 51(11): 9.

Rangel B, Fernandez M, Murillo J C, et al. KNN-based image segmentation for grapevine potassium deficiency diagnosis[C]// 2016 International Conference on Electronics, Communications and Computers (CONIELECOMP). IEEE, 2016: 48-53.

Reis A S, Rodrigues M, Santos G, et al. Detection of soil organic matter using hyperspectral imaging sensor combined with multivariate regression modeling procedures[J]. Remote Sensing Applications Society and Environment, 2021, 22(8), 100492.

Rico-Fernández M P, Rios-Cabrera R, Castelán M, et al. A contextualized approach for segmentation of foliage in different crop species[J]. Computers and Electronics in Agriculture, 2019, 156: 378-386.

Rodrigo P Z, Miguel T T, Auat C F, et al. A pattern recognition strategy for visual grape bunch detection in vineyards [J]. Computers and Electronics in Agriculture, 2018, 151: 136-149.

Roitsch T, Cabrera B L, Fournier A, et al. Review: New sensors and data-driven approaches-A path to next generation phenomics[J]. Plant Science, 2019, 282: 2-10.

Rutkoski J, Poland J, Mondal S, et al. Canopy temperature and vegetation indices from high-throughput phenotyping improve accuracy of pedigree and genomic selection for grain yield in wheat[J]. G3 Genes Genom Genet. 2016, 6: 2799-2808

Sa I, Ge Z, Dayoub F, et al. Deepfruits: A fruit detection system using deep neural networks[J]. Sensors, 2016, 16: 1222.

Sa I, Lehnert C, English A, et al. Peduncle detection of sweet pepper for autonomous crop harvesting: Combined color and 3-D information[C]// International Conference on Robotics and Automation. IEEE, 2017.

Sakamoto T, Shibayama M, Takada E, et al. Detecting seasonal changes in crop community structure using day and night digital images[J]. Photogramm. Photogrammetric Engineering & Remote Sensing, 2010, 76, 713-726.

Santos T T, Koenigkan L V, Barbedo J G A, et al. 3D plant modeling: Localization, mapping and segmentation for plant phenotyping using a single hand-held camera [C]// Computer Vision Problems in Plant Phenotyping, 2014.

Sanz R, Rosell J R, Llorens J, et al. Relationship between tree row LIDAR-volume and leaf area density for fruit orchards and vineyards obtained with a LIDAR 3D Dynamic Measurement System[J]. Agricultural & Forest Meteorology, 2013, (171-172): 153-162.

Sanz-Cortiella R, Llorens-Calveras J, Escola A, et al. Innovative lidar 3D dynamic measurement system to estimate fruittree leaf area[J]. Sensors, 2011, 11(6): 5769-5791.

Sarkar D, Kar S K, Chattopadhyay A, et al. Low input sustainable agriculture: a viable climate-smart option for boosting food production in a warming world[J]. Ecological Indicators. 2020, 115: 10641.

Schilling C H, Edwards J S, Palsson B O. Toward metabolic phenomics: analysis of genomic data usingflux balances[J]. Biotechnology Progress, 1999, 15(3), 288-295.

Shibayama M, Sakamoto T, Takada E, et al. Regression-based models to predict rice leaf area index using biennialfixed point continuous observations of near infrared digital images[J]. Plant Production Science, 2011, 14, 365-376.

Shin J, Chang Y K, Heung B, et al. A deep learning approach for RGB image-based powdery mildew disease detection on strawberry leaves[J]. Computers and Electronics in Agriculture, 2021, 183: 106042.

Sun J, Zhang Y, MAO H, et al. Response analysis of soil cadmium stress on lettuce leaves based on computer vision[J]. Transactions of the Chinese Society for Agricultural Machinery, 2018, 49(3): 7.

Sun Y, Gao J, Wang K, et al. Utilization of machine vision to monitor the dynamic responses of rice leaf morphology and colour to nitrogen, phosphorus, and potassium deficiencies[J]. Journal of Spectroscopy, 2018: 1-13.

Tamburino L, Bravo G, Clough Y, et al. From population to production: 50 years of scientific literature on how to feed the world[J]. Global Food Security, 2020, 24: 100346.

Tanino K, Willick I, Hamilton K, et al. Chemotyping using synchrotron mid-infrared and X-ray spectroscopy to improve agricultural production[J]. Canadian Journal of Plant Science, 2017, 97(6): 982-996.

Tao Y, Zhou J. Automatic apple recognition based on the fusion of color and 3D feature for robotic fruit picking[J]. Computers and Electronics in Agriculture, 2017, 142: 388-396.

Tian F, Peng Y, Wei W. Nondestructive and rapid detection of potato black heart based on machine vision technology [C]// SPIE Commercial, Scientific Sensing & Imaging, 2016.

Ting K C, Lin T, Davidson P C. Integrated urban controlled environment agriculture systems[J]. LED Lighting for Urban Agriculture. 2016, 19-36.

Tu S, Pang J, Liu H, et al. Passion fruit detection and counting based on multiple scale faster R-CNN using RGB-D images[J]. Precision Agriculture, 2020, 21: 1072-1091.

Tu S, Xue Y, Zheng C, et al. Detection of passion fruits and maturity classification using Red-Green-Blue Depth images[J]. Biosystems Engineering, 2018, 175: 156-167.

Vakilian K A, Massah J. A farmer-assistant robot for nitrogen fertilizing management of greenhouse crops[J]. Computers and Electronics in Agriculture, 2017, 139: 153-163.

Vidal A, Talens P, Prats-Montalbán, J. M, et al. In-line estimation of the standard colour index of citrus fruits using a computer vision system developed for a mobile platform[J]. Food and Bioprocess Technology, 2013, 6(12): 3412-3419.

Vitzrabin E, Edan Y. Adaptive thresholding with fusion using a RGBD sensor for red sweet-pepper detection[J]. Biosystems Engineering, 2016, 146: 45-56.

Wachs J P, Stern H I, Burks T, et al. Low and high-level visual feature-based apple detection from multi-modal images[J]. Precision Agriculture, 2010, 11(6): 717-735.

Wang H, Mao W, Liu G, et al. Identification and location system of multi-operation apple robot based on vision combination[J]. Transactions of the Chinese Society for Agricultural Machinery, 2012, 43: 165-170.

Wang L H. Research on 3D reconstruction and instance segmentation of lettuce based on RGB-D camera[D]. Beijing: China Agricultural University, 2022.

Wang Q, Nuske S, Bergerman M, et al. Automated crop yield estimation for apple orchards[J]. Institute for Social and Economic Research, 2013, 88: 515-529.

Wang T, Chen J, Fan Y, et al. SeeFruits: design and evaluation of a cloud-based ultra-portable NIRS system for sweet cherry quality detection[J]. Computers and Electronics in Agriculture, 2018, 152: 302-313.

Wang W, Li C. Size estimation of sweet onions using consumer-grade RGB-depth sensor [J]. Journal of Food Engineering, 2014, 142: 153-162.

Wang Z, Hu M, Zhai G. Application of deep learning architectures for accurate and rapid detection of internal mechanical damage of blueberry usinghyperspectral transmittance data[J]. Sensors, 2018, 18: 1-14.

WangY X, Sun Y, Li Y H, et al. Classification and monitoring of cucumber plant diseases in greenhouse based on chlorophyll fluorescence imaging[J]. Journal of Nanjing Agricultural University, 2020, 43(4): 11.

Wei J, Qian Z, Bo X, et al. A nighttime image enhancement method based on Retinex and guided filter for object recognition of apple harvesting robot: [J]. International Journal of Advanced Robotic Systems, 2018, 15(1): 112-122.

Xu G, Zhang F, Shah S G, et al. Use of leaf color images to identify nitrogen and potassium deficient tomatoes[J]. Pattern Recognition Letters, 2011, 32(11): 1584-1590.

Xu L, Zhao Y. Automated strawberry grading system based on image processing [J]. Computers and Electronics in Agriculture, 2010, 71(supp-S1): S32-S39.

Yang S, Zheng L, Gao W, et al. An efficient processing approach for colored point cloud-based high-throughput seedling phenotyping[J]. Remote Sensing. 2020, 12(10): 1540.

Yang Y, Wang X, Zhang Y, et al. Detection of pepper leaves nitrogen content using chlorophyll fluorescence and machine vision technology[J]. International Journal of Simulation: Systems. 2016, 17(42): 51. 1-51. 8.

Yuan Ting X C. Information acquisition of cucumber fruit in greenhouse environment based on nearing infrared image[J]. Spectrosc Spect Anal. 2009; 29(8): 2054-8

Zhang Q, Chen S, Yu T, et al. Cherry recognition in natural environment based on the vision of picking robot[J]. IOP Conference Series: Earth and Environmental Science, 2017, 61: 12-21.

Zhao C J. Big data of plant phenomics and its research progress[J]. Journal of Agricultural Big Data, 2019, 1(2): 5-18.

Zhong Y, Gao J, Lei Q, et al. A vision-based counting and recognition systemforflying insects in intelligent agriculture[J]. Sensors, 2018, 18: 1-19.

附录

Aboveground Biomass	地上生物量
Canopy Height Model	树冠高度模型
Controlled-environment Agriculture	设施农业
Extreme Learning Machine	极端学习机
Green Spot Index	绿斑指数
High-throughput Phenotyping	高通量表型
Hoophouse	环形温室
Lidar	激光雷达
Linear Discriminant Analysis	贝叶斯线性判别分析
Partial Least Squares Method	线性偏最小二乘法
Polytunnel	大棚
Principal Components Analysis	主成分分析
Radar	雷达
Sunlight Greenhouse	日光温室
Support Vector Machines	支持向量机
Terrestrial Laser Scanning	陆地激光扫描
Vertical Farming	垂直温室
X-ray Fluorescence	X 射线荧光

第七章　基于设施农业能源数据融合在线安全智能综合分析

学习目标

- 了解设施农业和能源异构数据融合背景；
- 理解设施农业与能源数据融合的主要问题；
- 掌握农业能源数据融合关键技术；
- 熟悉设施农业能源数据融合的应用场景；
- 熟悉设施农业能源安全预警平台监测元件、子系统的组成及其作用；
- 对设施农业能源安全预警的未来研究有自己的认识；
- 熟悉设施农业与能源系统常用的安全预警指标与指标的选取原则；
- 掌握设施农业及能源系统安全指标的几个预测算法。

第一节　设施农业和能源异构数据融合

一、背景

当前我国十分重视建设设施农业与能源系统深度融合的农业能源互联网。2021 年中央一号文件指出，要实施乡村能源建设工程，加大农村电网、微管网供气系统建设；国家能源局党组召开“乡村振兴”专题会强调，要加快推进农村能源转型变革，全面提升农村用电质量。农业能源互联网是助力乡村振兴的一种工程模式，含有高比例新能源和热电联产机组，可以实现水-电-气-热多能耦合协同，推动设施农业的发展，发展潜力巨大，但面临农业和能源的协同安全问题：设施农业环境的调控需要消耗能源，能源系统的不安全状态会破坏设施农业环境，导致低温冻害、农作物枯死等灾害发生；农业电网往往处于配电网薄弱环节，其本身又是现代农业生产的生命线，新能源并网后安全问题更加突出，农电负荷激增会导致电力设备过负荷。综上，农业能源互联网在线安全分析领域的研究还存在大量空白，无法满足粮食安全和能源安全的需要，亟须深化基于设施农业能源数据融合的在线安全分析研究。

设施农业能源互联网基础数据来源如图 7-1（彩图另见二维码 7-1）所示，呈现多源、异构、高维等典型的数据特征。如何应对多传感器数据的集成管理和高效应用，是设施农业园区能源互联网实现在线安全智能分析需要解决的首要问题。

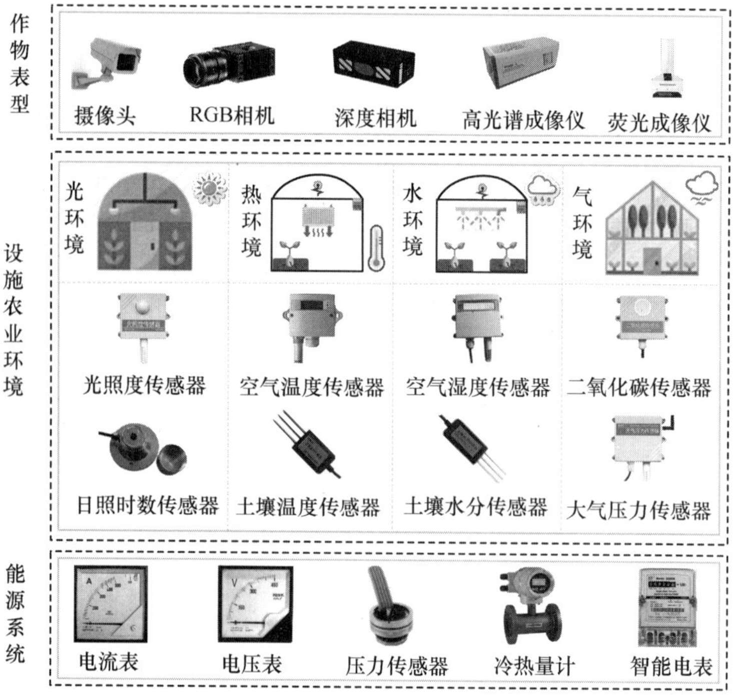

二维码 7-1　设施农业能源互联网基础数据来源

图 7-1　设施农业能源互联网基础数据来源

设施农业园区实现各项参数的超前预警依赖于实时监测数据的精确度，而采用多传感器采集数据时可能出现较大的偏差。对各传感器采集的信息进行单独、孤立的处理，不仅会导致信息处理工作量的极大增加，还会割断各传感器信息间的内在联系，丢失信息经有机组合后可能蕴含的有关环境的特征，造成信息资源的浪费。数据融合技术可有效解决上述问题，它充分利用不同空间与时间的多传感器数据资源，对按时间序列获得的多传感器观测数据，采用计算机技术，在一定准则下进行综合、分析、使用和支配，获得对被测对象的一致性描述与解释，以完成所需的决策和估计任务，使系统获得比它的各个组成部分更优越的性能。

二、主要问题

(一)园艺设施

含有高比例新能源的设施园区系统的供电能力和供热能力是变化的，会影响到植物工厂的能源供应。能源系统的实时测量数据无法和农业传感器数据直接融合，需要将能源系统的状态信息转化为园艺设施可以利用的农业环境信息。

(二)能源系统

农业集约化生产对能源系统具有影响，植物工厂能耗是一种独特的气象敏感负荷，它伴随天气变化的随机特性会影响到能源系统的运行状态。能源系统状态估计也无法直接利用农业传感器数据，需要将农业环境的控制信息转化为植物工厂能耗预测信息。

(三)关键技术与应用

1. 关键技术

多传感器数据融合技术是指利用计算机对按时序获得的若干观测信息,在一定准则下加以自动分析、综合,以完成所需决策和评估任务而进行的信息处理技术。它不同于一般的信号处理,也不同于单个或多个传感器的监测和测量,而是对基于多个传感器测量结果基础上的更高层次的综合决策过程,具有提高系统的稳定性、拓展空间覆盖范围、拓展时间覆盖范围、增强系统的识别能力、增强系统的精确度等优点。多传感器数据融合示意图如图 7-2 所示,其中,可以通过冗余信息减少系统的不确定性,还能够保证在某个传感器出现故障或错误时,提高系统的可靠性和鲁棒性;互补信息使得多传感器系统能够感知由单个传感器系统所不能感知的信息特征,可有效扩展单个的性能。

多传感器数据融合算法如图 7-3 所示,大体分为随机类算法和人工智能类算法。人工智能类算法包括模糊逻辑理论、神经网络、粗糙集理论、专家系统等。

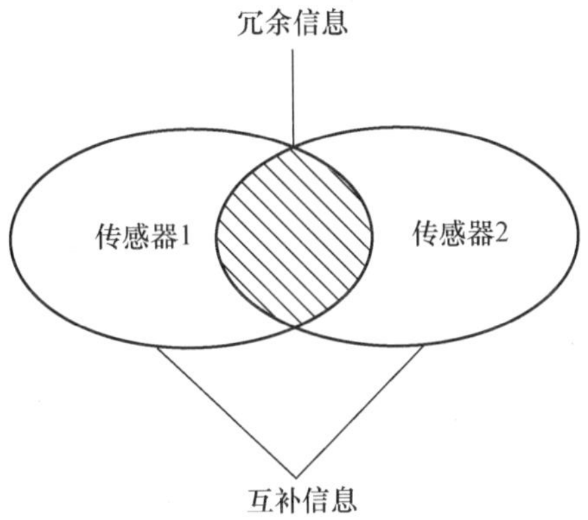

图 7-2 多传感器数据融合示意图

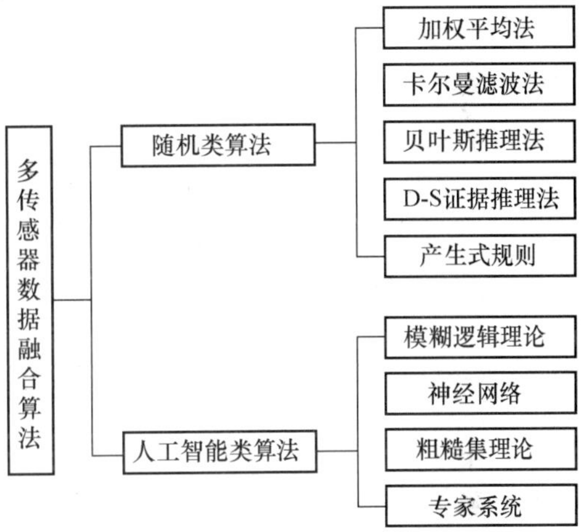

图 7-3 多传感器数据融合算法

(1)随机类算法 包括加权平均法、卡尔曼滤波法、贝叶斯推理法、D-S 证据推理法、产生式规则等。

①加权平均法:是一种最简单、最直观的数据融合算法,该方法把来自不同传感器的冗余信息进行加权,得到的加权平均值即为融合结果,其缺点在于很难获得最优加权值且确定权值需花费大量时间。

②卡尔曼滤波:特点是在线性状态空间表示的基础上对有噪声的输入和观测信号进行处理,求取系统状态或真实信号,该方法用系统状态模型及量测模型的统计特性递推给出在统计意义下最优的融合数据估计,用于动态环境中冗余传感器信息的实时融合。

③贝叶斯推理法:是推论统计的一种方法,在有更多证据及信息时,使用贝叶斯定理更新特定假设的概率,是统计学(特别是数理统计学)中很重要的技巧之一,该方法是融合静态环境中多传感器信息的一种常用方法,其信息描述为概率分布,适用于具有可加高斯噪声的不稳定情况。

④D-S 证据推理:是贝叶斯方法的拓展,属于人工智能范畴,最早应用于专家系统中,具有

处理不确定信息的能力。作为一种不确定推理方法，证据理论的主要特点是：满足比贝叶斯概率论更弱的条件，具有直接表达“不确定”和“不知道”的能力。该方法用信任区间描述传感器的信息，不仅可以表示信息的已知性和确定性，还能够区分未知性和不确定性。

（2）人工智能类算法　包括模糊逻辑理论、粗糙集理论、专家系统等。

①模糊逻辑理论：是一种多值型逻辑，其指定一个从 0 到 1 之间的实数表示其隶属度，该方法直接将不确定性表示在推理过程中，可以不依赖数学模型，因而，可以应用于模型未知的复杂系统或动态特性变化的对象。

②神经网络：是一种模仿动物神经网络行为特征，进行分布式并行信息处理的算法数学模型，依靠系统的复杂程度，通过调整内部大量节点之间相互连接的关系，从而达到处理信息的目的，该方法根据样本的相似性，通过网络权值进行调整。

③粗糙集理论：是一种处理不精确、不确定和不完全数据的新的数学方法，它可以通过对数据的分析和推理来发现隐含的知识以及揭示潜在的规律，该方法无须提供对知识或数据的主观评价，仅根据观测数据就能达到删除冗余信息，比较不完备知识的程度——粗糙度，界定属性间的依赖性和重要性的目的。

④专家系统：是一种模拟人类专家解决领域问题的计算机程序系统，其内部含有大量的某个领域专家水平的知识与经验，能够利用人类专家的知识和解决问题的方法来处理该领域问题。

近年来，人工智能在各个领域大放异彩，可以预见，强化学习、迁移学习等人工智能技术与多传感器数据融合深度结合，将起到越来越重要的作用。

2. 应用

多传感器数据融合技术广泛应用于自动目标识别、战场监视、自动飞行器导航与控制、机器人、工业过程控制、遥感、医疗诊断、图像处理、模式识别等领域，本节对多传感器数据融合技术在农业能源领域的应用详述如下：

（1）温室无线传感器网络系统实时数据融合　针对温室无线传感器网络系统的数据融合要求，提出一种多传感器实时数据融合算法。首先在节点上对各传感器数据序列进行一致性检测和三次指数平滑，然后将平滑后的数据发送到路由器或网关，基于新型支持度函数进行幂均方融合，算法运算时间较短，且融合效果优于算术平均法。

（2）基于图像与环境参数数据融合的设施植物病害诊断　以设施植物病害样本为实例，融合结构化作物生长环境参数与非结构化图像特征，通过智能化物联网，对实时采集到的环境参数进行监测、分析，并将其与图像特征融合，构建多结构病害特征最优组合模型，在较少识别时间的基础上确保识别的准确性。

（3）基于改进型支持度函数的畜禽养殖物联网数据融合　针对畜禽养殖物联网中数据异常实时检测以及多源感知数据融合的需求，中国农业大学信息与电气学院提出了一种畜禽养殖物联网数据融合方法。首先对传感器采集到的原始数据进行一致性检测，确保数据准确性；其次针对来自同类型传感器的多源同构数据，采用基于改进型支持度函数的加权算法进行数据融合处理，提高融合数据准确度；最后根据畜禽养殖物联网编码规则和数据组织格式，对畜禽养殖过程中的异构感知数据进行统一描述并转换为标准数据格式，为数据分析和应用提供数据基础。该方法流程如图 7-4 所示。

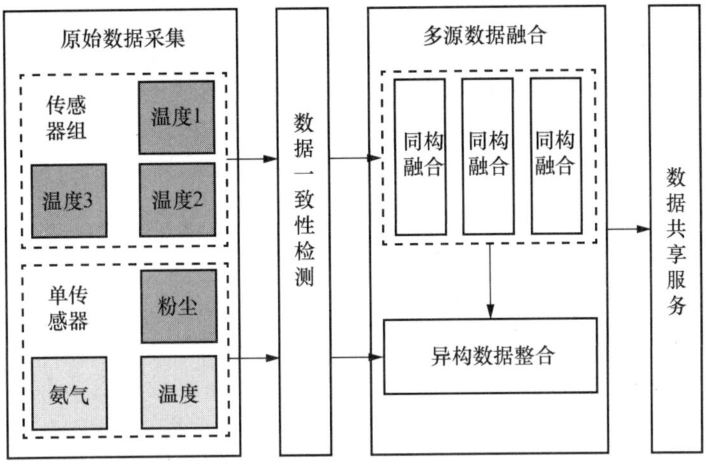

图 7-4　基于改进型支持度函数的畜禽养殖物联网数据融合方法流程

第二节　设施农业和能源系统安全指标预测

一、背景

设施农业园区能源互联网的运行安全包括设施农业安全和能源系统安全两部分，表征设施农业和能源系统安全的方法众多，其中设施农业和能源系统安全运行的状态指标可以有效定量表征设施农业和能源系统的协同安全，如图 7-5（彩图另见二维码 7-2）所示，如何建立设施农业安全和能源系统协同安全的指标体系并对安全预警指标进行精确预测，是设施农业园区能源互联网安全预警方面的一个重要的技术挑战。

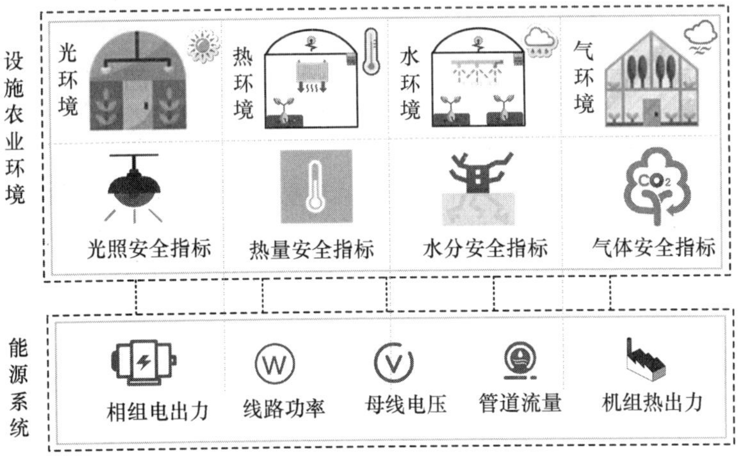

图 7-5　设施农业园区能源互联网安全预警指标

二维码 7-2　设施农业园区能源互联网安全预警指标

设施农业能源互联网安全预警理论交叉农业科学、电力科学以及信息科学的基础性问题。要实现设施农业园区能源互联网安全问题的精确预警，必须要建立设施农业和能源系统协同安全的安全预警指标体系，并对安全预警指标体系进行精确的预测。传统的设施农业安全预警和能源系统安全预警分割开来，没有形成统一的设施农业和能源系统的安全预警指标体系，一方面在设施农业方面仅考虑温度、光照、二氧化碳浓度等作物生长所需的光环境、热环境、水环境、气体环境等因素，能源系统方面仅考虑电压、功率等能源系统状态量，对于设施农业和能源系统之间的协同安全没有统一的考量指标，无法精确度量设施农业和能源系统之间的协同安全；另一方面对设施农业的环境安全指标预测以及能源系统状态安全指标预测方面也是在各自领域内进行单一预测的，没有考虑设施农业和能源系统安全之间的交互影响。设施农业园区能源互联网安全指标预测技术可以解决上述问题，在构建设施农业和能源系统安全预警指标体系的背景下，基于深度学习模型，综合考虑设施农业负荷预测信息、能源系统状态估计信息以及新能源发电预测信息，对设施农业安全预警指标和能源系统的安全预警指标进行精确预测，以保证设施农业和能源系统的协同安全。

二、主要问题

刻画设施农业与能源系统之间的协同安全首要问题是构建合理的安全预警指标体系。设施农业与能源系统的安全预警指标体系构建要充分考虑农作物种类、发育时期的差异性，设施农业安全预警指标要充分体现农作物不同发育时期对应的生理特点，能源系统按安全预警指标体系的构建需要反映设施农业负荷变化带来的能源系统状态量的变化；同时，产生设施农业安全与园区能源系统安全的时间尺度不同，这为同时刻画设施农业与能源系统之间的协同安全带来困难。

三、关键技术与应用

(一)设施农业：农业安全指标选取＋预测技术

对设施农业安全预警指标进行精确预测首先要建立设施农业安全预警指标体系，设施农业安全预警指标体系的构建要充分考虑设施农业的光环境、热环境、水环境、气体环境等环境因素，同时，需要考虑到农作物生产风险特性，包括农作物的不同生长阶段、品种差异、农作物生长的时间尺度对农业生产安全的要求等；尤其是产生设施农业安全的时间尺度问题，所选择的农业安全指标必须反映产生设施农业安全问题的时间累积过程，例如，描述作物光环境安全的光合有效辐射日总量指标，描述农作物热环境安全的日积温指标，这两种指标都反映了时间累积过程。

二维码 7-3　温室环境状态变量安全指标

设施农业环境变量是最常见的设施农业安全指标，要保证农作物的正常生长，设施环境变量需维持在安全范围内。荷兰瓦赫宁根大学设计了一种温室气候模型，该模型基于常用的温室建筑参数和温室环境调节设备，并将温室内的设施农业环境变量用一阶微分方程进行描述，可以准确预测设施农业温室内的温度、蒸汽压力以及二氧化碳浓度等设施农业环境变量，该温室的环境状态变量安全指标如图 7-6 所示，彩图另见二维码 7-3。

中国农业大学信息与电气工程学院采用物联网、云服务和微信平台结合的方式，设计开发了基于微信平台的温室环境监测与温室预测系统。该

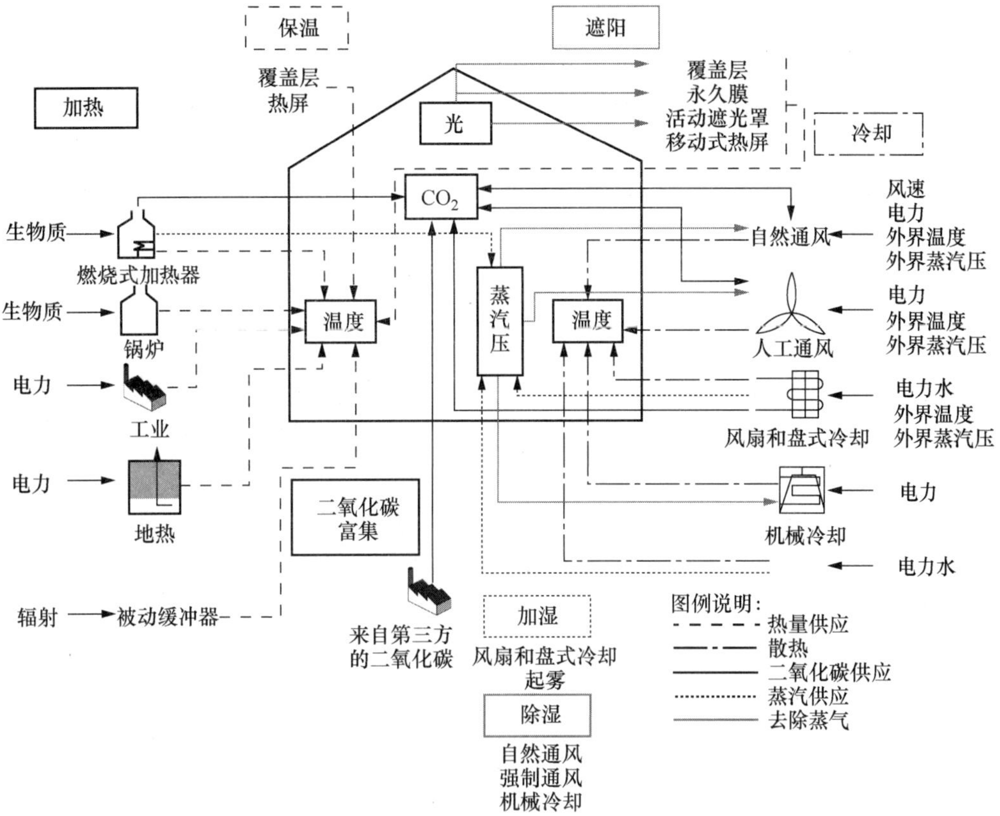

图 7-6 温室环境状态变量安全指标

系统有 3 个功能，分别为硬件设备管理、温室环境监测数据管理以及温室温度预测。系统详细功能设计如图 7-7 所示。

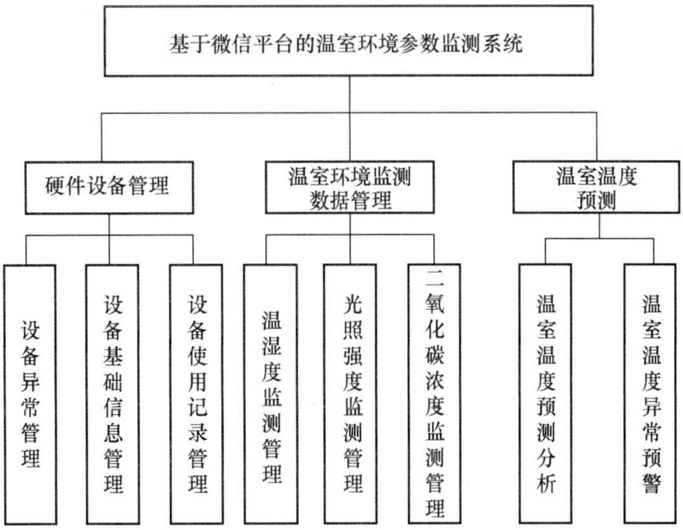

图 7-7 系统详细功能设计图

(二)能源系统:能源安全指标选取+预测技术

扬州大学提出了基于机器学习的中短期电压越限风险预判技术,将配电网的电压作为电力系统的安全指标,对其是否越限进行预测,该研究主要涉及考虑时空关联性的配电网中短期电压越限成因分析、基于随机森林模型中短期越限风险预判技术,构建考虑多重因素影响的机器学习预测模型,并进行交叉验证,评估模型准确率,计算不同变量重要性。基于机器学习的中短期电压越限风险预判技术如图 7-8 所示。

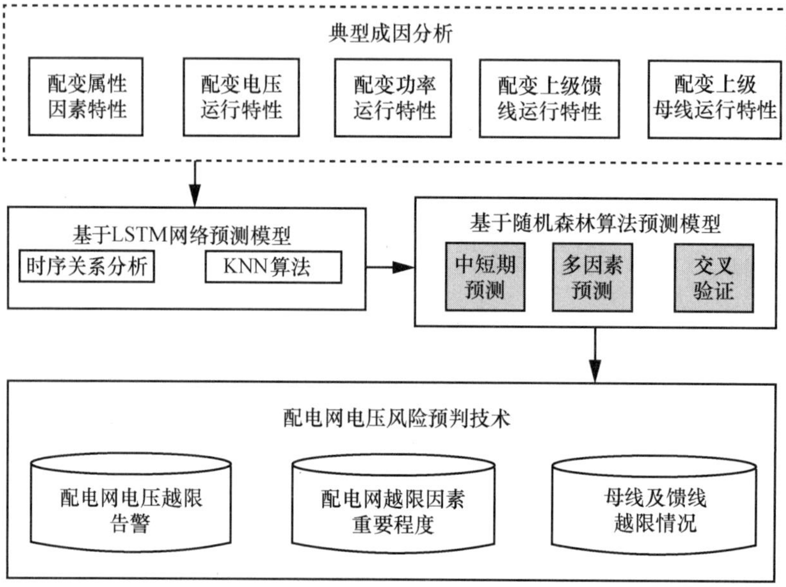

图 7-8 基于机器学习的中短期电压越限风险预判技术

输电断面的安全裕度(SM)常作为表征能源系统安全的一个重要指标,清华大学电机工程与应用电子技术系在基于电网运行状态聚类分析模型的基础之上,针对每一个电网典型拓扑结构类别,基于领域学习模式,在每一个邻域内各自建立基于深度神经网络的输电断面的安全裕度(SM)确定性预测模型,从而快速准确地预测未来一段时间后各个输电断面的安全裕度(SM)。该技术应用的深度神经网络包括两部分:SAE 和回归层,首先利用逐层堆叠的自动编码器,从时空微气象-电力大数据中逐层提取深度特征,然后,通过回归层,将最深层特征用于输电断面安全裕度预测。基于深度神经网络的输电断面安全裕度确定性预测模型示意图如图 7-9 所示。

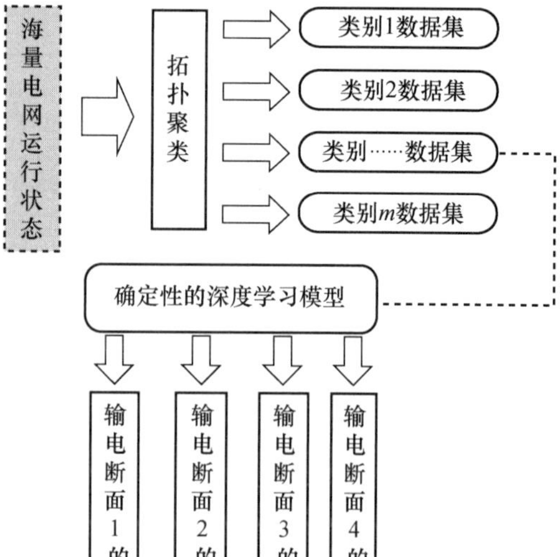

图 7-9 基于深度神经网络的输电断面安全裕度确定性预测模型示意图

第三节 设施农业能源安全预警平台

构建设施农业能源安全预警平台是设施农业园区安全有序生产的基础，本节将分别从设施农业能源安全预警平台监测元件组成、设施农业能源安全预警平台子系统组成以及研究展望做介绍。

一、设施农业能源安全预警平台监测元件组成

(一)能源系统监测元件

(1)智能电表　是设施农业园区综合能源网络的重要数据采集设备之一，是实现农业用能智慧化的基础，除了能计量设施农业的耗电量之外，还可以对光伏等新能源的上网电量进行计量，具有计量双向性。

(2)热量表　是计算设施农业所获得热量的仪表，内部含有温度传感器和流量计，利用两者所产生的信号来计算设施农业所获得的热量。

(3)燃气表　用来计量设施农业园区内热电联产机组所消耗的燃气量。

(4)压力表　主要用来计量园区内热力系统和燃气系统各个节点的压力值。

(二)设施农业环境监测元件

(1)光照度传感器　是设施农业内进行光环境调控的基础，通过将光照强度转化为电信号来获得具体的数值，单位一般为 Lux。

(2)积光仪　广泛用于设施农业内作物的管理和栽培，可用来计量作物每日所获得的有效光能积累值。

(3)日照时数传感器　用来连续测量日照时数，当照射在仪器上的辐射电压值大于某预设阈值(200 mV)时进行时间累计。

(4)光合有效辐射仪　又叫光量子计，用来计量作物所获得的光合有效辐射。

(5)空气温度传感器　通过将温度转化为可用输出信号来测量设施农业内空气的温度。

(6)积温仪　是用来测某一时段内逐日平均气温的累积值，对设施农业内作物的栽培具有重要的指导作用。

(7)土壤温度传感器　用来监测设施农业土壤的温度，根据管理的需要，将传感器埋入土壤的不同深度来测量地表温度或者地中温度。

(8)空气湿度传感器　通过采用高分子薄膜湿敏电容来感应设施农业内空气湿度的变化，进而达到测量的目的。

(9)土壤湿度传感器　又叫土壤水分传感器，利用频域反射原理来测量土壤的相对含水量。

(10)二氧化碳传感器　用于检测二氧化碳浓度。二氧化碳是绿色植物进行光合作用的原料之一，作物干重的 95%来自光合作用。因此，使用二氧化碳传感器控制浓度也就成为影响作物产量的重要因素。

(三)种苗生长状况监测元件

(1)摄像头　主要用于监控设施农业内作物的生长状况，重点对作物的表型信息进行

采集。

(2)深度相机　将深度相机用于设施农业可以利用其深度测量的功能来更加准确地感知设施农业环境的变化。

(3)三维激光扫描仪　该仪器突破了传统的单点测量方法，具有高效率、高精度的独特优势，可用于作物生长动态监控以及作物三维理想建模。

(4)高光谱成像仪　是一种用于农学领域的分析仪器，将成像技术与光谱技术相结合，可用于分析叶片成分分布、农药成分分析等。

(5)荧光成像仪　是一种用于生物学领域的分析仪器，其理论基础是荧光物质被激发后所发射的荧光信号的强度在一定范围内与荧光素的量呈线性关系。

二、设施农业能源安全预警平台子系统组成

(一)设施农业能源系统智能监测系统

设施农业能源系统智能监测系统对设施农业内的能耗、设施农业外能源的生产与调度进行监视、优化分析，依据能源优化策略管理并规划能源调度与分配，实现设施农业能耗和多能流协调运行管理，达到节能降耗、提高经济效益的目的。设施农业能源系统智能监测系统如图7-10所示，彩图另见二维码7-4，功能具体如下：

二维码 7-4　设施农业能源系统智能监测系统

图 7-10　设施农业能源系统智能监测系统

(1)人机交互　工作人员通过人机交互界面实时获取设施农业内各项设备的能耗数据以及设施农业外多能流系统的运行数据等信息，同时也可以对系统的各项参数进行设置。

(2)状态检测　包括设施农业内能源设备检测和多能流SCADA。设施农业内能源设备检测包括补光灯、热泵、水肥一体化等设施环境调控设备的工作状态检测，即能源运行状态的检测。多能流SCADA用于设施农业外电-热-气多能流耦合系统的实时数据采集，完成相应的监控功能。

(3)分析评估　对多能流系统进行状态估计与安全评估，并根据设施农业内的各项环境参数、各项能源设备的运行状态、用户所设定的各项参数等信息，对整个系统的运行状态进行评

估，制定能源优化调度策略，为设施农业内环境管理提供决策支持。

(4)运行控制　根据分析评估过程中所计算出的优化调度策略，对设施农业内用电、热、气、水等能耗设备进行优化控制，完成设施农业内环境的精准调控；同时，对设施农业外的多能流系统进行综合调度和控制，具体包括计划启停、日前调度、日内调度和实时控制。

(二)智能物联网监控及预测预警系统

基于气象站、传感器、摄像头等设备，实现对大田、温室的空气(空气温度、空气湿度、光照强度、降雨量、风速、风向等)、土壤墒情数据(土壤水分、土壤温度等)、作物的全面监控。同时，采用AI算法，对数据进行精确短期预测形成预报。智能视频监控及作物识别系统如图7-11所示，彩图另见二维码7-5，功能包括如下：

图 7-11　智能物联网监控及预测预警系统

(1)传感器温测模块　安装室外气象站、室内小气候传感器、土壤传感器，用于监控空气温度、空气湿度、光照强度、降水量、风速、风向、土壤水分、土壤温度等。

(2)多终端支持　支持电脑和手机端通过网页访问。网页将自适应电脑浏览器和手机浏览器，方便用户在手机上随时查看基地的实时动态。

二维码 7-5　智能物联网监控及预测预警系统

(3)预警模块　对数值或预测值超过设定值范围的情况进行预警。

(4)数据报表模块　天气、土壤等数据按照时间序列形成走势图，供管理人员查看数据变化，支撑农业生产。

(5)历史数据查询模块　支持各类数据按照指定的时间段查询和下载。包括天气、土壤数据的查询和下载，以及各类摄像头抓图、影像等数据的查询和下载。

(6)智能预测模块　采用AI算法，对未来1～12 h内的短期温度、湿度、光照等重要因素进行智能预测，实现农业极端气候的预警预报，指导农业智能化生产。

(三)智能视频监控及作物识别系统

通过在作物种植现场部署的摄像头等监控设备，将作物大田、温室的现场实时视频图像和农作物生产过程监控视频传输至监控中心，对整个作物生产过程实行可视化管理，实现农业自动化、智能化、网络化管理跟踪。视频监控系统接入公网后，客户可以通过远程视频，查看作物产品线及生产状态。同时，通过摄像头采集小麦、玉米作物的图像进行分析，对其长势、健康状况、作物病虫害等进行识别和分析，自动、高效地对作物生长情况进行评估、记录，帮助种植企业和管理者快速地掌握作物生长状态，并对不健康的状态进行预警。智能视频监控及作物识别系统如图 7-12 所示，彩图另见二维 7-6，模块功能如下：

图 7-12 智能视频监控及作物识别系统

二维码 7-6 智能视频监控及作物识别系统

(1)实时视频模块 支持分区域实时查看现场影像，与物联网平台配合，支持多类摄像头设备，包括作物监控球机、动态监控枪机等多类设备。

(2)图像视频抓取模块 每天自动抓取作物生长图像、视频，抓取频率可配置。

(3)历史图像视频查询下载模块 可以查看、下载历史图像视频。

(4)智能作物长势分析模块 利用图像识别 AI 算法，对作物长势、株高株型、叶片数量、叶面长宽、发芽开花、果实数量等作物表型等因素进行智能识别，并形成作物档案。

(5)智能测产模块 利用图像识别 AI 算法，对作物的产量进行智能预测。

(6)智能病虫害分析模块 利用图像 AI 算法，对常见作物病害、虫害进行分析，形成作物病虫害档案。

三、研究展望

当前设施农业能源安全预警还存在一些问题。在能源侧，目前大多数的研究都是单纯地针对能源系统的运行状态来进行安全分析，尚未考虑具有气象敏感性的集群设施农业负荷对能源网络的影响。在农业侧，目前大多数的研究都集中在设施农业环境及其调控建模方面，且将外部电源等效为理想电源，并不符合高比例新能源接入设施农业园区后的能源特性，在部分场景下很可能出现供电不足而导致农业生产无法进行的局面。就目前而言，将能源侧和农业侧采集到的数据进行融合分析是一种有效的方法，但需要注意的是，这些需要融合的数据都呈现非常强的异质性，如设施农业的光环境、热环境、水环境等状态变量数据，作物的生长状态数据、天气数据，以及冷、热、电、气的能源系统数据，在进行融合分析时并不是将这些异质数据的特征简单地连接起来。因此，针对上述问题并结合本章的第一节和第二节，设施农业能源安全预警未来的研究展望有以下三点：

（1）基于异质能源数据融合的综合供能系统预警方法　基于综合能源系统状态估计模型以及深度学习模型，利用能源网络状态信息、设施农业负荷预测信息、新能源出力预测信息来综合判断未来供能安全裕度等安全指标。

（2）设施农业与能源系统交互影响机理模型　分别以设施农业环境和园区综合能源网络为研究对象，分析供能裕度对设施农业环境调控的影响以及设施农业集群化对综合能源网络的影响。

（3）基于能源与农业数据融合的农业预警方法　通过构建植物表型信息与生长状态关联的数据驱动模型、考虑设施农业调控能耗的环境预测模型以及农作物生长状态预警模型来实现农作物生理状态的预测并及时预警。

本章小结

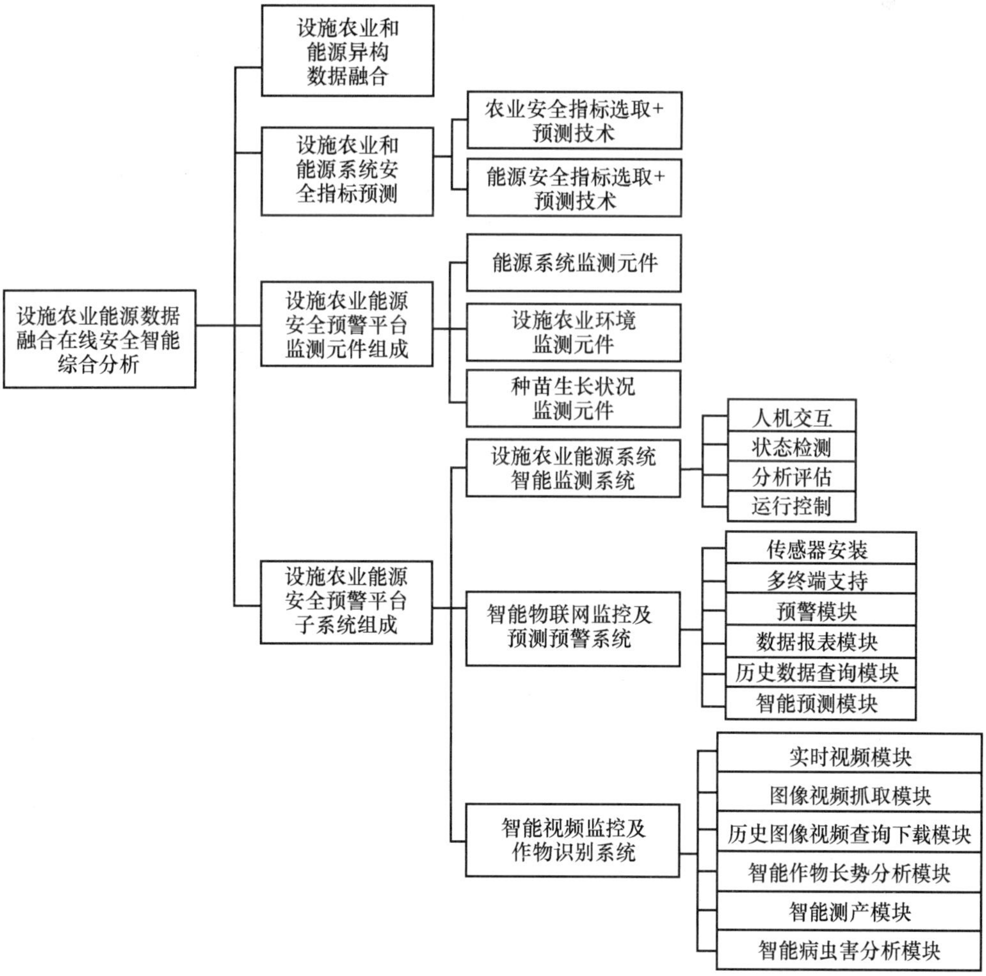

复习思考题

1. 农业能源互联网研究所需的基础数据主要包括哪些？
2. 设施农业和能源异构数据融合所面临的主要问题是什么？
3. 简述主要的多传感器数据融合技术。
4. 设施农业与能源系统安全指标体系构建面临的主要问题是什么？
5. 设施农业与能源系统安全预警指标体系主要包括哪些指标？
6. 设施农业及能源系统安全指标的几个预测算法分别是什么？
7. 设施农业能源安全预警平台与普通的设施农业环境安全预警平台、能源安全预警平台有什么区别和联系？

参考文献

段青玲，肖晓琰，刘怡然，等．基于改进型支持度函数的畜禽养殖物联网数据融合方法[J]．农业工程学报，2017，33(Z1)：239-245.

黄天恩．电力系统仿真大数据驱动的在线安全评估与调控[D]．北京：清华大学，2019.

马令希，付学谦．考虑农业-气象-能源耦合的农业能源互联网理论及应用[J]．中国电力，2021，54(11)：115-124.

任延昭，陈雪瑞，贾敬敦，等．基于微信平台的温室环境监测与温度预测系统[J]．农业机械学报，2017，48(S1)：302-307.

许可．基于大数据与机器学习的配电网电压质量异常预测技术研究[D]．扬州：扬州大学，2021.

中共中央国务院．关于全面推进乡村振兴加快农业农村现代化的意见[EB/OL]．[2021-02-21]．http://www.moa.gov.cn/xw/zwdt/202102/t20210221_6361863.htm

Aguilar O，Lasso E，Corrales J. Web service adaptation for the customization of early alerts in agriculture[J]. Revista Ingenierías Universidad de Medellín，2020，19(37)：2248-4094.

Caron F，Duflos E，Pomorski D，et al. GPS/IMU data fusion using multisensor kalman filtering：introduction of contextual aspects[J]. Information Fusion，2017，7(2)：221-230.

Perdikaris P，Raissi M，Damianou A，et al. Nonlinear information fusion algorithms for data-efficient multi-fidelity modelling[J]. Proceedings of the Royal Society A：Mathematical，Physical and Engineering Sciences，2017，473(2198)：2016.0751.

Sharafi S，Ramroudi M，Nasiri M. Role of early warning systems for sustainable agriculture inIran[J]. Arabian Journal of Geosciences，2016，9(19)：17.

Zhang G，Zhang D，Li D，et al. Research on key technologies of video intelligent identification and security management and control system in substation[J]. International Journal of Simulation：Systems，2016，17(26)：6.

Zhang P，Li T，Wang G，et al. Multi-source information fusion based on rough set theory：Areview[J]. Information Fusion，2021(1)：68-75，117.

附录

Agricultural Energy Internet(AEI)	农业能源互联网
Bayesian Inference	贝叶斯推理
Collaborative Security	协同安全
Data Fusion	数据融合
Deep Learning Model	深度学习模型
Deep Neural Network	深度神经网络
D-S Evidence Theory	D-S 证据理论
Early Warning System	预警系统
Energy System	能源系统
Environment Variable	环境变量
Expert System(ES)	专家系统
Facility Agricultural Environment	设施农业环境
Fuzzy Logic	模糊逻辑
Internet of Things(IoT)	物联网
Kalman Filtering(KF)	卡尔曼滤波
Load Forecasting	负荷预测
Neural Networks(NNs)	神经网络
New Energy Generation	新能源发电
Production Rule	产生式规则
Rough Set Theory	粗糙集理论
Safety Index System	安全指标体系
Safety Margin	安全裕度
State Estimation	状态估计
State Variable	状态变量
Transmission Section	输电断面
Voltage Limit	电压越限
Weighted Average	加权平均

第八章　设施农业智能节能技术

学习目标

- 熟悉设施农业中常用的可再生能源技术；
- 熟悉设施农业中常用的主动式节能技术；
- 熟悉设施农业中常用的被动式节能技术；
- 了解设施农业智能节能技术的应用场景。

第一节　可再生能源技术

工业化以来，世界能源消费剧增，煤炭、石油、天然气等化石能源资源消耗迅速，尤其是以煤炭和石油为主要能源的第一次工业革命和第二次工业革命，规模化生产及大规模温室气体的排放导致全球臭氧层破坏，使大气变暖，直接或间接导致各种极端天气。农业是温室气体排放的重要来源，研究统计，农业、林业和其他土地利用（Agriculture，Forestry and Other Land Use，AFOLU）部门是当今全球温室气体排放的重要贡献者，每年约占人为二氧化碳排放总量的 12%，其中大部分是由森林砍伐造成的。对于二氧化碳以外的其他温室气体，AFOLU 的份额更大，占全球甲烷总排放量的 46%，占氮氧化物总排放量的 73%。甲烷排放主要由水稻和牲畜生产造成的，氮氧排放主要是由施用合成肥料引起的。联合国政府间气候变化专门委员会（Intergovernmental Panel on Climate Change）进行了有关农业碳排放的数据统计，结果表明，全球碳排放的总量中有 30%属于农业碳排放。

能源的分类多种多样，按能源性质分为燃料型能源（石油、天然气、煤炭、泥炭、木材）和非燃料型能源（地热能、海洋能、水能、风能）。按能源消耗后是否造成环境污染分为污染型能源和清洁型能源，污染型能源包括石油、煤炭等，清洁型能源包括太阳能、风能、水电以及核能等。按照能源可否反复获取分为再生能源和非再生能源，人们对一次能源又进一步加以分类。凡是可以不断得到补充或能在较短周期内再产生的能源称为再生能源，反之称为非再生能源。

农业作为碳排放的重要来源，提高可再生能源在农业生产中的使用，不仅有利于中国低碳发展目标的完成，还有利于石油农业模式的转型和调整，促进农业的可持续发展。设施农业作为农业的重要组成部分，本节将介绍可再生能源技术在设施农业中的应用。

一、太阳能

(一)太阳能概述

太阳能是太阳内部连续不断的核聚变反应过程产生的能量，是太阳的辐射能量，人类所需的能量绝大部分都直接或间接地来自太阳。

1. 太阳能的优点

(1)能量巨大 目前全球能源的消耗总量为 1.39×10^{13} J/s，其中到达地球表面的太阳能有 1.7×10^{17} J/s，为全球能源的消耗总量的 12 000 多倍。太阳能提供了地球的绝大部分能源，是人类可以使用的最丰富能源，充分开发太阳能使用，可以保障人类能源安全。

(2)分布广泛 太阳可以覆盖到地球的每一个角落，是使用十分广泛的一种能源。

(3)清洁可再生 使用太阳能，不排放任何污染气体和有害物质，不会影响气候变暖。

2. 太阳能的缺点

(1)低效性 尽管地球表面的太阳辐射的总量很大，但是能流密度很低。收集太阳能需要足够大的太阳能板和场地，场地和设备的成本等决定太阳能使用的低效性。

(2)间歇性 一是由于地球自转，白天有太阳，晚上没有太阳；二是当地天气的原因，阴天和雨天没有太阳。这两点原因决定太阳能能源使用的不稳定性，只能作为辅助能源，需要配合其他供能或蓄热设备使用。

(3)差异性 虽然太阳能分布十分广泛，但不同地区的差异性也很明显。如在光照充分地区，使用太阳能发电作为能源使用是可行的，但在光照不充分地区就不太适用。

太阳能作为一种主要的可再生能源，具有无污染、无辐射、分布广、总量大等诸多优点。随着科学技术的发展和进步，人类能量消耗的增长趋势十分明显，提高太阳能的应用规模和利用效率，是解决能源问题的一个策略。

(二)太阳能在园艺设施农业中的应用

园艺设施农业是指在环境相对可控条件下，采用工程技术手段，进行动植物高效生产的一种现代农业方式。第五章提到太阳能可应用于设施土壤环境的消毒等。园艺设施农业中的设施温室本身就是对太阳能吸收和利用的典型。本节先介绍常见的设施园艺温室，如塑料大棚、日光温室、Venlo 玻璃温室，结合光伏技术，光伏设施温室目前正在迅速发展。在冬季，很多地区使用太阳能采暖系统来对温室进行供热。

1. 塑料大棚

塑料大棚是园艺设施的一种重要形式，利用竹木、钢材等材料，并覆盖塑料薄膜，搭成拱形棚，是一种成本低、易搭建的保护地栽培设施(图 8-1)。塑料大棚能够利用太阳能，具有一定的保温增温效果，可以通过卷膜在一定范围内调节棚内的气候环境，如温度、湿度等。

温室大棚的增温和保温效果，为秋冬反季节蔬果的生长和上市提供保障，同时搭设成本较低，作物生长周期较短，高品质蔬果和反季节蔬果收购价格较高，不仅受到广大消费者的欢迎，还能给农民带来不错的经济收入，受到农民的青睐。

2. 日光温室

日光温室在我国北方是应用最广泛的一种园艺设施(图 8-2)，占我国园艺设施总面积的 1/3，其独特的北墙结构和兼具保温和蓄热的功能，使蔬菜在北方地区能够实现反季节生产。

图 8-1　塑料大棚(山东寿光农业产业园)

日光温室作为我国特有的温室结构,在我国农业种植业扮演着重要的角色。日光温室即节能日光温室的简称,也可称为暖棚,日光温室的主要功能是采光储热、防风换气、调温调湿等。

图 8-2　日光温室(北京国际农业科技园)

3. Venlo 玻璃温室

Venlo(芬洛)式智能玻璃温室(图 8-3)是以钢架为支撑结构,以塑料、玻璃等为覆盖物,四连栋以上,采用计算机集散网络控制结构对温室内的空气温度、基质温度、相对湿度、浓度、基质水分、光照强度、水流量,以及 pH、EC 值等参数进行实时自动调节、检测,创造植物生长发育的最佳环境以满足温室作物生长发育需求的大型保护地设施。设计理念为"坚持科学、实用原则;坚持提高土地资源使用率、节能、节水、高效的原则;坚持温室结构用材以及设备选购先进、可靠、适用原则"。

玻璃温室使用玻璃,透光度大于塑料大棚和日光温室,也大于 PC 阳光板温室,透光率可达 90%以上,可以更好地利用太阳能。

4. 光伏温室

太阳能光伏利用是指通过光生伏特效应(Photovoltaic Effect,简称光伏效应),将太阳光直接转换为电能的太阳能利用方法。无论是独立使用还是并网发电,其主要系统都是由太阳能电池板、控制器和逆变器等电子元器件组成的。

光伏温室是集太阳能光伏发电、智能温控系统、现代高科技种植为一体的设施温室,设施

图 8-3　Venlo 玻璃温室(北京国际农业科技园)

采用钢制骨架,上面覆盖太阳能光伏组件,同时保证太阳能光伏发电和整个温室农作物的采光需求。太阳能光伏所发电量,可以支持设施内的灌溉系统,对植物进行补光、解决设施温室冬季供暖需求,提高设施内温度,促使农作物快速生长。

光伏温室有两种类型:一种类似于传统的日光温室,带有保温性能良好的墙体,在采光面上安装有太阳能光伏电池板,称为太阳能光伏日光温室;另一种类似于传统的连栋温室,屋顶向阳面安装有太阳能光伏电池板,墙体透明,以薄膜、玻璃或阳光板为墙体材料,保温性较差,称为太阳能光伏连栋温室(图 8-4)。对于大多数地区而言,鉴于发电与植物生长的矛盾,太阳能光伏日光温室适合在夏季强光月份应用,而不适合在冬季弱光月份应用,也就是说在低温季节不能既发电又进行农业生产。故而在大多数情况下,只适宜建造太阳能光伏连栋温室。但在西藏、青海等地白天光照强、夜间温度低的特殊条件下,更适于设计建造太阳能光伏日光温室。

图 8-4　太阳能光伏连栋温室(周长吉,2013)

可变波长的光伏温室采用可变波长的光伏系统(WSPVs)(图 8-5),这项新技术相对于传统的光伏系统,发电效率更高,成本更低。这些温室装备了透明屋顶面板,且在其中嵌入了明亮的红色荧光染料。这些染料可以吸收光线,并将能量转移到狭窄的光伏条上,从而产生电力。WSPVs 吸收蓝色和绿色波长,让其余的波长通过,使得作物得以成长。

5. 太阳能采暖系统

太阳能采暖系统是一部分温室种植常用的冬季采暖方式,太阳能温室采暖系统主要的热源设备是太阳能集热器(真空管)、保温水箱、供暖循环泵、智能控制柜、采暖末端(一般还是选择暖气的多一些)、集热器支架等,其他配件是管道、电子阀之类。

图 8-5　WSPVs 光伏温室

因为太阳能的间歇性和差异性，利用太阳能采暖有一个缺点，就是在连续阴天或雪天的情况下，太阳能无法满足采暖的需求，需要在整个系统中配有相应的辅助热源（如热泵、电加热、壁挂炉），才能运行整套的太阳能采暖系统。

太阳能热泵系统由太阳能（真空管）集热器、（空气源）热泵、保温储水箱、循环水泵、温室供暖管道等组成（图 8-6，彩图另见二维码 8-1），真空管集热器通过太阳能将水加热后储存于保温储水箱之内，夜间将保温储水箱里的热水通过管道循环到温室的暖气片对温室进行供暖。以一间草莓温室为例，该温室供暖为自动控制模式，热泵自行启动的温差为 5 ℃，若遇到阴雨天气，太阳辐射不能将水箱内的水加热至 50 ℃，或夜间为温室供暖过程中水温下降至 50 ℃以下，则热泵加热模式启动，将水温加热至 55 ℃；温室内的循环水泵启动温度设定为室温低于 12 ℃时或室温高于 20 ℃时循环水泵自动停止工作。

二维码 8-1　太阳能热泵系统供暖原理

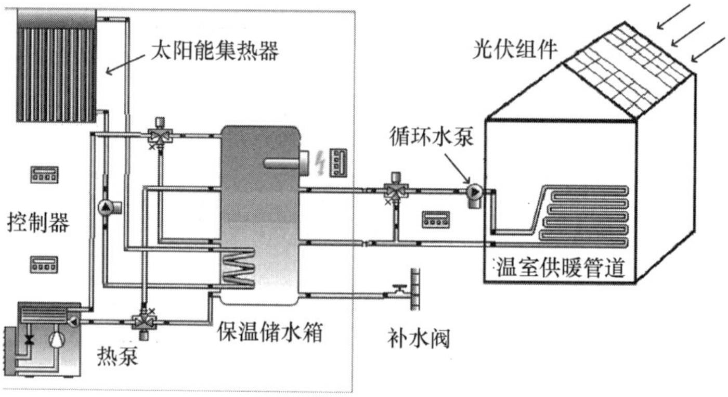

图 8-6　太阳能热泵系统供暖原理（唐伊恋等，2018）

二、风能

（一）风能概述

地球上的风是由太阳辐射产生的热能引起来的。太阳光可以照射在地球表面，而由于地球表面不同的地方接受光热的能力不同，因此会在各个区域产生温度差，进一步由于热密度差引起大气对流，当大气对流运动时就会产生风。

1. 风能的优点

风能资源作为一种清洁的可再生能源。其优点有：

(1)可再生性　风能是太阳能众多转换形式中的一种，在地球上分布广泛。

(2)清洁无污染　风能本身属于清洁型能源，而且目前的风能利用和转化技术是环保无污染的。

(3)技术成熟　在目前的新能源开发利用中，风力发电属于利用技术相对最为成熟，同时还具有易获取、分布广泛、经济性较好等特点，而且开发所需的成本比太阳能等其他新能源要低，所以风能资源是一种具有规模化、商业化开发条件和广阔发展前景的自然资源。风力发电已成为世界可再生能源发展的重要方向。

(4)发展潜力大　我国位于亚洲大陆东南，比邻太平洋西岸，属于季风强盛的区域。我国具有广袤的草原和一望无际的海岸线，风能资源储备非常丰富。同时，风能的发展对于解决能源与环境保护、能源与发展之间的矛盾作用显著，并具有良好的开发前景，潜力巨大。据有关数据显示，中国陆上离地 10 m 高度风能资源总储量约 43.5 亿 kW，这个数字稳居世界首位。海上 10 m 高度可开发和利用的风能储量约为 7.5 亿 kW。我国风能资源丰富的地区主要分布在东北、华北、西北(并称为三北地区)、东南沿海及附近岛屿。其中新疆达坂城、内蒙古和广东南澳等风力场的装机容量都已超过 5 万 kW，占全国 50%以上。

2. 风能的缺点

风能的缺点有：

(1)低效性　风能密度是决定风能大小的重要因素，要想在一定区域内获得比较多的风电能源，就需要占用大量土地来建设规模较大的风电场。

(2)不稳定性　刮风作为一种自然的天气现象，风的大小、方向每天每月都会有所变化，具有不确定性，因此，风能资源难储存。

(3)差异性　在水平空间上，不同的地形，随着山地、丘陵、平原、高原等地势的变化，风力大小分布的差异性将特别明显。例如，在地形交错过渡地区，宽阔大陆的收缩地带等良好地形区的风力会比邻近区域中不利地形下的风力大很多。不同的气候区的风能资源差异也特别大，如沿海地区的风能资源要比内陆深处的丰富。在垂直空间上，具有层次分布性，由于气压、空气密度等因素的差异，不同高度层上的风能资源差异也较大。

(二)风能在设施农业中的应用

1. 风力提水

风能的一般应用形式为风提供的机械能作为动力，利用风带动各种人造的机械装置的正常运行，以达到生产、生活的目的，如清选谷物、风帆助航、提水灌溉、风能制热等。我国宋代的立式风车就是一种由风力驱动使轮轴旋转的机械，其结构由平齿轮、立轴和风帆等组成进行回转运动，旋转的轮轴带动磨或水车，以实现齿轮的啮合与分离，起到离合器的作用，从而达到磨麦或取水灌溉的目的。

风力提水作为风能利用的主要方式之一，沿用传统风力提水的原理，现代式风力提水机在解决农牧业灌排、人畜饮水，以及水产养殖、土壤改良、制盐等方面是一种简单、可靠、有效的实用技术(图 8-7)。

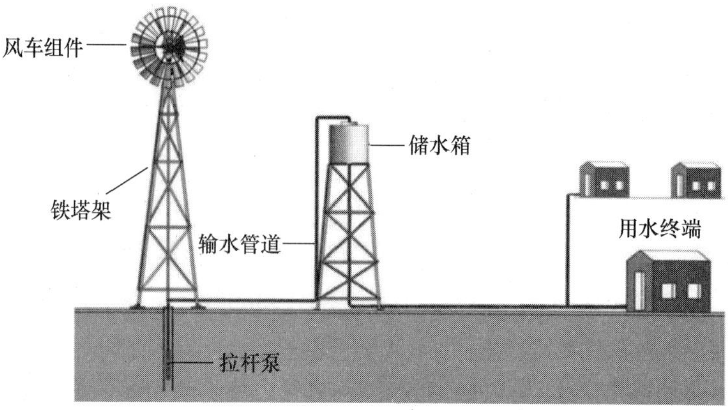

图 8-7　风力提水系统示意图

2. 热风发电温室

热风发电温室需要在农业温室大棚基础上，增加太阳能烟囱（图 8-8）。温室大棚表面可以采用原有的透明塑料薄膜，也可以采用透明玻璃盖板，以便增加太阳光的透射。当太阳辐射出的短波照射温室大棚时，棚内地面吸热层可以吸收短波。温室大棚内的空气可以使太阳短波辐射到达地面，同时很好地阻隔地面发出的长波辐射。这时棚内地面上方被加热的空气受热膨胀，密度变小，与棚内冷空气之间形成对流，向上运动进入温室大棚中部的烟囱，上升的气流推动涡轮叶片转动。此时，热能就转化成动能，叶片一转动发电机就会发电，动能就转化成了电能。温室大棚与地面有一定高度可以使棚外的冷空气通过四周的间隙进入温室大棚，填充棚内的空气，这样温室大棚内就形成了一个有力的循环，可以周而复始地发电。

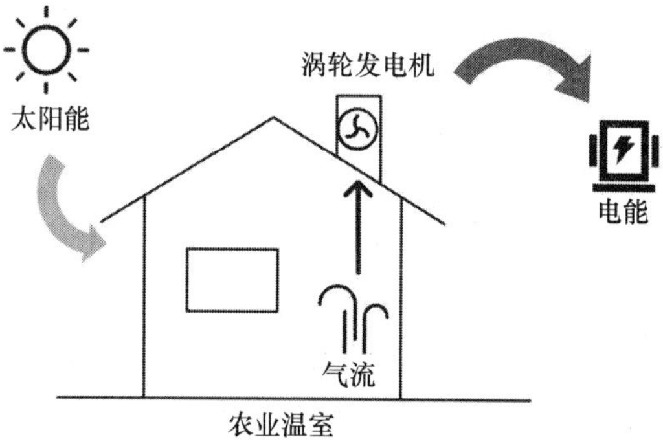

图 8-8　热风发电温室示意图

3. 风光互补发电系统

风光互补发电系统由光伏电池板、风力发电机、交流器、逆变器等组成（图 8-9）。光伏电池板、风力发电机通过变流器将电力汇集到直流母线，然后经过逆变器将直流电转换成 380 V 或 220 V 的交流电，再经过升压变压器接入市电网。当光伏电池板、风力发电机发电能力不足时，可由市电网供电。日光温室大棚供暖用电基本集中在供暖期夜间，利用风光互补发电系统在白天的发电为电锅炉供电，向蓄热水箱蓄热，夜间通过散热器为日光温室大棚供暖。

三、地热能

（一）地热能概述

地球的物理结构从外到内依次为地壳、地幔、地核（图 8-10），每层有各自不同的深度和特点，由于受到地球内部放射性物质、太阳能辐射、气候变化等因素的影响，地球内部温度也有一定分布规律，从地面向下可以分为变温层（也称外热层）、恒温层和增温层，其中，变温层为地表

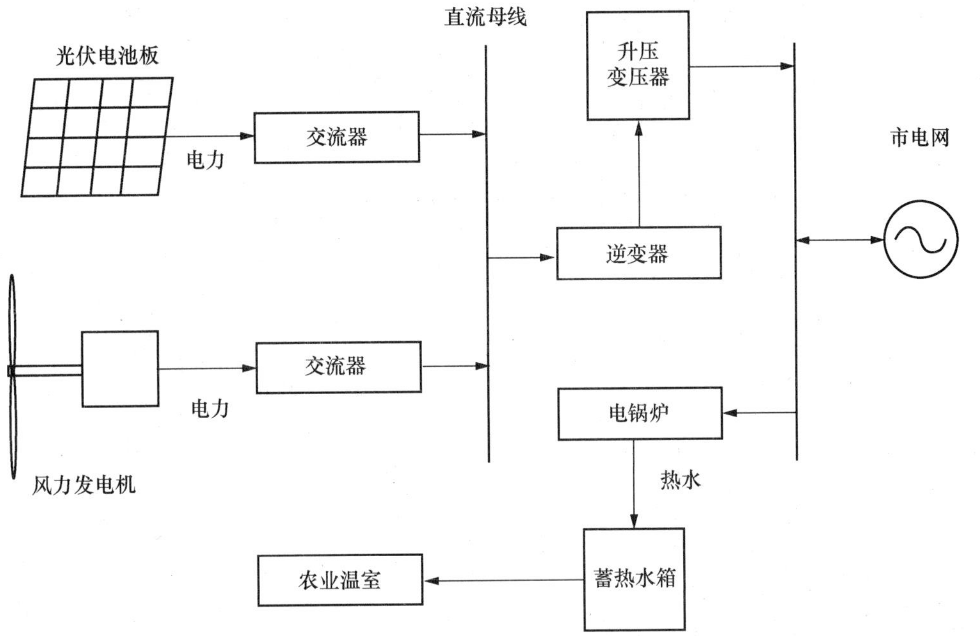

图 8-9 风光互补发电系统(宋晓帆等,2021)

外层,受太阳能辐射的影响,岩土温度一年四季都处于变化中;其下是恒温层,此层岩土温度常年维持恒定;恒温层下面是增温层(也称内热层),越往下岩土温度越高,直至地核深处。

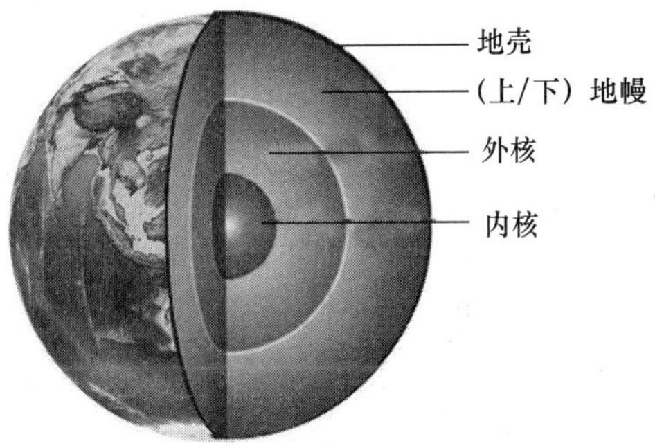

图 8-10 地球物理结构

地热能是指地壳内能够科学、合理地开发出来的岩石中的热流和地热流体中的热量。地热能是一种现实可行且具有竞争力的清洁能源,开发前景广阔。其主要优势包括:资源储量大,分布地域广;稳定可靠,不受季节、气候、昼夜变化等干扰;清洁环保,是绿色低碳、循环利用的可再生能源。

我国开发利用温泉已有 2 000 多年的悠久历史,是世界上利用地热资源最早的国家之一。地热资源的开发利用分为发电和直接利用两方面。高温地热资源主要用于发电,而中温和低温地热资源则主要为直接利用,如供暖、生活热水、洗浴、设施农业等。

(二)地热能在设施农业中的应用

1. 地热水养殖

以罗非鱼养殖为例,罗非鱼是热带鱼类,耐寒力差,当水温在 20 ℃以下时生长缓慢,最低临界温度为 10 ℃。实现罗非鱼的安全越冬的方法有多种,其中保温大棚越冬模式是大规格罗非鱼鱼种越冬的主要模式。在保温大棚越冬模式下,越冬期间大棚水温比较稳定。当大棚内水温降低时,采用相应的措施调节,如抽取地下温水或者通过锅炉加温等。

2. 地源热泵供暖/制冷

地源热泵是陆地浅层能源通过输入少量的高品位能源(如电能等)实现由低品位热能向高

品位热能转移的装置。地源热泵是以岩土体、地层土壤、地下水或地表水为低温热源，由地源热泵机组、地热能交换系统、建筑物内系统组成的供热中央空调系统。根据地热能交换系统形式的不同，地源热泵系统分为地埋管地源热泵系统、地下水地源热泵系统和地表水地源热泵系统。利用地下常温土壤温度相对稳定的特性，通过深埋于建筑物周围的管路系统与建筑物内部完成热量交换（图 8-11）。地源热泵常用于取暖、温泉、种植等。目前地源热泵技术广泛应用于农业设施中，包括地源热泵供热的花卉种植、水产养殖等。

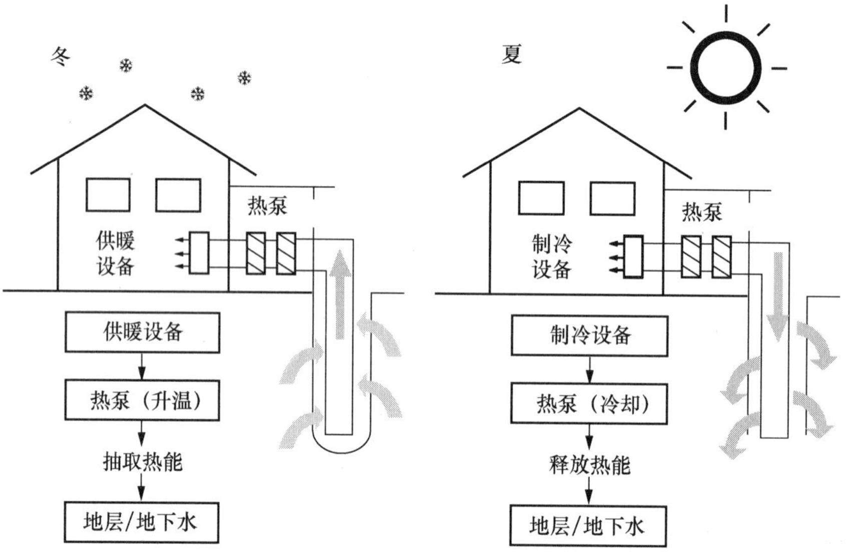

图 8-11　地源热泵供暖/制冷示意图

在严寒寒冷地区，使用浅层土壤源热泵技术时，由于严寒寒冷地区夏季很少使用空调制冷，只是采暖季单一地从地下取热，其地层温度会被破坏，热泵能效降低，供热成本会大幅度上升。

四、生物质能

（一）生物质能概述

1. 生物质能资源的分类

生物质能是指植物叶绿素将太阳能转化为化学能储存在生物质内部的能量。在生活中的生物质资源很多，依据不同的分类标准可以划分为不同种类的生物质资源，其中根据生物质资源的来源可以分为五大类：林业资源、农业资源、生活污水和工业有机废水、城市固体废物及畜禽粪便五大类。

（1）林业资源　主要包括林业木质生物质资源、木本生物柴油及部分林果淀粉植物资源。

（2）农业资源　主要是指农作物秸秆，如小麦、水稻、玉米、薯类、油料、棉花、甘蔗和其他农作物在收获籽实后的剩余部分。

（3）生活污水和工业有机废水　其中含有大量的有机物污染物，这些废弃有机物在厌氧条件下被微生物分解时需要耗费大量的氧，故常用化学需氧量（Chemical Oxygen Demand，COD）表示污染程度。这些有机物质随意排放到环境中成为污染源，而通过厌氧发酵产生沼气则成为宝贵的生物质能源资源。

(4)城市固体废物　又称城市生活垃圾，它是指城市居民日常生活或为城市日常生活提供服务的活动中产生的固体废物。

(5)畜禽粪便　是畜禽排泄物的总称，它是其他形态生物质(主要是粮食、农作物秸秆和牧草等)的转化形式，包括畜禽排出的粪便、尿及其与垫草的混合物。我国主要的畜禽种类包括猪、牛、羊、鸡、鸭、鹅、马、驴、骡和兔等十余种。

2. 生物质能的特点

生物质能的特点如下：

(1)可再生性　生物质能最大的特点就是可再生性，生物质能是通过转化太阳能得来的，而太阳能是取之不尽用之不竭的自然资源。因此，生物质能是和潮汐能、风能等一样的可再生能源，可实现长久、可持续性发展。

(2)资源丰富　我国作为世界上的人口大国、农业大国，在开发生物质能源方面有着丰富的资源可利用。

(3)对环境污染小　生物质能中硫含量、氮含量都比较少，在燃烧之后产生的有害气体 SO_2、NO_2 等都比较少，而且生物质在利用过程中的 CO_2 排放量很少，对缓解温室效应效果显著。

(4)替代优势　在现在研究的基础上，可以将生物质能源转化为生物质成型燃料、生物质可燃气、生物质液体燃料等，来替代化石能源。

3. 生物质能的转化

生物质能的利用需要经过多次转化，其转化方式主要包括生物质固化、生物质液化、生物质气化三种方式。

(1)生物质固化　将生物质资源进行高温、高压处理，压制成固态成型燃料。木屑、秸秆、稻壳等均可作为生物质固化成型的原料，但当木炭为最终产品时，木屑是唯一的原料。

(2)生物质液化　通过高温、高压将生物质转化为高热值的液态产物，也就是将固态大分子有机化合物转化为小分子液态有机物的过程。

(3)生物质气化　用氧气、水蒸气或者氢气作为气化剂，在高温下通过热化学反应，将生物质中可燃部分气化为可燃气。气化技术也是目前生物质能转化利用技术的一个重要方向。

(二)生物质能在设施农业中的应用

1. 生物质成型燃料

在我国国家政策和环保标准中，直接燃烧生物质属于高污染燃料，只在农村的大灶中使用，不允许在城市中使用。生物质燃料的应用，实际主要是生产制造生物质成型燃料(Biomass Moulding Fuel，BMF)，将农林废物作为原材料，经过粉碎、混合、挤压、烘干等工艺，制成各种成型(如块状、颗粒状等)的并可直接燃烧的一种新型清洁燃料。

天津万卓生物科技有限公司生产的生物质颗粒燃料(图 8-12)，主体为纯木质原料，不含任何黏合剂及添加剂，只将木屑经专业机械处理、压缩成型改变其密度、强度、燃烧性能等，这种成型燃料密度大，会限制挥发物的溢出速度，延长挥发物的燃烧时间，使燃烧反应大部分只在成型燃料的表面进行。

2. 生物质能清洁供暖

生物质能供暖系统综合利用生物质锅炉释放的热量调节大棚温度，并利用其产生的二氧

图 8-12　实木颗粒（天津万卓生物科技有限公司）

化碳，在大棚内部通过作物的光合作用实现能量的利用与碳循环。

生物质能供暖系统由放置在温室大棚外的生物质锅炉和配套的烟气除尘装置、蒸汽发生装置和二氧化碳储罐等组成，在大棚内部设置蒸汽出口、翅片散热器和二氧化碳释放器等，内外部由管道进行连接。生物质燃烧器加热锅炉产生水蒸气为大棚内部提供水分，保证大棚内部湿度。锅炉排出的烟气经过除尘过滤后输送到翅片散热器与大棚内部进行热量交换以调节大棚温度，随后最终汇集到二氧化碳储罐贮存，用于调节大棚内部二氧化碳浓度。

3. 生物质能电厂余热供暖

生物质直燃电厂的燃料一般为分散的农业或林业废弃物，在运行时会产生高温的烟气，如采用两级换热器，可将电厂烟气的余热用来加热空气和水（图 8-13）。根据需要通过将热风或热水串联的方式得到最高温度约为 120 ℃的热产品。生物质电厂余热广泛应用于设施温室供暖、余热热水养殖等领域。

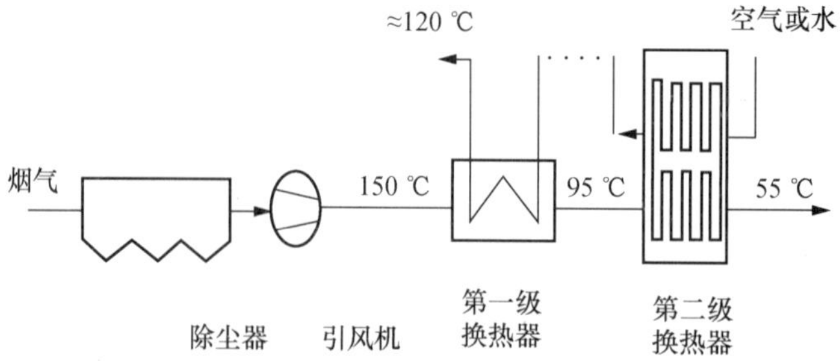

图 8-13　生物质电厂余热利用示意图（任少辉等，2020）

第二节　主动式节能技术

设施农业（Controlled Environmental Agriculture）是采用人工技术手段，改变自然光温条件，创造优化动植物生长的环境因子，使之能够全天候生长的设施工程。为了营造适宜的生活和工作环境，设施农业势必会带来一定的能耗，据统计，全球每年农业生产能耗的35%用于温室加温，能耗费用占设施作物生产总费用的15%～40%，并且温室供暖消耗总能源的65%～85%。

设施农业发展的投入中，很大程度上是对能源需求的投入，包括冬季采暖、夏季降温、人工光源、灌溉等各个环节。我国在设施农业生产中，存在的最大瓶颈问题就是能源利用问题。

主动式节能技术主要是针对可再生资源进行合理的利用，并且结合当地的实际自然条件，通过人为干预的方式来实现资源的最大化利用，通过这样的方式，不仅能减少经济成本的投入，同时还能有效保护自然环境。我国在发展过程中一直都十分注重环境保护和可持续发展，未来主动式节能新技术一定会在设施农业中得到广泛的应用。

一、设施采暖系统智能优化与控制

(一)采暖技术

随着人类社会的发展和人民生活水平的提高，传统的农业生产模式已经不能满足现代文明发展的需要，人们对于农作物产品的要求也越来越高。温室大棚作为一种新型的农业设施受到业界人士的追捧。温室又称暖房，是一种以采光覆盖材料作为全部或部分围护结构材料，能透光保温，可在冬季或其他不适宜露地植物生长的季节供栽培植物的建筑，多用于低温季节喜温蔬菜、花卉、林木等植物的栽培或育苗等。

良好的保温性能是反季节蔬菜在温室大棚里健康成长的必要条件，但我国北方地区冬季日照率较低，温室大棚在保证密封保温的前提下要保持一定量的通风次数，通风时较低的室外温度会对农作物的发育产生影响。这就要求我国北方地区的温室大棚必须采用一定的供暖方式来保持适宜农作物生长的室内温度。

温室大棚供暖设备的选取与住宅供暖设备的选取不同，这是因为二者的结构组成、建筑材料、设计理念以及内部负荷需求都不相同，若一味地按照住宅供暖设备的选取方式为温室大棚进行供暖设备的选取，不仅不能满足温室大棚供暖需求，还会造成能源的浪费。因此，采用合适的方法和供暖设备，是保证温室大棚产量和降低能耗的必要举措。

居住建筑室内温度的选择，是根据人员需求设定的，而温室大棚室内温度的选择，主要根据室内植物的生长需求设定。因此，温室大棚的室内设计温度与居住建筑室内设计温度的选择是不一样的，要根据不同蔬菜适宜生长温度来确定温室大棚的室内设计温度。一般情况下，在温度较低时，农作物生长缓慢；合适的温度下，农作物会正常生长甚至加速生长；而温度过高时，农作物将受到损害。部分农作物生长温度如表8-1所示。从表8-1中可以看出，大部分农作物的生长温度都在20～30 ℃，根系温度在20 ℃左右，以上可以为温室大棚的设计提供参考。

(二)采暖系统的基本形式与特点

目前，我国现有的温室大棚采暖方式主要有六种，即土法供暖、热风供暖、热水供暖、浅层地热供暖、太阳能供暖及复合供暖。

表 8-1　部分蔬菜作物生长温度　℃

作物	生长适温	温度上限	温度下限	根系适温
番茄	0～30	35	11	20～22
茄子	20～30	35～40	15	—
辣椒	20～30	35	15	17～22
黄瓜	18～29	35	10～12	18～22
西葫芦	15～29	32～35	12～15	15～25
西瓜	25～35	＞40	15	32
甜瓜	25～30	40	13	20～25
菜豆	20 左右	35	15	＞13

(1)土法供暖　指制作简易供暖装置对大棚进行供暖。其主要燃料为农作物秸秆或者燃煤,方法简单,操作容易。但是需要人员实时看守,否则容易导致温度过高,且会产生大量灰尘,对温室大棚造成污染。

(2)热风供暖　是采用一定设备向大棚内通入热风,保证温室大棚温度的一种供暖方式。热风设备包括燃煤风炉和电热风炉。这种供暖方式效率高,见效快,但风速较大,且容易降低大棚内湿度,影响植物生长,室内温度也不容易控制。

(3)热水供暖　是通过加热设备产生热水,再经过末端设备,将热水的热量传递给温室大棚的一种供暖方式(图 8-14)。一般末端设备采用散热片。这种供暖方式安全、稳定,机械部件少,但是投资成本和设备维护成本太高,并且容易积灰,不便清洁。

图 8-14　热水供暖(中农富通)

(4)浅层地热供暖和太阳能辐射供暖　是两种比较新型的供暖方式(图 8-15)。二者主要利用热泵设备,从地热或者太阳能中取能,通过一定方法供给室内。这两种方式更能节约化石能源,减少环境污染,并且对大棚内植物基本没有影响,但是设备对运行维护的要求较高,且由于各个地区地热能和太阳能分布不均，这两种方式容易受地域限制。因此，多数情况是将这两种供暖方法与其他方法结合，形成复合供暖方式。

图 8-15 光伏温室（帷盛太阳能）

(三)设施采暖系统智能控制与优化策略

1. 室温控制技术现状分析

欧洲对供热系统以及用户的节能措施格外重视，特别是室温控制、热计量、热网水力平衡调节技术等方面。在这些方面，德国、芬兰、瑞典等国处于世界领先水平，具有完善的末端温度控制系统及热计量收费标准。德国有集中供暖自动控制中心，可根据室外温度的变化对室内温度进行调节。芬兰 77%左右的住宅楼室内温度通过安装在散热器上的恒温阀来控制。在瑞典，温室内的散热装置采用分挡调节，最高挡一般不超过 25 ℃，最低挡则可完全关闭散热装置。波兰温室内的动态变流量自控系统可使用户设定不同室温。美国的供暖系统具有预设功能，可在需要的时间段自动开启，在不需要的时间段自动关闭，不仅保证供暖质量，而且还可减少无人时段的热量浪费。

与国外相比，我国供热系统缺乏热计量装置的使用及室温调控方法，用户很难实现用热量实时调节。用户对热量的概念不清楚，按面积收费的计费机制也导致部分用户节能的积极性不高。

2. 室温控制装置

国外的温控设备技术已经相当成熟，如丹麦生产的户用温控阀，采用连续变流量调节方式，可以精确控制室温，但价格比较高。相对于国外，我国在室温控制方面的自动化程度不高，热计量方法也不普遍，但也从侧面反映出我国室温控制技术应用的巨大潜力。

(1)智能控制器　控制器是温室控制系统的核心，通过预设的程序控制各项设备来调节环境因子阈值范围。如在温度控制系统中开启遮阳帘、自动喷雾降温等。在设计时应当考虑操作的简便性，便于操作人员上手且直观地了解温室情况。

PLC 是一种常用的温室控制器，用户可以通过可编程控制器、组态王软件对供暖系统进行控制。在使用过程中可以通过 Portal 直接编写程序，通过西门子 S7-200 PLC 来执行程序，该控制器最方便的就是它支持模块化的编程，可以把需要进行实现的各种特殊功能都编写成不同的模块，既可以做到逻辑上的简单易懂，又可以在需要进行修改的任务时候，直接打开相应的模块，可针对性地完成修改任务。STEP 7 中提供了四种不同类型和功能的块，包括 OB 组织块、FB 功能块、FC 功能、DB 数据块。OB 组织块控制器就是所有块里的主体块，只有控制器经由 OB 组织块进行编写后，才可以由控制器 CPU 进行读取并执行，FB 功能块和 FC 功能是用来编写用户子程序或者函数的块，这两个块可以被主程序调用，也可以互相调用，DB 数据块是用来保存信号信息和各种状态信息的块。PLC 温室温度控制流程如图 8-16 所示。

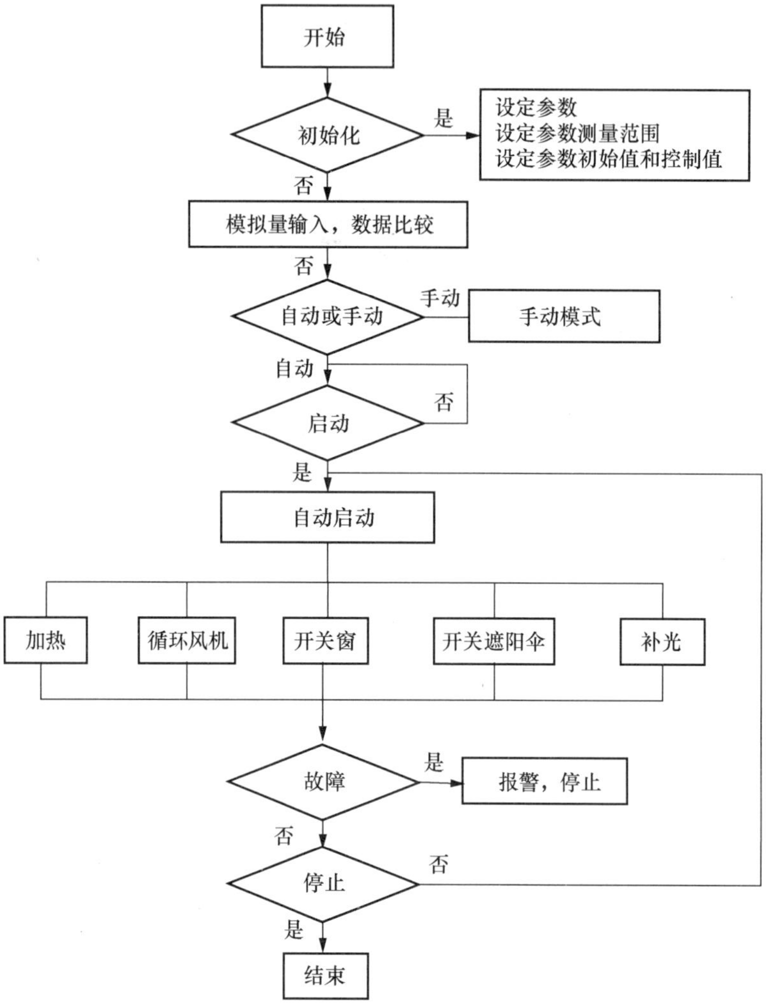

图 8-16　PLC 控制流程图

(2)传感器　在温室控制系统中担任着重要的角色，传感器检测到数据后被传送到主机控制器上，控制器经过数据处理后判断下一步操作，发出控制指令。在温室设施采暖系统中常用的传感器有温度传感器、湿度传感器、光传感器、压力变送器等。

(3)导线和连接装置　主要作用是将控制器、传感器和机械自动设备等连接起来，同时实现信号传输。在选择导线和连接装置时要充分考虑到材料的安全性、耐腐蚀性和密封性等。

3. 供暖室温的控制算法

国内外的室内温控技术取得了较大的进步，对降低供暖能耗起到一定作用，但因为室温控制具有滞后性、非线性、耦合性的特点，所以在维持室温稳定时需要考虑多因素的影响以及对其他建筑和热力站、热源的影响，从而实现真正的节能。室内温度的控制应选择合适的控制算法，通过计算、控制、调节使室内温度满足用户需求，因此，供暖室温智能化控制是提高室内供暖质量、建筑节能的一项重要技术。

(1)PID控制　目前,在工业界95%的控制系统普遍采用PID控制。PID控制主要包括比例、积分和微分三个环节。从PID的数学表达式可以将其物理意义总结为回顾过去、关注当下和总结未来的智能行为。在温室调控系统中也常常使用这种方法调控主变量温度,参数整定可以通过经验调试和Ziegler-Nichols' Step Response等方法进行确定。

$$u(t)=\frac{K_p e(t)+K_i\int e(t)\mathrm{d}t+K_d\,\mathrm{d}e(t)}{\mathrm{d}t} \tag{8-1}$$

(2)专家控制(Expert Control)　是智能控制的一个重要分支,又称专家智能控制(图8-17)。所谓专家控制,是将专家系统同控制理论、方法与技术相结合,在未知环境下,仿效专家的经验,实现对温室实时采暖系统的控制。在温室设施采暖智能控制中,专家控制系统以农业知识作为获取手段,将农业专家的领域知识和经验技巧移植到计算机中,模拟人类专家的推理、决策过程,对温室进行控制。

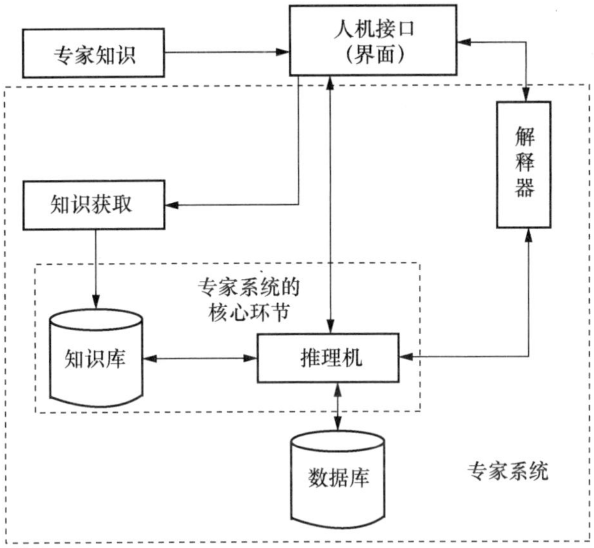

图 8-17　专家控制原理示意图

(3)模型预测控制　除PID控制、DMC控制外,模型预测控制也在供暖室温控制方面得到了应用。模型预测控制是一种基于模型的闭环优化控制策略,对系统的当前状态及预测模型在线反复优化计算并滚动实施控制作用和模型误差的反馈校正,可以消除被控变量的偏差(图8-18)。由于模型预测控制效果好,鲁棒性强,多位国内外学者基于模型预测对室温的控制进行了研究,研究表明,将模型预测控制用于辐射地面供暖,相比于传统控制,冬季可以节能10%~20%。由此可知,目前的模型预测控制大多集中在通风空调领域,对集中供暖室内温度控制的研究比较少。

模型预测控制离不开能耗模拟与控制算法,但能耗模拟软件缺少控制与优化功能。国外的劳伦斯·伯克利国家实验室开发的BCVTB软件实现了能耗模拟软件EnergyPlus与MATLAB的连接。国内刘羽岱建立了TRNSYS与MATLAB联合仿真平台,对空调系统运行优化进行仿真并验证空调系统的模型预测控制策略,结果表明,此策略在夏季典型工况日和

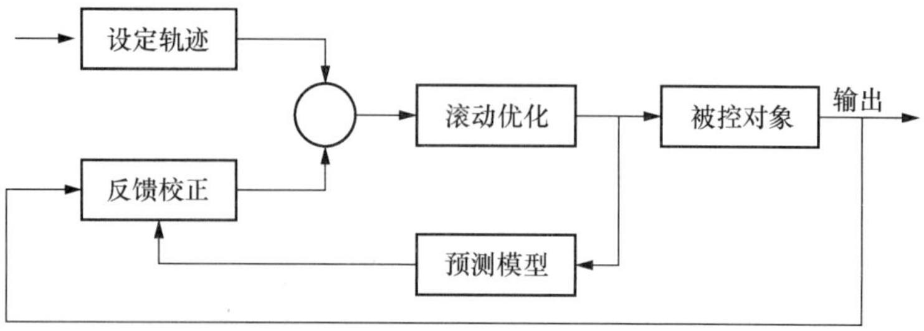

图 8-18　模型预测控制系统结构简图

过渡期工况日比温度固定值策略(固定冷水供水温度)分别节能 15.5%、9.6%。

温室具有系统复杂、太阳辐射扰动强等特点,因此智能控制策略是一种很好的选择。目前,温室控制系统使用的智能控制策略有模糊控制、神经网络控制、专家控制,以及与优化算法结合的控制思想。从目前的研究来看,智能控制理论应用到温室环境领域最多的是模糊控制,主要原因是该算法的快速性适合温室实时调控。神经网络控制算法涉及网络的学习,且算法较复杂,实时性较差,在应用时受制约,特别是目前运算能力较弱的嵌入式系统。

二、设施制冷系统优化与控制

温度是影响作物生长发育的一个重要环境因素,在自然界气候条件下,温度极易受昼夜、季节等的影响。作物的稳定生长发育对温度具有一定的要求,且各种作物都有各自温度要求的"三基点",即最低温度、最适温度和最高温度,园艺作物对三基点的要求一般与其原产地关系密切。随着计算机技术和网络技术的进步,农业现代化的步伐也越来越快。采用智能化系统对农业园艺温室进行温度控制不仅是研究的重点,也是实践的重点。不同温室内的农作物需要不同的温度、湿度和光照等环境因素,通过设施农业和设施制冷系统的优化与控制,改变传统农业依赖自然气候条件的被动性,在提高产量的同时降低设施农业能耗。

(一)制冷的基本形式与特点

1. 遮阳系统

夏季由于进入温室的太阳辐射热负荷太高,仅仅利用通风不能实现理想降温,温室内的高温环境对植物的生长不利,需要设计、配备遮阳系统。

遮阳网可以降低能量的传导,尤其是在晴朗高温的夏季。遮阳系统可以采用带光敏感元件的卷放系统来控制遮阳网的移动,即使是造价低廉的温室也可以从遮阳系统中受益。遮阳网有不同的遮阳率,要根据植物对光的需求以及当地的太阳辐射进行选择。可移动式的遮阳网可以在温室内部和外面搭建,当遮阳网靠近热源如 CO_2 发生器的时候,应选择不易燃材料的遮阳网。

2. 蒸发冷却

当常规的通风系统或遮阳不能使温室温度降低到一定的水平时,就需要采用冷却降温。温室中由于热量非常大,可以采用蒸发冷却的方法。温室中经常采用的蒸发降温方式主要有两种:风机湿帘系统和喷雾系统。

(1)风机湿帘系统　也是温室机械通风方式的一种(图 8-19)。温室北侧安装湿帘系统,确保所有进入温室的空气都通过该湿帘。湿帘表面为波状,此形状可以使空气最大限度地与湿帘表面接触，水泵将水打在湿帘的顶端，流经整个湿帘的小孔，使水分蒸发后充分吸取热量，降低温室内的温度，冷空气流经温室，吸收室内热量后，经风机排出，从而达到循环降温的目的。另外，为了防止小孔堵塞，建议安装过滤系统。在湿帘系统底部多余的水分会进入收集槽重复利用。收集槽中安装有浮阀。反复利用的水会随着蒸发散失，剩余的水分中盐离子浓度会升高。此外，在夏季夜间不要开启风机湿帘系统，因为湿帘上经常会长出青苔。

图 8-19　温室湿帘示意图

(2)喷雾系统　是另外一种常用的降温方式，它通常与自然通风系统结合使用。与风机湿帘相比，喷雾系统可以使温室温度下降得更为均匀。为了防止堵塞，需要对水预处理并安装高压泵。此外，要求喷嘴的质量较高，所以喷雾系统的成本要比风机湿帘高。相对于风机湿帘系统，喷雾系统的噪声比较小，对温室内操作的人来说是有益的。

3. 热泵制冷

热泵技术可以使用太阳能、风能、地热能、水能等可再生能源，既能用于采暖供热，又能用于制冷降温，是一种节能、环保的环境调节技术。

热泵系统由压缩机、冷凝器、节流装置和蒸发器等设备组成。工作过程主要分为四个步骤(图 8-20，彩图另见二维码 8-2)：①压缩环节。压缩机将蒸发器中的制冷器蒸汽压缩为高温高压的蒸汽。②凝结环节。压缩机压缩后的高压高温的蒸汽进入冷凝器，通过换热器将热能释放出来并被传递给周围媒介，制冷剂逐渐冷却并转化为高压高温的液态。③节流膨胀环节。经过冷凝器的制冷剂进入蒸发器前，先进入节流装置，在这里制冷剂再次沸腾放出热量吸收低温热源的热能，转化为低压低温的液态制冷剂。④蒸发环节。制冷剂经过节流装置后，制冷剂以低温低压状态进入蒸发器内部，重新吸收周围媒介中的热能并把它转化为低温低压的制冷剂蒸汽。

使用热泵制热时主要利用冷凝器中的凝结环节来加热媒介，制冷的过程和制热时相反，主要利用蒸发器中的蒸发环节来对媒介降温，常用的媒介常为空气和水。

(二)设施制冷智能控制与优化策略

制冷设备运行过程中，其制冷系统的工作状态会受到室外自然环境与室内状况的影响，能源消耗较大，鉴于此，对热泵制冷系统可以从优化控制方法进行研究。

二维码 8-2
热泵工作过程

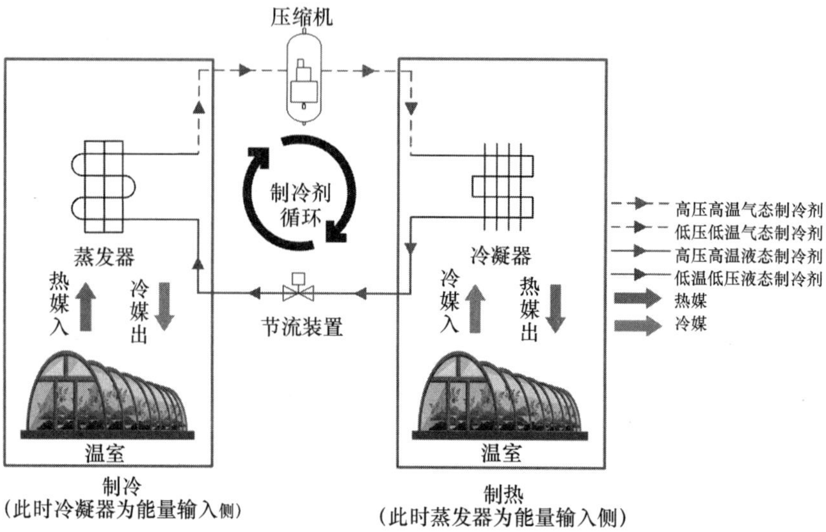

图 8-20　热泵工作过程

1. BP 神经网络

BP 神经网络是暖通空调制冷系统中一种常见的网络系统,能够进行多层反馈,解决多层网络结构中隐藏的相关问题。通过 BP 神经网络结构(图 8-21),能够根据非线性的特点建立函数模型,对暖通空调系统进行优化。

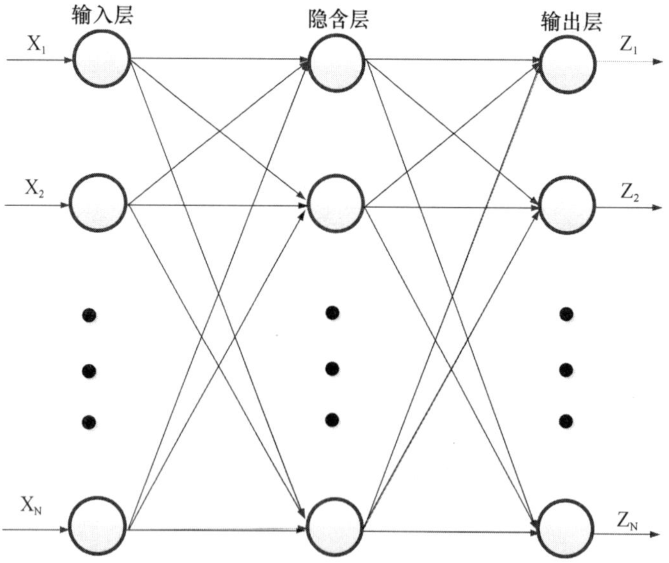

图 8-21　BP 神经网络模型示意图

上海大学提出了基于改进遗传算法优化 BP 神经网络的制冷机组能效预测方法,利用供冷负荷、冷却水流量、冷却水出水温度、冷却水回水温度与 COP 五个参数训练 IGA-BP 预测模型,与标准遗传算法优化 BP 神经网络的预测结果相比有很大的提高,最大相对误差为 6.73%。

2. 自适应模糊控制系统的应用

自适应模糊控制系统也是暖通空调中常见的一种优化控制方式。自适应模糊控制主要是对整个制冷系统进行优化，其最终目的是降低能耗。自适应模糊控制系统在运行过程中，可以根据数据反馈的情况展开适应性学习，并结合相关逻辑关系对参数进行调整。同时，自适应模糊控制系统的应用可以有效控制制冷机消耗的实际功率，并通过分析相关数据得出冷却水最佳的温度，在此基础上对水温进行调节，增强冷却水与外界环境间的协调性（图 8-22）。

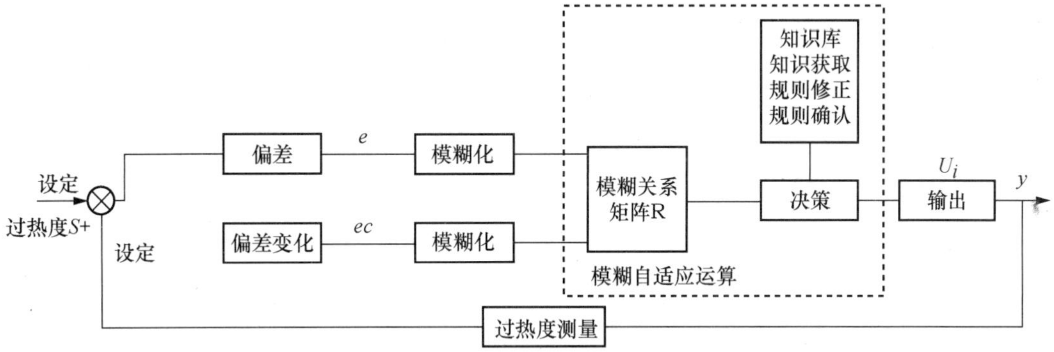

图 8-22 自调整控制器逻辑框图

陕西科技大学的李欣教授利用模糊控制技术，通过控制风机和湿帘实现了猪舍内小气候环境的智能控制，可以改善猪舍内的小气候环境，使温度相对误差在 6%以内，降低猪只的发病率，增加经济效益。

三、设施机械通风系统优化与控制

通风换气是调控农业设施内环境的重要技术手段。农业设施是一个相对封闭的系统，一方面可以创造适合动植物生长且优于室外自然环境的条件；另一方面，在相对封闭的设施内部空间中，容易产生高温、高湿和不利于动植物生长发育的环境。合理的通风措施对于农业设施内气候环境能够起到调控作用，对于栽培作物的生育、品质、产量和减少病虫害具有一定的积极作用。

（一）通风换气的主要目的

（1）排除多余热量，抑制高温　春、夏、秋季，白昼太阳辐射强烈，室外气温较高，温室在封闭管理时室内气温可高于室外 20 ℃以上。在完全不通风的情况下，室内气温甚至可超过 50 ℃。通风可引入室外相对较低温度空气，排除室内多余热量，防止出现过高气温。

（2）补充 CO_2，维持室内植物正常光合作用必要的 CO_2 浓度　白昼植物光合作用吸收 CO_2，室内 CO_2 浓度降低。光合作用旺盛时，封闭管理室内 CO_2 浓度降低至 100 mL/L 以下，不能满足植物光合作用需要，通风可从引入的室外空气中（CO_2 浓度 330 mL/L）获得 CO_2 补充。在严寒冬季利用换气补充 CO_2，会造成温室很大热量损失时，应考虑施 CO_2 肥。此外，利用通风从室外空气中获得 CO_2 补充是最经济可行的方法。

（3）通风可有效排除室内水汽，引入室外干燥空气，降低室内空气湿度　在封闭管理的情况下，土壤潮湿表面的蒸发和植物蒸腾作用的水汽在室内聚集，往往产生较高的室内空气湿度，夜间室内相对湿度甚至可达95%以上。高湿度环境影响植物的蒸腾，妨碍水分与养分的吸收，不利生长发育，并易引发病害。

(4)促使室内空气流动，促进植物群落中的气体变换　通风在农业建筑物的气候环境调控中起到非常重要的作用。通风的作用是交换热量、降低湿度，在温室中要提供新鲜空气防止室内二氧化碳的缺失，在养殖建筑中需不断地提供新鲜空气以净化内部空气。

(二)通风的基本形式与特点

目前，温室通风被分成两种基本的类型：自然通风、机械通风。自然通风能够利用自然的手段(热压/风压等)调控环境，且不消耗额外的能量，但自然通风属于"靠天吃饭"，通风效果受外界天气影响较大，通风过程不易控制。对于密闭式和较大型的连栋温室、有窗式畜禽舍等农业设施，由于设施内面积和空间大、环境调控要求高，仅靠自然通风不能完全满足生产要求，通常均需设置机械通风系统。机械通风能够在较短的时间内改变大棚内的热湿环境，目前所使用的机械通风缺乏对流场分布方面的关注，相关研究较为欠缺。

合理确定设施农业的通风量是通风设计的一项重要工作内容。根据设施内环境调控的需求确定单位时间内交换的设施内外空气体积称为必要通风量。而通风系统的设计通风能力称为设计通风量或设计换气量，设计通风量一般应大于必要通风量，二者概念是有区别的。但一般在不致产生混淆时均简称为通风量或换气量，其单位为 m^3/s 或 m^3/h 等，有时也按空气质量计算，其单位为 kg/s 或 kg/h。在生产应用中，有时也采用"换气次数"来表示通风量的大小，换气次数与通风量的关系为

$$n=\frac{L}{V} \tag{8-2}$$

式中：n 为换气次数，次/h 或次/min；L 为通风量，m^3/h 或 m^3/min；V 为设施内部空间体积，m^3。

设施在全面通风方式下的必要通风量称为全面通风换气量。为了确定设施的全面通风换气量，需分析设施内有害物浓度与通风量间的关系。这里有害物是广义的，包括多余热量、水汽以及有害气体等。忽略设施内外空气密度差异(进风量与排风量相等)，并假定进入设施内的设施外空气以及设施内散发的有害物与设施内空气的混合是在瞬间完成的，则设施内有害物浓度与全面通风量之间的关系为

$$Ly_0\mathrm{d}\tau+x\mathrm{d}\tau-Ly\mathrm{d}\tau=V\mathrm{d}y \tag{8-3}$$

式中：L 为全面通风量，m^3/s；x 为有害物的散发量，如多余热量散发量的单位为 J/s，水汽散发量的单位为 g/s，CO_2 散发量的单位为 g/s 或 mL/s；y_0 为进风空气中有害物浓度，J/m^3、g/m^3 或 mL/m^3；y 为某时刻设施内空气中有害物浓度，J/m^3、g/m^3 或 mL/m^3；V 为设施内空间体积，m^3；$\mathrm{d}\tau$ 为微小时间间隔，s；$\mathrm{d}y$ 为时间设施内空气有害物浓度增量，J/m^3、g/m^3 或 mL/m^3。式(8-3)称为全面通风的基本微分方程式。

(三)设施通风的优化与改进

1. 机械通风

侧面进风排风方式如图8-23所示。一般进风口不设风机，这是为了避免送风直接吹到植物上。进风口一般采用侧窗，侧窗可根据需要调节开启度。排风机设在另一侧，排风机上设止回阀及风量调节装置。当风机开启时，止回阀会自动打开。为了保证温室内进、排风气流通

畅，进、排风方向应与温室内种植的田垄方向一致，即田垄之间人行通道，应成为气流贯通的要道。由于连栋温室进深较长，进、排风的位置相距较远(大多为 30～60 m)，一般在温室中部的恰当位置设置若干台匀风机。匀风机的作用可以改善温室中部气流不畅的情况，同时也使整个温室的温度场分布趋于均衡，有利于植物的生长。

2. 风机的类型、性能与选择

通风系统对风机的要求，除了应有足够的风量外，还要求能够克服通风系统的通风阻力，使空气经过风机后压力升高，建立风机前后稳定的压力差，这个压力差称为风机的静压，其大小应等于通风系统的通风阻力，一般也可近似认为等于温室内外空气压力差。选用风机时应根据通风系统的阻力大小，从风机特性曲线或风机性能表中查算出风机所能提供的通风量大小。

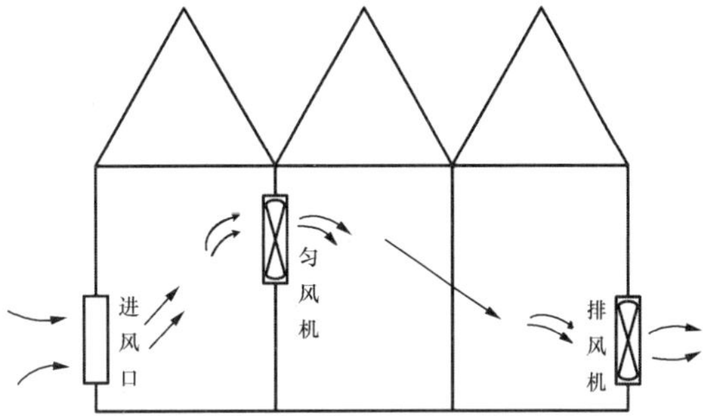

图 8-23　侧面进风排风原理示意图

风机分为离心风机、轴流风机、混流风机。

(1)离心风机　用于低压或高压送风系统，特别是低噪声和高风压的系统。叶轮的叶片分为流线型、后弯叶型、前弯叶型和径向型四种。

(2)轴流式通风机　使气流轴向进入风机叶轮后，在旋转叶片的流道中又沿着轴线方向流动的通风机。其特点是流量大、体积小、压头低。

(3)混流式(斜流式)通风机　叶轮轮毂和主体风筒的形状为圆锥形。其特点是压力系数高于轴流式风机，流量系数高于离心式风机。

(4)横流式通风机　也称贯流式通风机，内有一个筒形的多叶叶轮转子，气流沿着与转子轴线垂直的方向，从转子一侧的叶栅进入叶轮，然后穿过叶轮转子内部，通过转子另一侧的叶栅，将气流排出。其特点是动压较高，气流不乱，但效率较低。适用于装置在各种扁平或细长形的设备里。

3. 风机转速优化

传统机械通风的风机是在开关模式下工作的，通过阀门开度和调节入口或出口的挡板来调节给风量以达到调节风速的目的，在挡板的截流过程中消耗大量的能源。因此，在本控制系统中，提出使用变频技术实现风机变风量通风。变频器就是把电压和频率固定不变的交流电变换为电压或频率可变的交流电的装置。变频器通过改变输出频率与电压使电机以较小的启动电流，获得较大的启动转矩，因此，变频器可以控制电机启动重载电荷。当使用变频调速时，通过降低风机的转速即可降低通风量。风机是在异步电动机驱动下运行的，风机转矩、转速与电动机的功率之间的关系如下：

$$P=\frac{T\cdot\omega}{1\ 000}=\frac{T\cdot n}{9\ 550} \tag{8-4}$$

式中：P 为功率，kW；T 为转矩，N · m；ω 为角速度，rad/s；n 为转速，r/min。

采用变频器调速负载运转时，如果不充分认识负载特性，而去选择变频器和电动机，就不能充分发挥它们的性能，有时还会发生电动机过热等不良情况，风机是典型的二次方减矩负载，转矩与转速之间的关系为

$$\frac{T}{n^2}=C \tag{8-5}$$

式中：C 为定值常数，即随着转速的降低，转矩也变小。

将上述公式化简得到

$$P=\frac{C\cdot n^3}{9\,550} \tag{8-6}$$

从公式可以看出电动机的功率与转速成三次方的关系。即转速降低一点，电动机的功率将大幅度降低，那么也将大大降低能耗。

风机变频驱动的工作过程是将现场传感器收集的实时室外环境太阳辐射强度、温室内部温度及实时风机风速都送入中央控制器（可编程控制器 PLC），经过 PLC 的控制算法计算后，得到风机当前转速与额定转速之比。其计算公式如下：

$$N=0.2(T-T_s)S+0.24 \tag{8-7}$$

式中：T 为室内温度，T_s 为室内温度设定下限值，S 为室外太阳辐射热流密度。

常规 PID 控制器是一种技术成熟的控制方法，它能满足一般工业过程控制的要求。连续时间 PID 控制器方程的标准形式为

$$u(t)=\frac{K_p e(t)+K_i\int e(t)\mathrm{d}t+K_d\mathrm{d}e(t)}{\mathrm{d}t} \tag{8-8}$$

根据 $K_p=\dfrac{1}{K+1}$，$K_i=\dfrac{K_p}{T}$，$K_d=\dfrac{K_p}{K}\times T_d$ 计算获得 PID 参数，式中(8-8)，K 表示响应的变化，T 表示响应达到稳定态所需的时间，T_d 表示响应滞后时间。比例项和积分项中仍然采用现场温度的误差值。

通过 PLC 发送变频信号，在变频器前加一个自动控制开关，当有变频信号经过时，开关 A 合上，变频器启动并根据变频信号进行调速，当调到目标风速值后，开关 A 闭合，直至下一个变频信号到达。图 8-24 是风机变频驱动实现的原理过程，图 8-25 是风机变频驱动过程的流程图。

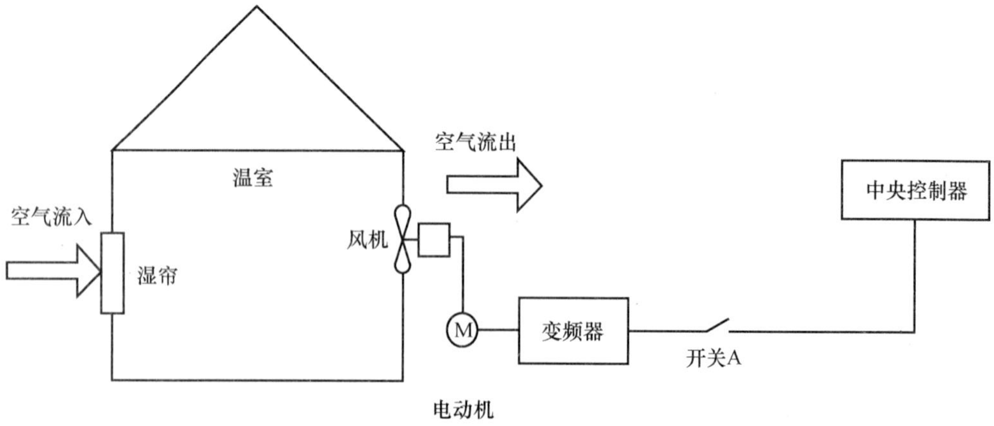

图 8-24　温室变频通风原理图

4. 设施机械通风优化应用案例

美国肯塔基大学的 R. S. Gates 教授开发了一个自动通风控制系统，由两个独立的静态压力和温度控制子系统组成，用于维护肯塔基大学家禽研究机构肉鸡研究室的环境。经过两年的运行，该系统已被证明是稳健和无故障的。其通过记录室内氨浓度、静压差和排气扇速度，可以获得动态、实时的建筑物气体排放数据。

四、银川市太阳能长期蓄热温室大棚示范工程

(一)工程概况

银川市太阳能长期蓄热温室大棚示范工程位于银川市郊区，大棚建筑尺寸宽为 10 m，长 85 m，建筑面积 850 m^2。该类型大棚是北方农业生产地区普遍采用的技术，具有冬季采光好，抗风雪能力强，墙体保温性能强等特点。

(二)设计理念

整个温室项目的设计宗旨：利用现代化的技术手段实现对温室内部温度、相对湿度、光照进行调节，在温室内创造适宜的环境，以满足温室各功能区的要求；同时，降低运行成本，提高管理效率，实现温室的高效率运行。为满足温室的功能需求，在项目设计中会要求必须充分考虑坚持科学、实用的原则；坚持提高土地资源利用率、节能、节水、高效的原则；坚持基础结构用材以及设备选购先进、可靠、适用的原则；坚持行业领先的原则。

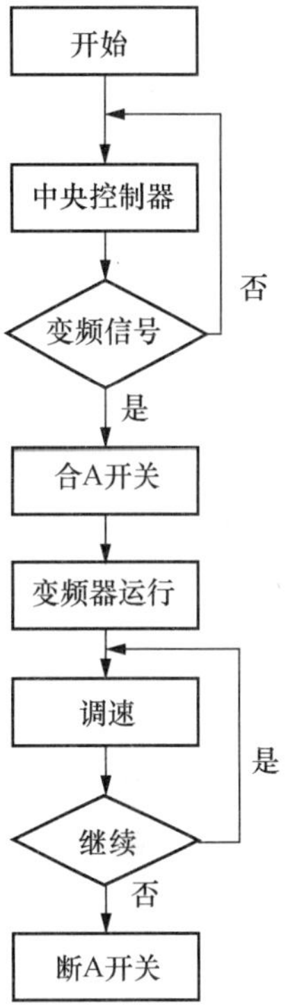

图 8-25 风机变频驱动流程图

(三)工作原理

该系统核心技术在于通过高性能的太阳能偏心集热管将收集的太阳热量通过介质循环的方式提高水温，将热能储存在地下，冬季时将储存的热量与水箱低温水换热，提供土壤温度及室内温度；棚室内所有涉及运行及种植参数全部采用智能化控制的方式，即设定好种植作物所需温度后，系统自动运行，达到温度后自动停止运行，无须特殊管理及复杂操作，智能化效率很高(图 8-26，彩图另见二维码 8-3)。

二维码 8-3 银川市太阳能长期蓄热温室大棚工作原理

(四)工程优点与效益

通过对此项目一个采暖周期考察，系统运行正常，综合评价太阳能项目各项指标良好，经济效益可观，具有以下优点：

①该技术的应用可以改变植物生长土壤层的温度，从而使植物处于一种合理的生长温度环境之中。

②可以根据不同的种植作物生长特点和生育时间对土壤温度进行增温、降温。

③能够使温室及土壤中温度保持一个稳定植物生长温度，增种一个周期，提高作物产量。

④利用充足的太阳能资源为“地暖”提供热源，从而实现白天太阳光提供热源和光照，晚上用太阳能集热器储存的“热能”为“地暖”提供热源，为一些稀有蔬菜和作物的生长提供有力的

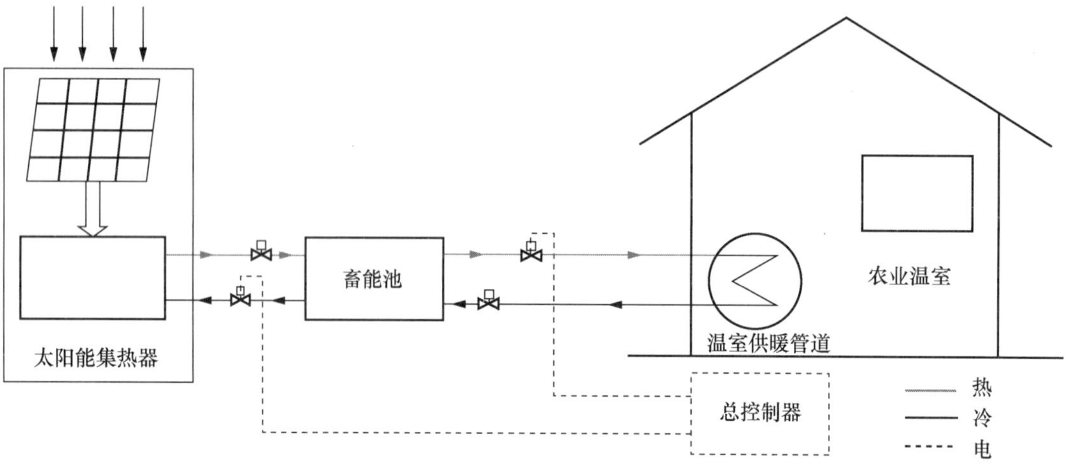

图 8-26 银川市太阳能长期蓄热温室大棚工作原理

生长环境保证。一方面为植物生长提供必要条件，另一方面也节约能源。

⑤季节性蓄能技术将春、夏、秋三个季节充足的阳光热能蓄存到冬季使用，从而有效解决北方寒冷地区由冬季气候寒冷、阳光不足而导致的土壤温度较低问题。

⑥对周围环境和作物实现接近零污染、零排放，具有较高的生态效益。

第三节 被动式节能技术

被动式节能设计，是指通过建筑物本身来收集、储蓄能量(而非利用耗能的机械设备)并与周围环境形成自循环的系统。这样能够充分利用自然资源，达到节约能源的作用。被动式节能技术从我国古代开始就不自觉地运用了，一些选址经验，如坐北朝南、背山临水等，都是利用自然环境达到夏季降温、冬季采暖的效果。

被动式温室是基于被动式设计而建造的节能温室。应用自然界的阳光、风力、气温、湿度的自然原理，尽量不依赖常规能源的消耗，以规划、设计、环境配置的建筑手法来改善和创造作物适宜的生长环境。被动式温室与主动式温室相比，构造简单几乎没有复杂的设备且造价低廉，经济适用，维护管理方便，可适用于全世界 80%以上的地区。

被动式日光温室是利用太阳能作为热源来进行反季节蔬菜种植的设施农业建筑。其墙体具有蓄热、保温和隔热的综合热工性能，在日间利用太阳辐射实现热能储蓄，并在夜间温度降低后释放出积蓄的热量，将温室内温度维持在一定的范围，为温室作物提供适宜的室内生长环境。相比较普通温室，其具有较好的节能效果，可以有效减少种植农户的经营成本。

被动式节能温室的设计建造有三个层面：第一层面为设施建筑被动式节能选址选择和规划，这一层面是被动式最重要的环节，直接影响其他层面；第二层面为设施建筑节能设计，通过设计建筑的朝向和围护结构等，尽可能减少建筑采暖、降温和采光等方面的能耗需求；第三层面为设施温室的机械设备系统。

第一层面的节能措施是被动式建筑节能的根本前提和保证，而第二层面的节能措施则是被动式建筑节能的关键所在。通过第一和第二层面的综合设计，有时可以使建筑完全不使用机械设备系统，即使是在必须使用机械设备的情况下，也可大量减少能耗，节省成本。当然，第三层面的措施也不能忽视。

本节主要对被动式节能温室的第一层面和第二层面进行介绍，然后介绍被动式日光温室墙体蓄热的传热分析。

一、设施建筑被动式选址和规划

被动式设计内容包括对当地气候、地理进行分析，对建筑进行规划布局，以及对建筑单体进行节能设计。其中，规划布局包括合理的建筑选址、布局、朝向、绿化、日照、风环境等建筑外部的设计；建筑单体设计包括建筑外形设计、温室户型内外立面设计、围护节能设计。

被动式设计根据本地的特有地域气候和文化进行因地制宜的规划设计，对当地居民来说是一个适宜的设计方法。被动式设计与主动式设计最大的区别就在于，被动式设计少量使用或不使用设备来调节温室内温差，能更好地减少温室能源使用，在降低养殖户的经营成本的同时，可以更少地排放温室气体，缓解目前全球变暖的趋势。

建筑选址涉及通风、日照、降雨、植被、地质、水体等诸多气候环境方面的影响。对种植作物来说，有效的地理位置和周边环境，建筑的自然采光、采暖、散热通风都是不可或缺的。选址决定了种植作物在农业设施内部是否能达到舒适的生长环境，所以温室建筑节能设计首先需要考虑选址问题。选址需充分研究当地地理状况，结合当地气候特征，增强夏季通风系统或加大冬季采暖面积的节能设计，从而最大限度地降低设施建筑物内供暖和降温的机械设备使用，保障作物适宜的生长环境。

(一)选址基本要求

设施建筑的选址必须尊重当地的自然环境与风土人情。选址首先应远离当地文物占地、野生动植物栖息地、自然湖泊、湿地、森林和其他保护区；避免侵占原生土壤、农田用地。其次，选址位置需要远离可能发生山洪等地质灾害的地方，如泥石流、滑坡等。

设施建筑的选址应考虑建筑在冬季夏季受太阳辐射照度、自然通风以及遮阳条件的影响(图8-27)，建筑选址必须挑选在冬季防风且太阳辐射照度合理，而夏季自然通风有利和有遮阳条件的场地，最大限度解决冬季寒冷、夏季闷热的气候给农业设施温室带来相关温度控制的问题。

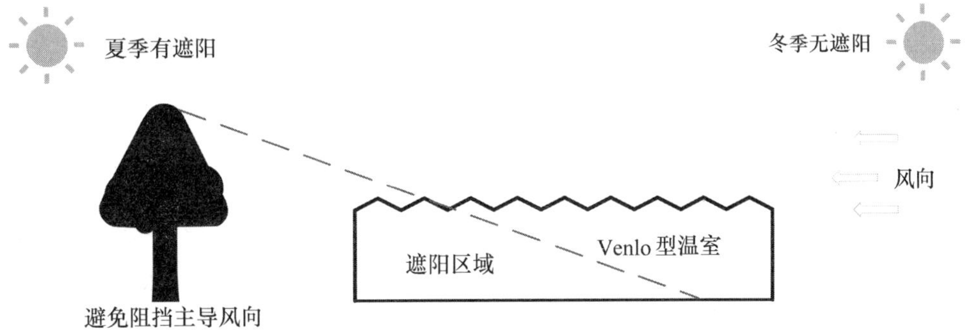

图 8-27　外部环境影响示意图

(二)太阳辐射

设施建筑的热量来源主要是太阳辐射，合理的选址可以更好地获取充足日照。建筑选址时，尽量确定夏季附近阻碍物造成遮挡，如树木、建筑物、山体等；确保建筑物在冬季获得充足的阳光照射，尽量选择在山坡南面，或者建筑附近有街道和较空旷的空间。

由于太阳和地球的运动，地球上的每一区域都有其独特的太阳辐射变化，在一年四季，包括每一天的不同时刻，太阳的高度和入射角度都在不断变化。太阳高度角和方位角直接影响冬季采暖、夏季纳凉，因为太阳冬季与夏季照射角度各方位角度随纬度而有规律的变化，所以冬季要有足够的阳光照射，夏季要避免长时间阳光照射。怎样获取充足的日照，是判断建筑最佳朝向的主要因素，所以建筑选址应尽量能得到合理的日照，同时在阳光仰角较小的方位上。

（三）风环境

我国位于亚欧大陆上，国土面积辽阔，夏季在太平洋副热带高压的影响下，盛行夏季风，以偏东、偏南风为主；冬季在强大的西伯利亚大陆冷高压的影响下，盛行冬季风，以偏西偏北风为主。

设施建筑的通风换热会影响温室内部小气候。场地设计应该满足最佳的自然通风条件，在主导风方向上尽量减少固定的遮挡物，利用场地周边的山丘、植被或建筑物形成风屏障，避免建筑与建筑之间距离过近，通风性能差。合理的建筑选址既要考虑冬季避风，又要考虑夏季导风的合理性。

（四）遮阳

设施建筑选址中应考虑绿化、建筑、地貌在夏季形成的遮挡作用，合理选择遮阳有利于建筑夏季降温。例如，设施建筑附近存在绿化树木，夏季树木阴郁可以降低温室微气候的温度；设施建筑附近存在其他较高建筑，也可以成为遮阳建筑，但要同时充分考虑如冬季太阳辐射被遮挡的问题；也可以充分利用当地的地貌，如在山丘、上坡地附近建造设施温室，自然形成山体遮阳的效果。

二、设施建筑节能设计

（一）设施建筑朝向设计

设施建筑整体布局首要思索的问题是如何科学安置设施建筑的朝向。农业温室建筑的朝向是指采光面的朝向和通风口的朝向，朝向的选择受到日照、采光、通风等综合因素的影响。合理的朝向选择可以为冬季获得充足的阳光，并巧妙地躲开冬季冷风；夏季能使用自然通风降低室内温度并遮挡过强的太阳辐射。

1. 朝向与采光

建造农业温室建筑时，朝向要着重考虑农业建筑物受光照面积大小、日照时数和太阳角度。足够的日照数、合适的温室朝向可以保证温室内种植作物的适宜发育。在夏季时，夏季的太阳高度角高，白天要尽量避免太阳直射，最大限度利用自然通风降低室内气温，减少机械制冷的能耗；冬季的太阳高度较低，白天尽可能充分利用日照提高室内温度，从而降低机械取暖能耗。因此，建筑朝向充分影响建筑的能耗大小，对减少温室能耗有很大的影响。

2. 朝向与通风

农业温室建筑的朝向直接决定了建筑中的风路是否通畅，对自然通风而言至关重要。一般迎着当地主导风的朝向可以大大减小气流在室内的路径长度，提升通风性能。需要注意，若建筑周边植被阻挡在主导风的方向上，会导致通风不顺。选择朝向日照和通风之间出现矛盾，应优先考虑日照，再是通风。

(二)设施建筑围护结构优化设计

设施建筑的围护结构主要指温室的墙体、屋顶等(图 8-28),以日光温室为例,墙体是日光温室围护结构的主要结构,不仅是储存能量与保温的主体,还是影响墙体结构安全(强度及耐久性)、建造成本和生态环境的重要因素。墙体及地上围护结构传热占总散热的 70%～80%,因此,墙体保温直接关系整个温室系统保温。目前墙体保温性研究主要从良好热工性材料选择、围护结构优化组合等角度入手。

1. 日光温室被动式节能分析

日光温室是由前坡屋面、后屋面、北墙和东西山墙组成的封闭微环境,前坡屋面由塑料薄膜和保温被组成。

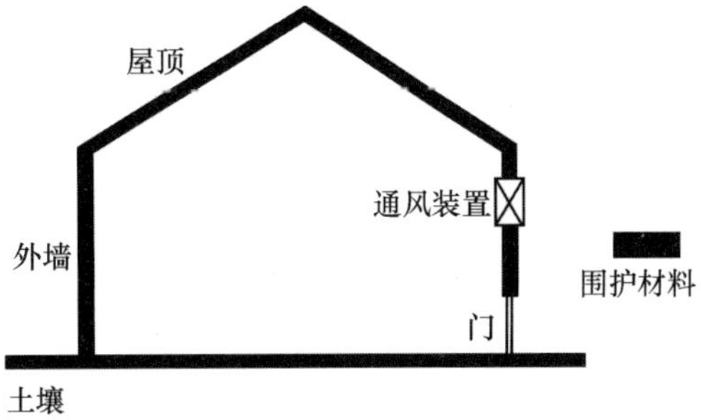

图 8-28　设施温室围护结构组成

在白天,太阳辐射以短波形式透过前坡屋面薄膜照射到温室内,一部分热量由温室内空气吸收,一部分太阳光投射到温室北墙上,由温室北墙吸收,通过太阳光的持续照射,北墙温度不断上升。剩余部分照射到作物上或通过作物的空隙照射到土壤上,由作物和土壤吸收。前坡屋面的塑料薄膜容易透过短波辐射且不易透过长波辐射。地面、植物和墙体吸收热量后,向外发射长波热辐射,被塑料薄膜反射而阻挡在温室内,室内空气温度不断上升。当室内空气温度高于室外空气温度时,由于温差部分热量向室外散热。与此同时,温室内的空气与墙体不断地进行对流换热。由于墙体材料和土壤的物理特性,土壤和墙体成为温室重要的蓄热体。墙体不仅起到传统意义上的承重和保温的作用,还担负着蓄热的作用。据统计,一天内温室墙体可接收占 40%～50%的太阳能。

随着时间的推移,日光温室的空气温度也逐渐降低。如图 8-29(a)所示,前坡屋面薄膜的特殊构造使其变为一个重要的放热体,在夜间需加盖保温被来减少透过薄膜的热损失。由于塑料薄膜和温室墙体厚度和材料热工特性的不同,温室内空气的降温速率快于温室北墙的降温速率。墙体在白天储存的热量大于空气的储热量,在夜间温室气温度低于北墙温度,如图 8-29(b)所示,北墙内表面与室内空气进行对流和辐射换热,表现为北墙逐渐向温室放热,即在夜间,温室北墙成为温室的放热体。日光温室传热示意彩图另见二维码 8-4。

二维码 8-4　日光温室传热原理

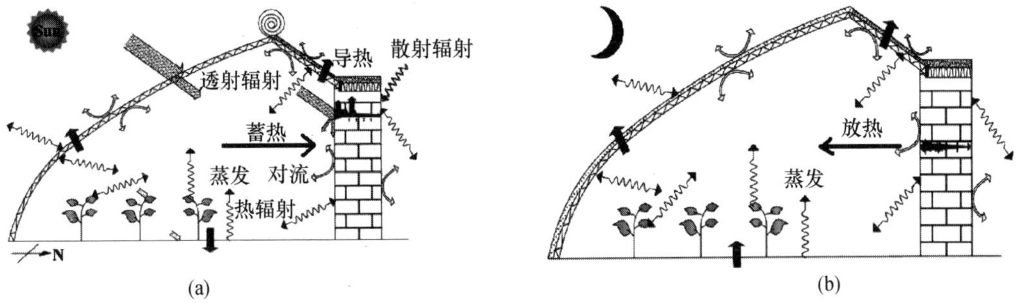

图 8-29　日光温室白天(a)和夜晚(b)传热原理

综上，室内的温度变化主要受到白天接收太阳辐射及围护结构的保温蓄热能力的影响。由温室传热过程的分析可知，温室的北墙在维持温室热平衡上起着至关重要的作用，在白天储存更多的热量，晚上则充当温室热源，将储存的热量释放出来。因此，控制和提高夜间温室温度的关键问题就是提高温室北墙的储热能力。

2. 日光温室墙体材料发展

日光温室墙体结构的发展可分为三个时期(图 8-30)：

1)单一材料墙体时期

单一材料墙体时期主要做法是干打垒，堆土、砖。该时期墙体作用是结构承重和隔热，实体墙保温性主要靠厚度，土地利用率低，空体墙荷载有限，保温性很难保证。

2)异质复合墙体时期

异质复合墙体时期墙体结构的侧重在保温蓄热性能，张立芸等对日光温室的后墙结构和传热特性比较得出，任何一种单一材料墙体都难以同墙体中填充保温层的多层异质复合墙体相比较，后者热阻大，蓄热、隔热、保温效果好，厚度小，节约材料。该时期常用的围护材料有加气混凝土砖、聚苯板等。其中，以聚苯板为隔热材料的复合异质墙体已成为日光温室墙体的研究主流方向。

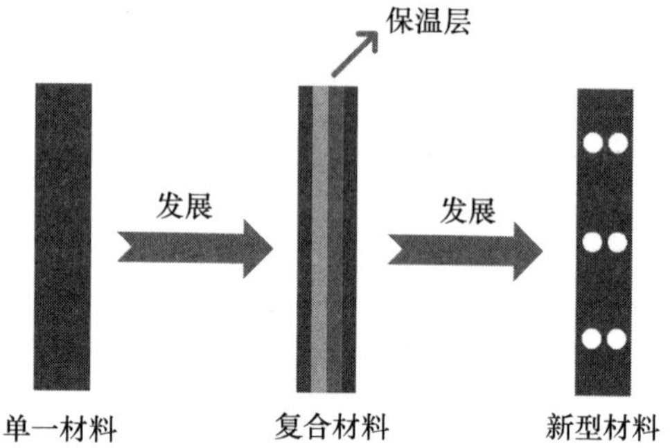

图 8-30　不同发展阶段的日光温室墙体材料示意图

此外，国内一些学者发现隔热材料——聚苯板内置于墙体中间会使隔热材料外侧的墙体将失去蓄热作用。一些学者发现外贴聚苯保温板的经济性能和热工性能较中间夹保温板的复合墙体要好。表 8-2 为 2019 年北京周边日光温室墙体材料、构造的使用情况。

表 8-2　北京市周边日光温室墙体构造及材料热性能参数

编号	墙体构成 (由内至外)/mm	传热系数 $K/[W/(m^2 \cdot K)]$	传热热阻 $R/[(m^2 \cdot K)/W]$	热惰性 指标 D
1	240 黏土砖＋100 聚苯＋120 黏土砖	0.27	3.66	5.34
2	100 强化聚苯保温板＋370 黏土砖	0.27	3.66	5.46
3	370 黏土砖＋100 聚苯＋370 黏土砖	0.24	4.13	9.87
4	370 黏土砖＋100 聚苯＋120 黏土砖	0.26	3.82	6.89
5	490 黏土砖墙	1.31	0.76	5.84
6	150 陶粒空心砖＋100 聚苯板＋150 陶粒空心砖	0.27	3.74	5.15
7	370 黏土砖＋60 空心＋370 黏土砖	0.57	1.76	8.82
8	200 加气砼砌块＋100 聚苯板＋200 加气砼砌块	0.17	5.71	9.26

3)未来日光温室围护结构的发展时期

可现场装配材料建造的外保温复合墙和单一保温墙体将有助于改变使用砌块或黏土建造

墙体施工效率低下、质量不高、土地利用率低下等问题。

(1)装配温室的相变保温材料　相变蓄热储能材料(PCM)是一种新型的节能环保材料，其在发生相态转变的过程中，可吸收环境中大量的热，并在环境需要时将热量释放出来，从而有效控制环境温度。将相变储能材料应用于日光温室墙体中，通过改变其自身相态进行吸收或释放热量(白天蓄热，夜晚放热)，可显著提高温室墙体的蓄放热能力，为温室作物的越冬生产提供良好的热环境条件，从而提高温室的生产效益。研究表明，在夏季相变材料的使用能够减小室内温差，使室内最高温度降低 5 ℃左右。

(2)装配温室的蓄热系统　蓄热墙式系统主要由外侧的玻璃、空气层和内层的贮热体三部分组成。在贮热体上不同高度设置有风门，利用一定高差的风门来调节热空气流量，从而控制室内温度环境。

在冬季的时候，将窗户都关闭，白天将风口都打开，在太阳的热作用下形成空气热循环运动，贮热体吸收热量，如图 8-31(a)所示。在夜晚将风口关闭，室内形成内部空气对流，贮热体释放热量，同时被关闭的空气层起保温作用，如图 8-31(b)所示。冬季蓄热墙体原理彩图另见二维码 8-5。

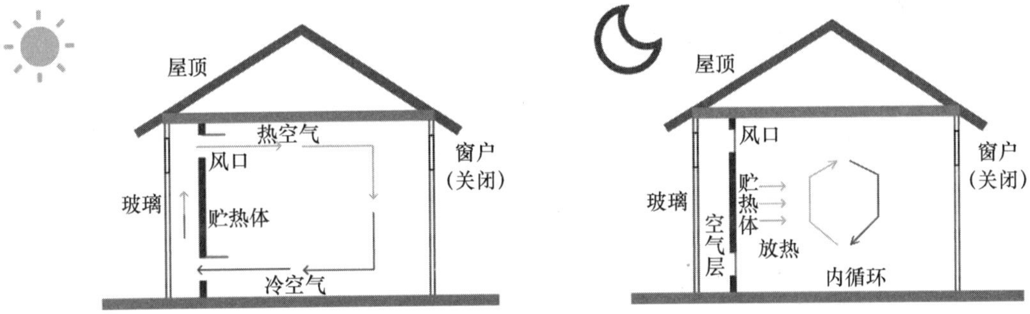

(a) 冬季（白天）　　(b) 冬季（夜晚）

图 8-31　冬季蓄热墙体原理

许多学者对如何选择适用于装配式日光温室墙体的蓄热和保温材料进行了大量研究，目前主要以土壤、水体作为蓄热体。①浅层土壤水媒蓄放热系统，以太阳能为能源，水为蓄热介质，浅层土壤作为蓄热体，增温效果显著；②水幕帘蓄热系统，以墙体为依托，水作为蓄放热媒介，白天以水循环吸收并储存太阳辐射能，夜晚再水循环释放热量，以维持室温，可有效提高室内温度，使番茄抢早上市；③温室蓄放热帘系统，该系统利用集放热板吸收太阳辐射，并储存于蓄热水池中，夜间通过水循环释放热量，维持夜间室内温度，集热、节能效率显著。

二维码 8-5　冬季蓄热墙体原理

(三)设施温室气密性设计

温室的热量主要来源于太阳辐射，冬季室外温度过低、太阳辐射不足时，温室内部温度不满足作物生长需求，就需要各种措施对温室进行供暖升温。此时，若温室存在“跑风漏气”现象，会额外增加温室供暖成本。温室常见的“跑风漏气”部位有：温室大门、通风降温系统、拉幕系统、覆盖材料结合处等(图 8-32，彩图另见二维码 8-6)。保证温室结构以及各项设施的气密性，是减少能耗使用、降低设施农业生产成本的重要方式。

二维码 8-6　温室“跑风漏气”

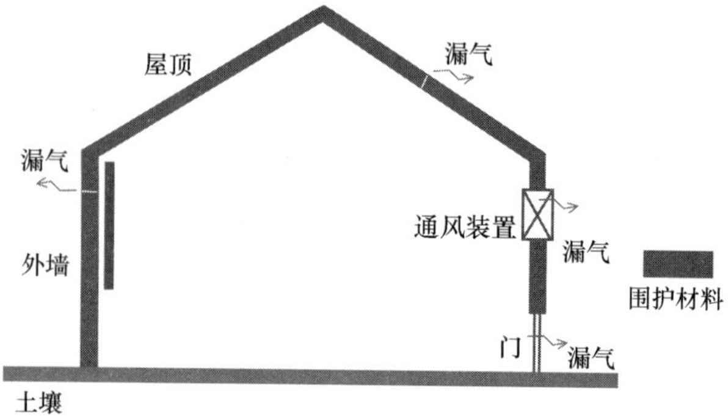

图 8-32　温室“跑风漏气”

1. 通风降温系统

温室内部的通风降温系统可以调节温室的温湿度，但是温室安置的通风降温系统也是温室“跑风漏气”的重要源头。在安装通风降温系统的地方，窗扇之间需用密封条封好。日光温室还需注意覆盖材料衔接处的接口以及压膜线的制作工艺，时时检查并及时更换破损的地方，才能保证室内的环境稳定。另外，增加风机等设备的气密性，也可减少“跑风漏气”。生产中可通过在风机内部填充聚苯乙烯保温板等保温材料来保证室内的保温性，或在天气寒冷时用塑料薄膜或棉被对永久固定的湿帘风机罩盖严密，来防止温室内的热量散失。

2. 拉幕系统

温室拉幕系统分为内拉幕系统和外拉幕系统，是调节温室内温度、光照、湿度的主要设施和节能降耗的重要手段。在拉幕系统密封性不良的情况下，温度控制、湿度调节、节能等功能会大打折扣甚至无法实现。拉幕系统的密闭性主要受材料和系统的影响，材料在不同温湿度的环境下形成不同程度的缩胀，会导致幕布之间形成缝隙。另外，目前温室中出现固定端不平直或高度差异较大等问题，也会造成幕布间出现缝隙。

在幕布的选取上要注意幕布材料的热收缩性、抗老化性和编织结构的平整性。通常材料在环境温度 65 ℃的条件下，热收缩率应当在 2%以下，同时编织结构应当平整，幕布表面没有肉眼可见的缝隙和表面“起鼓”。

3. 覆盖材料

温室大面积采用透明的覆盖材料，而覆盖材料的安装工艺以及衔接口的密封性直接影响温室的保温性能。生产中，还需时时检测覆盖材料的完好程度，及时修理或更换破损的棚膜、玻璃和阳光板等，对于智能连栋温室，在选择覆盖材料时，需选用热阻大、能耗低以及透光率高的新型保温节能材料。

(四)设施温室遮阳系统设计

Venlo 型温室大部分都具备基础的开窗机构和遮阳系统，遮阳网具有良好的遮光、降温、保湿等功能，而且操作简便，价格低廉，通常安装在温室的内部或外部。

外遮阳系统(图 8-33)可以用来阻隔外界阳光和雨水等外界因素对温室建筑内事物的影响，确保在太阳辐射和紫外线等到达室内前即被阻挡。在夏季可以降低温室围护结构的温度，使室内保持凉爽。

内遮阳系统(图 8-34)相较于外遮阳系统更加具有保温、保湿的功能。在夏季内遮阳系统

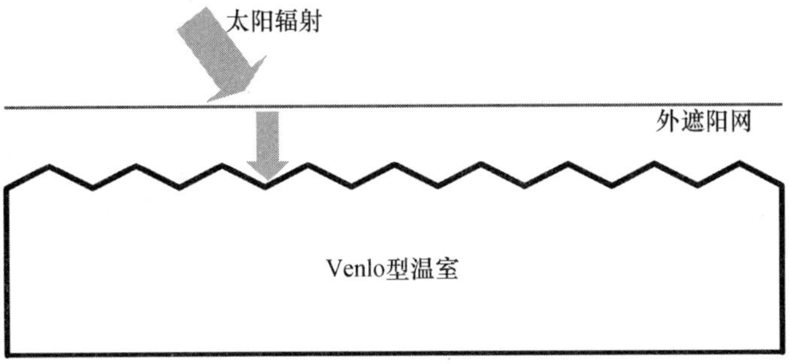

图 8-33　外遮阳网系统

开启时，在一定程度上遮挡阳光，减少非必要的太阳辐射和紫外线辐射等，保障种养殖对象的健康生长，而在冬季不会阻挡温室接收太阳辐射。

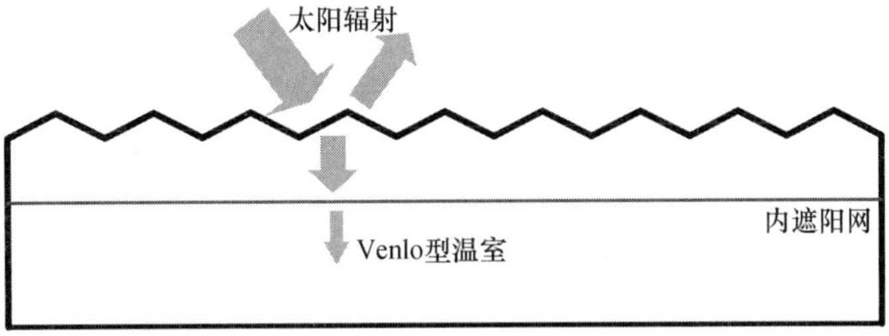

图 8-34　内遮阳网系统

本章小结

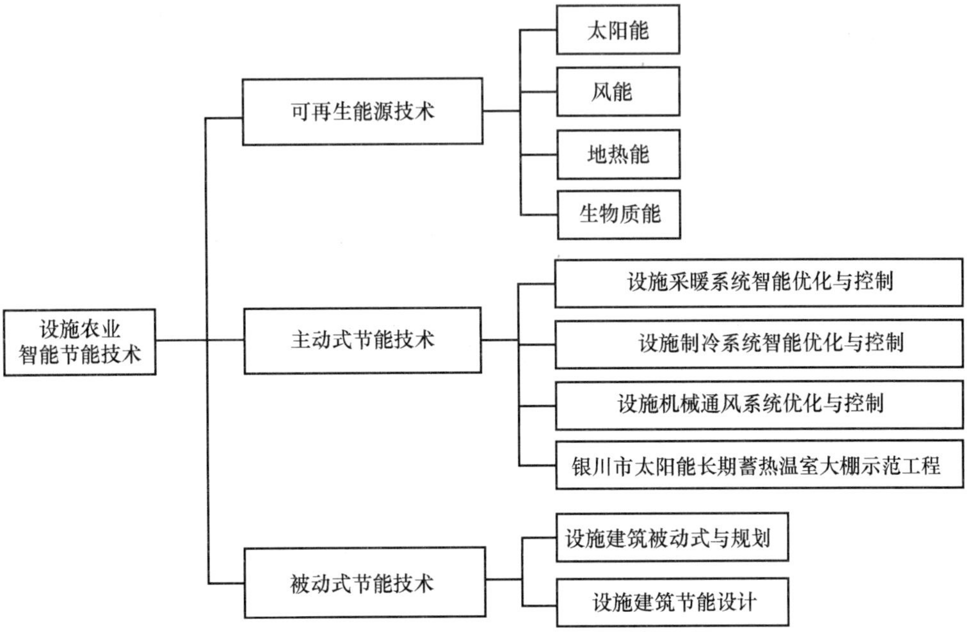

复习思考题

1. 有哪些可再生能源可以大规模应用于设施农业中?
2. 生活中常用的主动式节能技术有哪些?请描述几种生活中的实例。
3. 生活中常见的被动式节能技术有哪些?请描述几种生活中的实例。
4. 谈谈你理想中的设施农业,请简单概述设计理念,包括可再生能源、主动式节能技术和被动式节能技术。

参考文献

戴巧利,左然,李平,等. 主动式太阳能集热/土壤蓄热塑料大棚增温系统及效果[J]. 农业工程学报,2009,(7):164-168.

方慧,杨其长,梁浩,等. 日光温室浅层土壤水媒蓄放热增温效果[J]. 农业工程学报,2011,(5):258-263.

李成芳,李亚灵,温祥珍. 日光温室保温板外置复合墙体的温度特性[J]. 山西农业大学学报(自然科学版),2009,29(5):453-457.

梁浩,方慧,杨其长,等. 日光温室后墙蓄放热帘增温效果的性能测试[J]. 农业工程学报,2013,(12):187-193.

刘盼盼. 日光温室主被动相变蓄热墙体热工特性的数值研究[D]. 兰州:兰州交通大学,2017.

梅年丰,严良文,钱峰峰,等. 基于改进遗传算法优化BP神经网络的螺杆式制冷机组能效预测[J]. 计量与测试技术,2018,45(5):13-16.

唐伊恋,李明,马逊,等. 草莓温室太阳能热泵系统阶梯式供暖特性[J]. 农业工程学报,2018,34(13):239-245.

天津万卓生物科技有限公司产品展示[EB/OL]. [2022.11.28]http://www.tjwanzhuo.com/product/class/.

王正洪. 日光温室不同围护结构对保温性及番茄生长的影响[D]. 哈尔滨:东北农业大学,2017.

武汉慧泰新能源科技有限公司风力提水机[EB/OL]. [2023.04.17]http://www.sino-ht.com/zjdmfc/1433.jhtml

徐宝萍,张超. 供暖系统末端控制技术发展及研究综述[J]. 暖通空调,2019,49(3):1-8.

徐巧玲. 新型太阳能电池材料的理论设计与光电性质研究[D]. 长春:吉林大学,2018.

张蓓蓓. 我国生物质原料资源及能源潜力评估[D]. 北京:中国农业大学,2018.

张福墁. 设施园艺学[M]. 北京:中国农业出版社,2001.

张立芸,徐刚毅,马承伟,等. 日光温室新型墙体结构性能分析[J]. 沈阳农业大学学报,2006(3):459-462

张义,杨其长,方慧. 日光温室水幕帘蓄放热系统增温效应试验研究[J]. 农业工程学报,2012,(4):188-193.

周长吉. 周博士考察拾零(二十九)不断创新的山东寿光日光温室(2):太阳能光伏温室技

术的开发与应用[J]. 农业工程技术(温室园艺),2013(11):43-44.

邹志荣,邵孝侯. 设施农业环境工程学[M]. 北京:中国农业出版社,2008.

Abdulateef J M,Sopian K,Alghoul M A,et al. Review on solar-driven ejector refrigerationtechnologies[J]. Renewable & sustainable energy reviews,2009,13(6/7):1437-1445.

Kanjanapon C, Satha A. Ejectors: Applications in refrigerationtechnology [J]. Renewable and Sustainable Energy Reviews,2004,8(2):129-155.

Loik M E ,Carter S A ,Alers G ,et al. Wavelength-selective solar photovoltaic systems:Powering greenhouses for plant growth at the food-energy-water nexus[J]. Earth's Future,2017,5.

Najjar A,Hason A. Modeling of greenhouse with PCM energystorage[J]. Energy Conversion and Management,2008,49(11):3338-3342.

Gates R S. Static pressure and temperature controlled ventilation system for a broiler research facility[C]. //Proceedings of the world congress of computers in agriculture and natural resources. iguacu falls,Brazil September 19-21,2001:396-402.

Song W H,Wang Y,Gillich A,et al. Modelling development and analysis on the balanced energy networks(BEN)in London[J]. Applied Energy,2019,233:114-125.

Riffat S B,Jiang L,Gan G. Recent development in ejector technology - areview [J]. International journal of ambient energy,2005,26(1):13-26.

He S,Li Y,Wang R Z. Progress of mathematical modeling onejectors [J]. Renewable and Sustainable Energy Reviews,2009,13(8):2079-2087.

Uzakov G N. Efficiency of joint operation of greenhouses and solargreenhouses [J]. Applied solar energy,2010,46(4):319-320.

Villagrán E A,Bojacá C R. Effects of surrounding objects on the thermal performance of passively ventilatedgreenhouses[J]. Journal of Agricultural Engineering,2019,50(1):20-27.

Zhang S,Guo Y,Zhao H,et al. Methodologies of control strategies for improving energy efficiency in agricultural greenhouses [J]. Journal of Cleaner Production, 2020, 274 (3-4):122695.

附录

AFOLU	Agriculture,Forestry and Other Land Use,农业、林业和其他土地利用
BMF	Biomass Moulding Fuel,生物质成型燃料
BP	Back Propagation,反向传播
COD	Chemical Oxygen Demand,化学需氧量
DB	Data Blocks,数据块
DMC	Dynamic Matrix Control,动态矩阵控制
EC	Electrical Conductivity,电导率
FB	Function Blocks,功能块
FC	Function,程序块
OB	Organization Blocks,组织块
PCM	Phase Change Materials,相变材料
PLC	Programmable Logic Controller,可编程逻辑控制器
WSPVs	Wavelength-Selective PhotoVoltaic Systems,可变波长的光伏系统